# 轨道交通车辆基地上盖结构关键技术

戴雅萍　张　敏　朱　怡　刘桂江　徐文希　编著

中国建筑工业出版社

图书在版编目（CIP）数据

轨道交通车辆基地上盖结构关键技术/戴雅萍等编
著. —北京：中国建筑工业出版社，2023.5（2023.11重印）
ISBN 978-7-112-28597-6

Ⅰ.①轨… Ⅱ.①戴… Ⅲ.①轨道交通-交通运输建
筑-建筑结构 Ⅳ.①TU248

中国国家版本馆 CIP 数据核字（2023）第 059955 号

本书系统总结了轨道交通车辆基地上盖结构关键技术，全面阐述了近期国内
外轨道交通 TOD 发展趋势及车辆基地上盖建筑特点、车辆基地上盖结构体系与选
型、高层建筑带箱形转换层结构研究、车辆基地上盖结构温度效应分析研究和基
础设计研究、层间隔震技术应用于车辆基地上盖研究、车辆基地上盖分隔楼板耐
火极限研究，同时介绍了上述研究成果在四个典型车辆基地上盖结构的工程应用
案例。

本书可供土木建筑工程轨道交通及建筑结构专业人员参考，也可供高校轨道
交通及土木专业师生阅读。

责任编辑：刘婷婷
责任校对：姜小莲

轨道交通车辆基地上盖结构关键技术

戴雅萍 张 敏 朱 怡 刘桂江 徐文希 编著
\*
中国建筑工业出版社出版、发行（北京海淀三里河路9号）
各地新华书店、建筑书店经销
霸州市顺浩图文科技发展有限公司制版
建工社（河北）印刷有限公司印刷
\*
开本：787毫米×1092毫米 1/16 印张：17¼ 字数：429千字
2023年4月第一版 2023年11月第二次印刷
定价：78.00元
ISBN 978-7-112-28597-6
（40780）

# 序

在当今我国探索通过 TOD 模式实现城市高质量发展的热潮中，启迪设计通过总结在轨道交通车辆基地上盖开发过程中的研究成果和实践经验总结，出版了《轨道交通车辆基地上盖结构关键技术》一书，这是一本非常符合当前建设实践需求的力作，我对此表示祝贺。

进入 21 世纪以来，我国经历了世界历史上规模最大、速度最快的城镇化进程，目前全国化城镇率已高达 70%。随着城市规模的扩大和人口的大量增加，轨道交通也成为城市的重要公共交通方式，并从一线城市扩展到重要地级城市。现在我国已成为世界上城市轨道交通里程数最多的国家。我国是一个人口众多、土地资源相对匮乏的国家。随着中国特色社会主义建设进入高质量发展新时代，粗放型经济增长方式转为集约型模式，城市发展也步入了城市更新的重要阶段，由增量式建设逐步转向存量式发展。城市由低密度、功能单一粗放型的开发建设转变为高密度、功能复合的集约型、集成式发展，与此同时也迎来了轨道交通 TOD 模式的建设热潮。利用车辆基地上部空间建设其他城市功能，对土地资源二次利用，既提高了土地利用率，又改善了区域城市环境，实现城市轨道建设与周边区域的协同发展，符合我国绿色发展的基本国策。

车辆基地一般占地在 $20\sim40\text{hm}^2$，面积比较大，上盖开发的建筑体量巨大，功能复杂。轨道交通车辆基地上盖开发结构设计受到的制约因素较多，如：受到盖下车辆限界影响，结构竖向构件（剪力墙、框架柱）的位置和布置均有严格限制，由于盖上、盖下使用功能及空间利用方式不同，往往导致盖上塔楼范围内的竖向构件（剪力墙、框架柱）无法落地，需要在车辆基地上盖平台上进行较大规模结构转换，结构传力复杂，对抗震不利；车辆基地上盖结构的长度和宽度两个方向一般都在几百米、甚至上千米，属于直接暴露在大气环境中的超长室外开敞结构，因此结构温度场效应特别明显；车辆基地上盖开发业态功能逐年增多且开发功能越趋综合、开发规模越来越大、开发层数越来越多，基础差异沉降的影响比较明显；此外还存在轨道交通的振动环境、二次开发的影响等。所以轨道交通车辆基地上盖开发结构设计一般属于复杂高层设计。

启迪设计结合车辆基地上盖开发的实际工程，对轨道交通车辆基地上盖设计的结构体系选型、结构设计原则、转换层结构性能试验和分析、温度效应分析、基础设计、层间隔震技术的应用、上盖分隔楼板耐火极限等课题进行了多年的研究，取得了丰硕的成果，并在多个轨道上盖实际工程项目中运用，形成了系列自主知识产权，研究成果获多项科技进步奖，建成的项目也取得了广泛的社会效应和较好的经济效益。

《轨道交通车辆基地上盖结构关键技术》一书系统总结了启迪设计在轨道交通车辆基地上盖开发建设过程中的重要研究和运用成果，代表着我国轨道交通车辆基地上盖开发建设的前沿技术。本书既可以作为设计轨道交通车辆基地上盖时的参考，也为高校和研究单位进一步研究相关课题提供了研究基础。本书的出版有利于促进和推动我国轨道交通车辆基地上盖综合利用开发建设，为推动我国绿色可持续高质量发展提供结构技术支撑，具有重要的意义和较好的社会价值。

全国勘察设计大师

汪大绥

2023 年 2 月

# 前　　言

　　轨道交通已是当今世界许多城市公共交通的主要方式。目前，我国城市轨道交通建设正处于一个空前发展时期，作为轨道交通的一个重要组成部分，车辆基地是全线车辆停放、检修和维护等的工作场所，一般占地在 $20\sim40hm^2$，面积较大，因此存在土地利用强度低，与城市环境不协调等突出问题。车辆基地上盖开发建设对土地资源二次再利用、提高土地利用率、改善城市环境、实现轨道交通建设与周边区域经济协同发展至关重要；契合新时代土地资源集约开发利用的要求；提高土地利用效率和效益，实现经济社会高质量发展。

　　启迪设计集团股份有限公司（原苏州设计研究院有限责任公司，以下简称启迪设计）自 2011 年首次承担苏州轨道交通 2 号线太平车辆段上盖开发项目以来，对轨道交通车辆基地上盖结构关键技术进行了系统的研究。编写出版本书是启迪设计总结多年来在轨道交通车辆基地上盖结构关键技术领域的研究成果，为推动我国开展轨道交通车辆基地上盖开发建设以及与同行们的相互交流提供借鉴和案例。

　　早在 2005 年启迪设计与南京工业大学就联合进行了《高层建筑带箱形转换层结构的研究与应用》（课题编号：JS2005ZD04，课题负责人：戴雅萍）课题研究及实际应用工程现场实测；本书的第 3 章内容为该课题研究的主要系列成果。此次整理出版该课题成果也是为了纪念原南京工业大学副校长、博士生导师刘伟庆教授，当年他在该课题上付出巨大心血。同时也感谢当年参加该课题研究的王滋军教授、袁雪芬总工、赵宏康总工，以及所有的博士、硕士研究生及其他工作人员。

　　本书第 4 章部分内容参考和引用了上海现代建筑设计（集团）技术中心崔家春博士团队提供的《苏州市轨道交通 2 号线太平车辆段上盖平台温度效应分析》研究成果；还引用了《苏州轨道交通 2 号线太平车辆段上盖物业开发超长混凝土结构设计与施工的应力监测及分析》科研课题研究成果，课题由启迪设计、中亿丰建设集团股份有限公司（原苏州二建建筑集团有限公司）和苏州科技大学三家单位联合完成，感谢干兆和总工、邵永建教授及其各自团队在现场所做的大量实测及分析工作。

　　2012 年启迪设计与南京大学、东南大学联合进行了《苏州轨道交通 2 号线太平车辆段上盖分隔楼板耐火极限试验研究》，本书的第 7 章内容参考和引用了该课题的主要研究成果，感谢南京大学地球科学与工程学院张巍教授在课题中对楼板的数值模拟所做的大量研究工作，感谢东南大学土木工程学院徐明教授在课题中对板的耐火试验所做的大量研究工作，同时也感谢当年参加该课题研究的施毅博士。

本书由启迪设计戴雅萍、张敏、朱怡、刘桂江和苏州市建设工程设计施工图审查中心徐文希共同完成。全书编写分工如下：全书章节策划、安排及统稿由戴雅萍、张敏负责，第1章、第3章由戴雅萍执笔，第2章、第6章由张敏执笔，第4章由徐文希执笔，第5章、第8章由朱怡执笔，第7章由刘桂江执笔。

在本书编写过程中，非常感谢启迪设计的金彦、朱黎明、武文春、赵子凡、王辰宇、杨泽、宋厚文、张阳、张亚迪等同事的大力支持和帮助。也借本书衷心感谢所有指导帮助过我们的业主、专家和同行。

由于国内轨道交通车辆基地上盖开发总体尚处于起步发展阶段，对轨道交通车辆基地上盖结构关键技术的研究仍在不断深入，加之作者水平有限，书中难免有片面或不妥之处，敬请广大读者批评指正。

编　者

2022 年 12 月

# 目　　录

# 第1章

# 绪　论

## 1.1　近期国内外轨道交通 TOD 发展趋势

### 1.1.1　我国近年来轨道交通发展

目前轨道交通已成为世界上重要的公共交通方式之一。根据中国城市轨道交通协会的统计，截至 2021 年 12 月 31 号，内地共有 50 个城市开通了城市轨道交通运管线路，达 244 条，线路总长度 9192.62km，其中地铁运营线路 7253.73km，占比 78.9%，当年新增运营线路共 39 条，长度 1222.92km。

2020 年全年共完成轨道交通建设投资 6286 亿元，同比增长 5.5%。其中，在建项目的可研批复投资累计 45289.3 亿元，在建线路总长 6797.5km。截至 2020 年底，共有 65 个城市的城轨交通线网规划获批，其中建设规划在实施的城市共计 61 个，线路总长 7085.5km。2020 年共有 8 个城市新一轮的城轨交通建设规划或规划调整获国家发改委批复并公布，其中涉及新增线路总长 587.95km，新增计划投资 4709.86 亿元。图 1.1-1 是 1999—2021 年我国已建成的轨道交通里程数，可见，我国的城市轨道交通建设正处于快速发展时期。

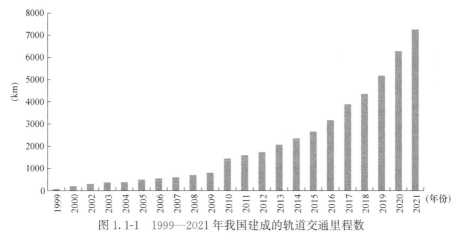

图 1.1-1　1999—2021 年我国建成的轨道交通里程数

### 1.1.2　轨道交通 TOD 理念及发展历程

城市轨道交通的建设发展带动了城市 TOD 模式的开发。TOD（Transit Oriented

Development）其实质是以公共交通为导向的一种规划技术手段，其中的公共交通主要包括机场、地铁、轻轨等轨道交通及公交干线。TOD模式以公交站点为中心，以400～800m（5～10min步行路程）为半径建立中心广场或城市中心，并实现集办公、商业、居住、文化等功能为一体的土地集约利用，提供以人为本的高品质配套服务。TOD理念适用于新建设用地、改建与重建地块、填充地块的开发，即通过建设高效使用的公交系统以减少私家车的使用次数，同时整合土地以进行城市更新，激发片区再生活力。

1. TOD理念的产生和运用与美国城市的发展有着密切联系。二战结束后，随着汽车产业的迅猛发展，私家车成了主要的交通工具；并且由于《联邦援助公路法案》的出台，美国开始大规模修建联邦公路网，使得许多大城市无限向外扩张，呈"摊大饼"式发展。至20世纪90年代，私家车主导的出行模式产生了交通拥堵、环境污染、居住空间关系失衡等众多城市病问题，从而导致城市中心区的发展一度停滞。人们再一次认识到公共交通系统的重要性，重建公交体系成了当务之急。

初期，公共交通被理解为私家车的配套服务系统，通过建造大型停车场以求解决交通问题；之后的关注重点则逐渐转移至轨道交通，并将它的建设与周边用地开发捆绑，强调土地的经济价值；直到20世纪90年代末期新城市主义（New Urbanism）诞生，其核心理论之一便是由彼得·卡尔索普（Peter Calthorpe）总结的公共交通主导型开发模式（TOD），提倡步行、用地紧凑的混合社区模式。此后，诸多学者对以轨道交通站点为中心的TOD模式的服务半径距离展开探讨，并确定了适合部分城市的合理空间尺度。

2. 以日本东京为代表的新干线沿线综合开发是亚洲最早形成的TOD模式。日本铁路建设时期较早，首条线路于1964年正式运行，是世界上最早进行旅客运输的高速铁路系统。新干线线路覆盖了全日本，许多城市在高铁站选址规划时就考虑把新干线高速铁路与城市的轨道交通、普通汽车线路等结合起来建设。日本新干线系统发展至今已成为世界上

图1.1-2　日本东京站

最先进的高速铁路系统之一。轨道线路密集交汇与城市道路立体交叉集成了城市多种交通方式，形成了立体高效的城市交通接驳系统。同时，将站点建设与周边城市空间有机结合，形成立体化和多元化的综合开发格局，并充分融入城市核心区的功能布局，这种开发方式不仅能应对高密度城市的拥堵问题，更能缓解轨道建设开发压力。以东京站为例，它是集新干线、轨道交通、地铁、商业、办公为一体的综合交通枢纽及物业综合开发模式，见图1.1-2。

3. 随后，新加坡等地将这种开发模式发展至轨道交通和城市建设。新加坡政府贯彻规划先行、严格按规划实施的理念，在1991年新加坡概念发展规划更新中，将南端中央城区的商业与服务职能转移到新城，以提高地铁交通系统网络在高峰期的使用效率，并通过完善西部就业中心地的居住设施，减少市民交通需求，减轻地铁交通系统的压力。

新加坡资源紧缺，因此必须通过细致规划以保证土地的高效利用。2011年，新加坡政府为了最大限度地开发地铁交通系统的使用效率，再次更新了概念发展规划：在新城的

交通地铁站上方建设混合功能的综合体，榜鹅新城便是新加坡近年来"以公共交通为导向，建设绿色出行新城"城建理念的典型代表。作为位于新加坡东北部沿海地区的新城，从1999年榜鹅新城规划之初，就明确了采取TOD"聚人、聚业、聚产"的开发模式。从图1.1-3中看出，榜鹅新城以地铁和轻轨构成了综合轨道交通系统，并规划建设商业、办公、住宅、娱乐、公共服务等城市核心功能，将其最大限度地集中在轨道交通站周围，并与中心

图1.1-3 新加坡榜鹅新城

城区保持联动。从榜鹅乘坐轨道交通到新加坡金融腹地多美歌只需20min，到市中心的乌节路也只需25min，这成功地将各种人才和资源都聚集到新城，不仅延续了新加坡一贯的花园城市规划理念，而且实现了人与自然、轨道交通与城市融合一体的可持续发展模式。

4. 中国香港特别行政区地铁作为全球为数不多的盈利地铁公司（简称港铁），多年来

图1.1-4 香港九龙湾车辆段实景图

一直沿用"地铁＋物业"的模式进行开发建设，即通过地铁建设带动沿线发展房地产综合项目，提升站点周边土地利用效率，达到轨道交通带动城市发展的目的。早在20世纪80年代香港地铁刚开通时，港铁就利用轨道建设范围内的土地进行了车辆段九龙湾德福花园和上盖中环环球大厦等开发建设，见图1.1-4；20世纪90年代后，随着香港机场规划建设，香港采取了新线站点与土地融合开发的模式，将机场、地铁站与周边的社区无缝连接，一

体化规划，逐步开发，带动了机场周边的快速发展，如机场铁路九龙站上盖及周边城市综合开发建设，不仅有住宅，还有酒店、购物商城、110层的环球贸易中心，包括了高级写字楼、6星级酒店、天际观景台灯景等高端功能，体现了香港寸土寸金的高效利用价值。

5. 北京是国内最早运行轨道交通的城市，其规划始于1953年，并于1965年开工建设，最早的线路竣工于1969年，两年后正式运营。此后，国内各大城市相继开始建设城市轨道交通，尤其在步入21世纪后轨道交通建设迎来了爆发式的增长。根据2021年1月的数据，上海是世界地铁里程最长的城市，达到772km，北京紧随其后，里程达到727km，广州531km则排名世界第三，成都518km排名世界第四。中国城市包揽世界地铁里程数的前四位，成为名副其实的轨道交通大国。

中国的城市轨道交通系统极大方便了市民出行。随着城市轨道交通建设速度的加快、设备造价的降低、基础设施的推进、制度机制的完善，轨道交通在国内大城市的高效运用及其周边城市用地的开发也受到了各地政府与专家学者的广泛关注，由此，国外TOD理念及其运用的研究被逐渐引入国内。20世纪90年代，各地政府与学者开始研究如何结合

公共交通进行综合开发，而轨道交通车辆基地上盖开发建设成为各大城市土地资源再利用的模式之一。车辆基地是全线运营、管理、检修的必须场所，是轨道交通的重要组成部分。车辆基地一般占地在 20～40ha 左右，面积比较大，但传统车辆基地的土地利用率非常低，且与现代化城市环境不协调，见图 1.1-5。中国是有着 960 万 $km^2$ 国土面积的大国，但山地、高原和丘陵占比较高，人口众多且大部分生活在城市，城市人口密集，土地资源格外宝贵。因此对车辆基地上盖开发以节约土地资源、提高土地利用率、改善城市景观、实现轨道建设与周边区域经济协同发展，契合新时代土地资源集约开发利用的要求。

土地资源浪费

图 1.1-5　车辆基地实景图

国内最早进行轨道交通上盖综合开发利用的是北京四惠车辆段，其开发思路总体来源

图 1.1-6　北京四惠车辆段上盖开发实景图

于香港：在车辆段上方设置钢筋混凝土大平台，为了实现土地的高效利用，在平台上进行物业开发。该基地位于四惠桥东侧、京通快速路北侧，占地 43ha，首层为车辆段，有停车列检库、联合检修库、机车库等；2 层为设备用房及机动车库等，以 2 层框架结构顶面为大平台进行了物业再建设，主要产品为 6～9 层住宅，总建筑面积达 63.25 万 $m^2$ 左右，见图 1.1-6。该项目于 1999 年建成，作为国内车辆基地上盖开发的第一代产品具有先导性作用，但在交通组织、公共绿地、形象设计、功能组合等方面存在很多有待改进的地方。

进入 21 世纪后，国内对 TOD 理念及其运用的研究逐渐增多，推动着我国轨道交通 TOD 的发展。尤其是 2001 年深圳创新性出台的《深圳市地下铁道建设管理暂行规定》，以促进地铁沿线物业的开发，是我国早期针对轨道交通 TOD 的地方性方针政策。2008 年后我国轨道交通建设进入了大规模、快速化发展阶段，基于 TOD 理念的轨道交通站点土地开发也如火如荼地推进，理论与政策上对 TOD 模式的研究均有了质量与数量的飞跃。一方面，对 TOD 在学术研究中取得了一定的成绩，国内学者逐渐突破了对外国文献和城市案例翻译与总结的模式，而根据国内城市的实际发展情况适时研究，包括但不限于 TOD 实践应用、沿线用地开发、站点规划、土地利用模式等内容；另一方面，中央与地方政府也陆续出台了各类战略方针与政策措施，逐步完善 TOD 综合开发的顶层设计。在中央层面，2012 年出台的《关于城市优先发展公共交通的指导意见》中，大力支持地上地下复合空间的土地综合开发；2014 年出台的《关于支持铁路建设实施土地综合开发的意见》中明确指出对铁路站场及毗邻地区特定范围内的土地需实施综合开发利用；2017 年印发的《"十三五"现代综合交通运输体系政策研究发展规划》中则提出打造依托综合交通枢纽的城市综合体和产业综合区。在地方层面，以广州、深圳、上海为主的一线城市陆续出台并完善了轨道交通 TOD 的综合开发政策，其他城市紧随其后，南京、青岛、南宁、武汉、成都等城市均提出了详细的开发实施意见。以上海为例，2014 年 4 月出台的《关于推进上海市轨道交通场站及周边土地综合开发利用的实施意见（暂行）》中，对轨道交通物业及土地综合开发提出了相关指导；同年 6 月，在《上海市轨道交通车辆基地综合开发建设管理导则（试行）》中则创新了轨道物业开发的审批机制和建设方式；2016 年 10 月出台了《关于推进本市轨道交通场站及周边土地综合开发利用的实施意见》，对 2014 年的暂行政策又有了进一步的明确和完善。

2018 年以来，中国特色社会主义进入新时代，伴随粗放型经济增长方式转为集约型高质量发展模式，城市发展也步入了城市更新的重要阶段，存量发展代替增量式建设成为核心手段。城市由功能单一、低密度开发转变为功能复合、高效集约化利用的建设模式，轨道交通 TOD 理念也迎来了应用热潮。在政策层面上，2018 年以来主要以北上广深等一线城市及杭州、南京、成都等为主的省会城市依据在 TOD 综合开发方面取得的成就与经验，密集出台相关政策。其目标与内容更为多元，体现了 TOD 与城市发展的有机融合、周边土地供应方式的灵活性，并重视其与线网规划的同步性以及开发收益的分配细化。以成都为例，结合 2017 年出台的有关建设资金筹集与开发实施意见，成都市进一步公布了有关轨道交通场站综合开发的专项规划、一体化城市设计导则、综合开发实施细则等文件。文件详细规划了各类站点半径、周边用地的功能定位与产业发展、城市形态、交通系统等，为成都市 TOD 综合开发提供了操作层面的具体实施办法。2021 年 2 月，中共中央、国务院发布《国家综合立体交通网规划纲要》，明确提出要"推进以公共交通为导向的城市土地开发模式"，即 TOD 模式。在学术层面上，有关 TOD 的研究内容更为精细化、研究方向更为多元，从综合交通枢纽、功能混合、开发强度、街区尺度、慢行交通、停车管理和公共空间等对不同地区形成针对性研究。此外，还包括从建筑微观视角、城市综合体与地铁站点连接模式、PPP＋TOD 模式等方面展开的研究。

6. 苏州是集秀美山水和灿烂的吴文化资源于一体，并与高度现代化交相辉映的经济发达城市。苏州位于沪、苏、浙三省衔接处，是长三角的核心区域，也是最具发展实力的地区。早在 2002 年，苏州便启动了轨道交通线网的研究与规划。2007 年 2 月，苏州轨道交通首轮建设规划获得国务院批准，同年 12 月轨道交通 1 号线正式开工。经过四年多的建设，1 号线于 2012 年 4 月开通，苏州成了国内首个建设轨道交通、首个开通轨道交通的地级市。到 2021 年 6 月，苏州又先后建成了 2 号线及延伸线、4 号线及支线、3 号线、

5 号线共 5 条线路，成为国内首个实现网络化运营的地级市。目前，苏州已获批了三轮轨道交通建设规划，累计批复了 8 条城市轨道交通线路和 1 条市域轨道交通线路，总里程 371km。其中，S1 线是首条和上海轨道交通线网实现对接的线路，是苏州实施推进长三角一体化战略的前沿探索。计划到 2026 年，苏州轨道交通已批复的 9 条线路将全部建成，轨道交通占公共交通出行比例将达到一半。

此外，苏州对轨道交通的物业开发重视较早，在学习国内外先进理念，借鉴香港、深圳的成熟经验，结合自身特点的基础上，苏州对站点周边地下空间、站点出入口和车辆基地上盖开发进行了大量研究和实践，尤其是车辆基地上盖结构和消防等关键技术的研究成果在国内许多车辆基地上盖项目中得到运用，极大促进了国内车辆基地上盖的开发建设。2011 年底，苏州轨道交通 2 号线太平车辆段上盖开发项目开工建设，2013 年底，盖下车辆段竣工并开通试运行，2015 年 6 月盖上住宅开盘，2017 年 6 月住宅交付使用，见本书第 7 章图 7.1-2，是国内较早建成投入使用的车辆基地上盖开发项目，获得良好的社会效益和经济效益，为同类项目积累了经验。

### 1.1.3 轨道交通 TOD 模式在国内外城市的应用实践

**1. 纽约世贸中心交通枢纽**

1) 背景

世贸中心交通枢纽的前身始建于 1908 年，为曼哈顿下城的人口疏解以及就业岗位的人口集散提供了有力支撑，在当时极大地扩充了曼哈顿下城的区域影响力。旧车站在

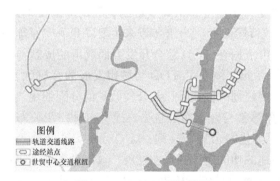

图 1.1-7　PATH 系统简图

"9·11"事件中被摧毁后，新枢纽站点作为纽约市内的数十条铁路以及前往新泽西铁路线的换乘车站，在 2016 年重新建成并开放，它将整个世贸中心构筑成一个内部完全连通的整体空间。此外，2014 年投入使用的可供 6 条地铁线路换乘的富尔顿换乘中心，距离世贸中心站仅 500m。富尔顿中心站是曼哈顿下城的重要交通枢纽，它将周边 9 条线路的连接进行了简化，日客流量约 30 万人次，可与纽约世贸中心站地下相连，见图 1.1-7（PATH 系统简图）。

2) 策划

世贸中心交通枢纽并不是一座孤立的交通建筑，它作为世贸中心建筑组群的一员，与富尔顿转运中心共同组成曼哈顿下城枢纽群，见图 1.1-8；它是一个功能丰富的综合体，具备购物中心、换乘站和人行步道网络等功能，既承担了曼哈顿下城区的环形车站、跨哈德逊河东端总站等交通枢纽功能，也是世界贸易中心建筑群的一部分。

在商业功能上，实现了展览、零售、餐饮、打卡等多元化业态的融合，尤其是巨大的展览式中庭空间，颠覆了传统 TOD 商业的接驳方式。世贸中心交通枢纽的商业空间围绕负 1 层广场布置，约 3.4 万 $m^2$，富尔顿中心站的配套功能围绕一个约 36m 宽的中庭布置，两座建筑内部中心广场和数个地下街尽端小型广场分布在地下步行区域之中。

图 1.1-8　世贸中心枢纽建成与建筑联系通道示意图

3）设计特色

（1）高效复合的 TOD 城市模式：世贸中心的重建，通过一站式换乘使区域轨道交通与城市快速轨道交通径向连接，弥补了原有枢纽功能单一、单点连接的缺点。通过总结该区域发展的规律可以看出，纽约中央活动区，尤其是过去二十年间曼哈顿下城来的发展与复兴，极其依赖于区域的形成。曼哈顿下城枢纽群的成立，不但将曼哈顿下城的对外辐射进行了巩固，同时也增强了中央活动区的吸引力，范围从曼哈顿下城扩大到了中城，在增加了曼哈顿下城地区影响力的同时，与未来中城的哈德逊广场逐渐形成了南北呼应的局面，从而提升整个中央活动区的活力。曼哈顿下城枢纽群使中心活动区与轨道交通沿线周边区域形成良性互动，进一步推动轨道交通沿线区域的发展，使都市圈紧凑而充满活力。

（2）全局考虑规划建设：世贸中心交通枢纽的最大特色是通过新建通道及其他相关设施，与富尔顿转运中心连成一个整体，使得原本要借助街道空间实现不同系统转换的零散体系形成一个新的系统，共同形成曼哈顿下城枢纽群。富尔顿运转中心和世贸中心交通枢纽建成使得 PATH（纽约新航港局过哈德逊河捷运）与纽约地铁系统形成一个无缝的连接，克服了彼此间系统不兼容的先天缺陷。枢纽群使得中央活动区与沿轨道交通的外围区域形成良性互动，进一步推动区域沿轨道交通拓展的趋势，使得都市圈形态更为紧凑的同时更具活力。

**2. 东京涩谷站**

1）背景

涩谷是东京重要城市的副中心之一。涩谷站拥有四家铁路公司的九条线路，每天换乘超过 300 万人次，乘客数量位居世界第二。东横线于 1927 年在涩谷开通，1934 年银座地铁线开通，涩谷作为首末站将市郊住宅区和市中心连接，并迅速发展。短短几十年间，通过针对城市基础设施进行扩建、改建，改善混乱的站内面貌，并开展了街区再开发项目，涩谷成为"东京之街"，并很快开始成为日本新的繁荣中心，见图 1.1-9。

2）策划

涩谷站采用了分期再开发的形式，并将于 2027 年正式完工，见图 1.1-10。实现轨道交通等城市基础设施与城市功能的一体化是其重要的基本原则，为了在显著增加土地价值

(a) 涩谷站开发前                    (b) 涩谷站开发后

图 1.1-9    涩谷站开发前后规划

的同时带动核心区发展，涩谷站将轨道交通、商业及其他城市功能融合，能提升商业空间价值、增强城市魅力，从而吸引更多客流。在涩谷站步行圈内，通过聚集商业、文化、娱乐、办公等多样城市功能，人行流线的流畅组织，既可以不让人气被切断，又可以缓解人们的移动压力和无聊感。

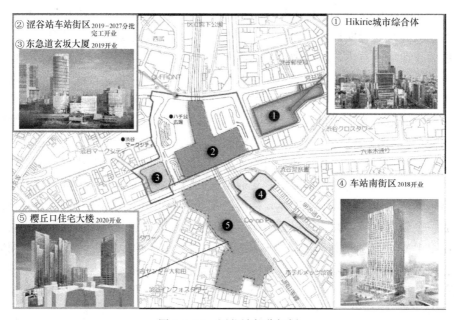

图 1.1-10    涩谷站部分规划

3）设计特色

舒适立体的步行网络是涩谷站与周边高效联系的成功之处。一是建立多层立体步行网络：涩谷站的步行系统不仅仅是平面层次，其在立面层次的步行路线规划更胜一筹；由于涩谷的地形高差变化较大，设计师可以连接地铁站、地面、走廊、空中连廊、"城市核"建筑，并根据当地情况，设计由地下至地上共四层的空间步行系统，打造出一个连贯新颖的步行网络。二是轨道交通与周边城市区域之间的步行网络：在涩谷站改造工程中，地面放射状道路方向的步行网络得到了显著加强，在步行网络的节点处设置了不同主题的多彩休息广场和门户广场，加强了轨道交通和更广阔的城市空间之间的联系与融合。

**3. 新加坡大巴窑**

1）背景

大巴窑（Toa Payoh）位于新加坡中央商务区边缘区域，是新加坡房屋发展局（HDB）规划和开发的第二个新市镇。大巴窑的"市镇—邻里"空间组织结构十分清晰，是新加坡随后新市镇模仿的范例。市镇中心是连接外界的交通枢纽，它通过公共交通系统与五个邻里中心融为一体，呈现出更符合 TOD 模式的空间组织关系。

对于如大巴窑这样的早期已经存在的组团，原有开发物业质量较低，已不能满足后来经济社会发展和当地人民生活水平的提高对生活条件的要求。20 世纪 90 年代中期，新加坡政府对该地区进行了系统论证，对其所属地块进行了详细分析，于交通系统方面完善了组团内外道路连接系统，在大巴窑地铁站周边规划建设新加坡首个与地面巴士换乘的枢纽。

2）策划

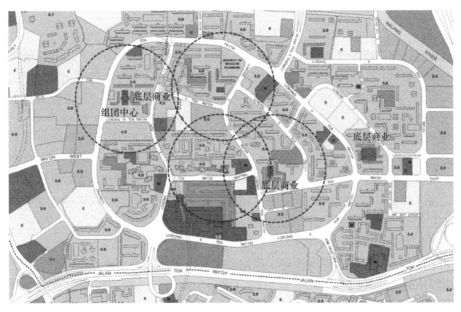

图 1.1-11　大巴窑枢纽平面规划

大巴窑枢纽集商业、地铁与公交为一体，其中商业空间约 1.7 万 $m^2$，提供银行、餐饮和超市等多种多样的商业服务；除此之外，底层设有汽车停车场、自行车停放区、地铁和公交换乘站，能够实现多种交通方式之间的换乘。大巴窑枢纽采用集商业、办公、地铁站以及换乘枢纽一体化的开发模式，充分利用了 TOD 模式的优点，将不同的功能进行组合开发，聚集了大量人流，结合土地开发，形成了多功能服务、多模式换乘、多组团辐射的公共设施布局，见图 1.1-11。

3）设计特色

（1）多层次的功能混合

大巴窑站对集中商务、商业、居住、办公、娱乐休闲等混合型功能区域的轨道交通与常规公交换乘具有借鉴意义。通过不同层次的功能混合，使轨道交通与公共汽车组成立体交通，满足不同使用人群的需求，见图 1.1-12。

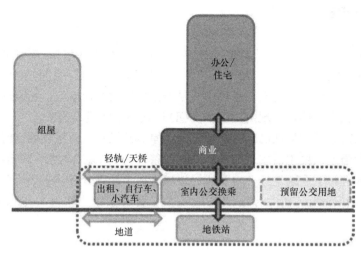

图 1.1-12　大巴窑站多层次功能

（2）"市镇—邻区—组团"三级规划

新加坡大巴窑 TOD 模式采用了"市镇—邻区—组团"三级规划，将"邻里单位"的理念融入城市规划，用邻里中心结合了居住组团和地铁站的出入口，优化了新市镇中心的公共设施布局，并通过国家权力将规划严格执行到位，成功地将邻里中心植入每个居住组团，充分缓解了中心城市的高强度开发压力，为居民出行提供了极大便利。

**4. 深圳前海综合交通枢纽**

1）背景

深圳车辆基地上盖物业的项目较多，近些年也有许多相关研究和实践，其地理位置靠近香港，香港的上盖开发模式也对其上盖模式各方面有较大影响，深圳正处于车辆基地上盖物业开发建设的高速发展上升期。

2）策划

前海综合交通枢纽位于深圳西部、珠江口东岸，毗邻港澳，地处珠三角区域发展主轴与沿海功能拓展带的十字交会处。前海综合交通枢纽整体（包括轨道交通）全部位于地下，是国内比较少见的大型全地下枢纽，见图 1.1-13。整个枢纽横向由东至西，共分为四个部分：东侧部分是地铁 1 号、5 号、11 号线，可通过地铁到达深圳的各个片区；中间部分是前海枢纽最主要的换乘大厅和人行通道，通过人行通道出地铁站以后可以快速便捷地到达上盖物业的商业、写字楼、公寓等其他功能的建筑，地下地面四通八达；西侧部分直接挨着穗莞深城际线，这条城际线还在建设中，等到 2024 年底建成时，前海可以直接到达广州；最西侧区域为深港西部快轨及前海口岸预留了一块用地，具体方案目前仍在规划中。

纵向来看，前海综合交通枢纽地下共有 6 层，其中地下 1 层至地下 3 层是轨道线和轨道交通换乘区，地下 4 层至地下 6 层是可以提供 4900 多个停车位的地下车库。在地下还设有多种公共交通的接驳场站，包括公交、出租车、旅游巴士等，由此可以直接与地下市政道路以及周边建筑的地下层连通。项目占地面积约为 51ha，总建筑面积约为 141.8 万 $m^2$，容积率约为 2.9，地上主要功能为保障房、商品房、公寓、办公、公建配套、商业，其中保障性住房占总建筑面积的 43%，小学、幼儿园、商业配套等也按实际需求配建。

港深西部快轨　　穗莞深城际线　　中央枢纽大厅　　地铁11号线　地铁5号线　地铁1号线

图 1.1-13　前海综合交通枢纽车站地下剖面

3）设计特色

（1）车站与街区开发一体化

前海枢纽车站地区作为"车站与街区开发一体化"的起点与象征，引领整个前海地区。作为先进的轨道枢纽，站城一体化的设计理念是前海综合交通枢纽的最大特点。项目首要考虑的是如何解决人流、物流、信息流等城市资源的快速集散，提出了"车站与街区开发一体化"，即车站的建设与车站周边开发相结合，将开发容积率集中在车站覆盖范围（半径500m）以内，并且前海地区车站将逐个进行开发，将"车站与街区开发一体化"连锁化，将前海地区建设成疏密有致的新城区。

（2）内部高效换乘，对外无缝衔接

前海综合交通枢纽通过立体复合交通与高端城市综合体无缝连接。车行交通方面，车流交通总体遵循简化、净化、管道化的原则，枢纽交通主要依靠周围的主干路、次干路和地下道路进行组织，物业进出交通由内部支路疏解，由于通过不同等级的道路解决两类交通，使其可以做到枢纽与物业的交通分流，互不干扰。人行交通方面，地下共有四条主要的人行通道，这四条人行通道以地下换乘大厅为核心，通过人行通道可以到达轨道车站、公交场站、出租车场站及上盖物业，以此使得内部换乘高效便捷；同时，通过地下、地面和二层人行系统与周边建筑或地块连接，实现与外部无缝衔接。

（3）编制相关规划，加强规划管理

深圳特别编制了《前海开发单元规划》，为了使得前海综合枢纽的规划设计更好地实施，建设用地使用权进行分层设立，通过这种立体确权的形式，更好地梳理了地下空间边界关系；前海综合交通枢纽和上盖物业用地实行整体供应，为项目建设筹集轨道建设资金提供了保障，同时也保证了轨道交通设施建设的质量和进度。

深圳前海车辆段上盖开发作为国内第二代上盖产品，在居住主导的功能上叠加了办公、商业、酒店等综合功能，并在功能等方面进行了多方面的优化：在交通方面进行了优化，并增加了9.000m标高上停车场；增加了多层次绿化平台，充分发挥华南地区对植

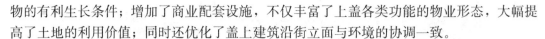

物的有利生长条件；增加了商业配套设施，不仅丰富了上盖各类功能的物业形态，大幅提高了土地的利用价值；同时还优化了盖上建筑沿街立面与环境的协调一致。

**5. 杭州七堡车辆段**

1）背景

杭州在地铁市场化经营方面进行了许多研究和探索，特别是在学习了国内外地铁发展的成功案例后，杭州市政府在 2008 年就明确提出杭州地铁建设采用"地铁＋物业"模式。2016 年，杭州市政府进一步明确，在统一规划、分类研究、市场运作的前提下，支持地铁投资各相关主体充分利用地铁资源，以市场化方式进行地铁站点周边及上盖物业开发。这其中，车辆基地由于占地面积大，权益关系简单，开发效益巨大，受到了更为广泛的关注。七堡车辆段上盖综合体开发便是杭州市地铁上盖开发的成功案例之一。

2）策划

七堡车辆段上盖综合体靠近杭州东站，毗邻沪杭甬高速公路、德胜城市快速路，总占地 50ha，总建筑面积约 103 万 $m^2$，主要功能为住宅、商业办公、公建配套，其中住宅面积 63 万 $m^2$，商业、酒店和写字楼 20 万 $m^2$。七堡车辆段上盖综合体是目前国内较大的一个地铁上盖综合体，由地铁功能建筑和开发建筑组成，其中地铁功能建筑包括地铁 1 号、4 号线的车辆控制中心等，开发建筑包括住宅、写字楼、酒店、小学等。整个综合体细致考虑了入住群体的多方面需求，通过环境设计和景观优化，引进配套设施，使一个功能单一的地铁车辆段转变成一个包含住宅、社区中心、商业街、停车场、地铁站、幼儿园和学校等功能的大型高品质生态商住区，一座绿树繁花掩映、小桥流水潺潺、亭台点缀其间的城市花园。项目建设分三期进行：一期先进行地铁配套用房的建设，二期主要对住宅及核心区办公、酒店等进行建设，三期建设七堡站白地区域的住宅、商业及公寓，并最终完成整体开发。

七堡车辆段综合体是落实"地铁＋物业"的规划理念，从节约土地资源、带动城市区域更新出发，创造性地利用七堡车辆段上盖空间进行物业开发，一地两用，通过一体化综合开发，不仅使车辆段与城市有机融合，促进了区域更新和环境提升，提高了土地综合利用率，同时还获得了良好的土地出让收益和房地产开发收益，促进了地铁建设可持续健康发展，并带动了周边区域发展，将周边地块用地性质调整为商住用地，形成以七堡车辆段为核心的大型城市居住区，见图 1.1-14。

3）设计特色

（1）投资主体统一，实施路径清晰

杭州地铁在投资体制和实施模式等方面进行了大量的探索与实践。首先在杭州地铁 1 号线开建之初，就明确了杭州地铁集团为七堡车辆段综合开发的用地主体；其次，坚持地铁与物业开发统一规划，统筹宗地安排，提前做好了七堡车辆段规划控制，并有序开展征地拆迁、选址论证、市政设施建设等各项前期工作。杭州提出了"一地两用、分层出让"政策，以确保城市轨道交通的安全运营及二级开发商在上盖部分开发权益的完整性，为后续推进杭州地铁上盖开发提供了具体实施路径。

（2）地下空间用地属性差别化

地下空间所有权属于国家是用地属性差别化的前提条件。对于涉及国家安全和公共利益的城市基础设施和公共服务设施等，且符合《划拨用地目录》的地下空间建设用地，供

图 1.1-14　七堡车辆段地区综合建设平面规划

地方式为划拨；对属于经营性质如商业、办公、娱乐等的地下空间，以招拍挂的方式公开出让；地表建设用地使用权人申请开发其建设用地范围内的地下空间，地下轨道交通线路或者地下管廊建设项目涉及的经营性地下空间，则可以通过协议方式供地；涉及经营性用途的已建成地下空间，可以以协议方式补办出让手续。

杭州七堡车辆段上盖开发于 2016 年完成，在引入了更符合居住需求的业态配比后，整个地块上的步行交通更加便捷，商业配比增强并与慢行系统的有效结合，更加优化了出入板上板下的衔接区，其还增加了城市公园的功能，体现了上盖开发功能和技术的与时俱进。

**6. 上海金桥车辆基地**

1）背景

上海的车辆基地盖上开发主要为综合模式的物业开发。上海地铁在 1993 年正式运营，并且逐年建设不断向外延伸，在这些年的建设过程中，不断学习国内外相关开发的成功经验，提出了地铁停车场、站上盖综合开发的重大原则，进行新的开发试点项目。其中上海金桥车辆基地就是地铁停车场上盖的一个成功案例。

2）策划

金桥轨道交通车辆基地位于上海市浦东新区金桥开发区，地块东至外环运河、南至桂桥路、西至金穗路、北至金海路，轨道交通 9、12、14 号线的车辆日常停车、列检和保养维护工作都在这里进行。由于在选址阶段没有考虑到上盖开发，金桥车辆基地位于城市道路的尽端位置，且东侧受到外环运河、高速路和绿带的严重阻隔，这个区域的交通、景观及功能必然会受其开发的影响。同时开发还需兼顾轨道交通的车辆线路及其附属设施的布置，因此其设计具有相当大的难度。

综合开发项目以三条轨道交通线的换乘枢纽和停车场地的自身条件为基础，将保障性住房建在停车场上，并根据实际需求建设商品房、酒店、办公、学校、社区服务等配套设施以弥补配套设施的缺失，逐步打造地区性公共中心。项目占地面积约为 90ha，总建筑面积约 97.5 万 m$^2$，其中上盖开发部分为 37.4 万 m$^2$，项目住宅地块分五个区域，包括三个上盖区和两个落地区，见图 1.1-15。

图 1.1-15 金桥轨道交通车辆基地平面图

3）设计特色

（1）适应转型发展，提升城市功能

金桥地区的转型发展带来了许多功能完善的需求，包括产业转型升级的办公需求、人才安居、就业及对公共服务设施的需求、轨道交通枢纽的综合服务需求等，这使得金桥车辆基地地块承担了满足这些需求的责任。通过充分利用金桥车辆基地周边的土地资源，进行物业上盖开发，为发展片区增添缺失的居住、商业等功能，使区域功能趋于合理完善。

（2）绿化规模最大化

金桥地区集中布局了一个整体的中央绿地，摒弃了分散零星的小块绿地的布局模式，提高了景观的整体规模。项目地块较狭长，通过景观大道联系南北侧住宅，形成合理的景观流线。景观系统以中央绿地为核心，宅间绿地为辅，串联起中央绿地与宅间绿地，形成完整的景观系统，使得基地内处处皆有景可赏、有园可游。

上海金桥车辆基地开发项目在许多方面具有特色：其有四个连通城市道路的车行出入口，而且每个都有明确的功能划分，在交通规划上进一步地人车分离，使得慢行的体验感更强，并且结合建筑退台手法，弱化了非人尺度的体验；另外，引入了生态绿色概念，置入丰富的商业功能，进一步扩大了混合开发面积，提升了住宅产品品质，这些都为后期运营提供了很好的条件。预计上海金桥上盖物业开发将在 2030 年完成。

**7. 苏州天鹅荡车辆基地**

1）背景

苏州天鹅荡车辆基地为苏州轨道交通 7 号线车辆段、17 号线停车场和 21 号线停车场三场共址，位于吴中区太湖新城东太湖路以南，五湖路、旺山路、苏旺路围合地块内，东西宽约 850m，南北长约 1110m，总用地约 69ha，其中 7 号线车辆段用地约 34ha，计划 2024 年建成开通运营，17 号线为 2035 年规划线路，21 号线为远期规划线路。苏州天鹅荡车辆基地进行三场共址一体化上盖开发研究。

2）策划

该项目以"世界级湾区、苏州新 CBD、城市 TOD 范本"为总体定位，以"三合为一"的车辆段理念及"山水聚枢、月廊荟心"的 TOD 城市设计理念作为出发点，打造以交通为基底、新苏式生活为目标的特色开发集群，以城市公共设施基盘为核心，发展高端现代服务业和创新创意产业，打造服务长三角区域级的生态人居中心、创新创意中心、文化教育中心、会展演艺中心、旅游休闲中心、商务商贸中心和健康医疗中心，展现"新城市、新产业、新生活"的全新形象，驱动太湖周边城区与苏州城市的未来发展。

基地周边拥有地铁 7 号、17 号和 21 号线三条线路，地块三个角点均设置车站，使项目形成 3 线 3 场 3 站的"333"交通格局，为其开发创造了极佳的 TOD 优势条件。车辆基地上盖总开发量 147 万 $m^2$，其中近期（7 号线车辆段）开发量 57 万 $m^2$，开发涵盖人才居住、科创办公、体育公园、邻里配套、商业文娱五大功能，为太湖新城"科创圈带"提供全方位生活配套和精品数创空间；融合太湖周边的生态基底，提供具有活力的、多层次城市绿化；以品质优先为原则，以苏式文化为底蕴，创建高质量的滨水城区 TOD 典范，见图 1.1-16。

图 1.1-16  天鹅荡车辆基地效果图

3）设计特色

（1）多元一体的城市设计理念

项目从城市设计的角度结合近远期统筹设计，一体化考虑了远期 17 号线和 21 号线的上盖开发设计方案、三线场站整体设计，提出了上盖区域整体延续化、功能组团布局均衡化、城市形态优美韵律化、景观系统有机渗透化的要求。

（2）紧密的盖上盖下空间联系

利用项目自有轨道交通优势，有机链接地下空间、地面空间及盖板空间，通过归家流线周边设置生活配套商业来从空间上进一步削弱盖上盖下高差，让使用者不知不觉中进入盖上空间。引入市政道路与一层平台无缝对接，从轨道站点、公交、景观交汇、相邻街区等客流节点，设置多重各具特色的上板慢行路径，链接盖上居住区并汇聚于中心景观，可在步道设置休憩节点提升游览体验，使盖上与盖下无界畅通。

（3）衔接城市通廊，构建山水交汇的城市景观节点

东西城市交通横连，融合河湖体系，形成山水景观格局；规划空中园林和体育公园，成为盖上景观中枢；"吴风集萃，云栖三叠"，营造多层次的空中园林生活空间；结合站点设置灵活、便捷、集购物、休闲娱乐为一体的"苏式"开放式街区。

## 1.2  车辆基地上盖建筑特点

### 1.2.1  车辆基地上盖交通组织的规划与设计

车辆基地上盖开发是在轨道交通车辆基地上盖的大平台上进行物业开发建设，这样的特殊条件也使得车辆基地上盖交通组织更难更特殊。上盖物业与车辆基地相互联系又相对独立，规划设计需要将更多的因素纳入其中，其难度不言而喻。一般车辆基地上盖交通需

求预测采用传统的"四阶段"法：交通生成、交通分布、交通方式及交通分配的思路，而成功的首要原则是让行人和骑行者能够感受轻松、安全地通达城市交通枢纽并延展至整个城市。总体上场站交通组织的规划与设计应按照交通影响评估中提出的区域交通改善方案落实，将轨道交通站点综合体周边路网密度、街区尺度根据实际需求优化，综合体建筑与道路间的空间布局也要进一步优化，统一设计道路红线和建筑退线空间，将轨道交通站点综合体周围路网功能进行提升。

### 1.2.2 车辆基地上盖建筑特点

#### 1. 车辆基地上盖建筑设计需兼顾车辆基地建筑总体布局

轨道交通车辆综合基地主要用于车辆停放、清洁、检修和维护等日常工作，由于检修工艺要求，车辆综合基地占地大，建设用地规模大，用地规模一般在 20～40ha 之间，从总体平面布局上看，轨道交通车辆基地分为库房区、咽喉区、出入段场线区及白地，未进行建筑上盖物业开发的车辆基地主要建筑单体一般采用钢结构，车辆基地综合利用后，需要统筹盖上综合承载的需求和盖下工艺布置及运维，所以区分不同盖下车辆基地区域对上盖平台及物业开发内容提出的设计输入条件各不相同，通常呈典型的"刀把形"布局，车辆基地总平面布置见图 1.2-1。

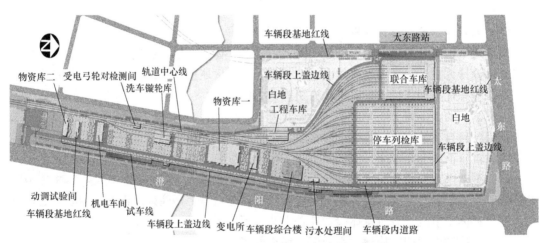

图 1.2-1 轨道交通车辆基地总平面图

盖下 1 层使用功能包括联合车库、停车列检库、工程车库、变电所、物资库、洗车镟轮库、污水处理间、动调试验间、机电车间及受电弓轮对检测间等；如有盖下 2 层时，通常布置为盖上使用功能服务的汽车停车库、辅助用房及设备用房等。

1）车辆基地库区上盖建筑特点

轨道交通车辆基地库区包括停车列检库及检修库，库内停车线为平直线路，占地规模较大，停车列检库建筑面积一般可达 4 万 m² 左右，检修库的建筑面积一般也都大于 1 万 m²，柱网布置均匀规整，适宜进行上盖物业开发，可以延续上盖平台结构类型设计上盖框架结构类型的物业开发，也可以通过结构形式转换设计上盖物业开发。

同时，库区的线路布置与上盖物业开发单体（住宅）还有平行和垂直两种类型。我国的地理位置决定了大部分地区住宅朝向以南北向布局为主。库区线路以东西方向为主的，上盖住宅物业开发一般平行于线路布置，考虑住宅进深一般不会过大的特点，库区上盖建筑柱网一般采用1~2条检修线为一个结构柱跨的布置，对盖上的住宅建筑进深及建筑间距限制较多，如苏州轨道交通5号线胥口车辆段上盖；库区线路以南北方向为主的，上盖住宅物业开发一般垂直于线路布置，库区上盖建筑进深受检修库跨距净宽限制较小，但要求上盖住宅的面宽需与库区跨距净宽基本匹配，如苏州轨道交通2号线太平车辆段上盖。

2）车辆基地咽喉区上盖建筑特点

咽喉区是车辆进出车库的线路密集区，通常为无人区，咽喉区内的碎石轨道道床和较快的车速共同产生了较大噪声和振动，一定程度影响了盖上建筑的环境质量。早期国内咽喉区大多为不上盖的案例，随着车辆基地上盖开发的经验积累，现在咽喉区也逐步开始上盖开发设计，且通过增加轨道减振降噪措施，确保盖上环境质量并达到环评标准。

平面布置上，咽喉区多为曲线线路，上盖平台柱网均顺应轨道线路布置，柱网平面呈现扫把形状，平台上的物业开发内容一般为中心景观和多层公共配套建筑。

3）车辆基地出入段区上盖建筑特点

车辆基地出入段是连接轨道交通运营正线之间的线路，属于辅助线。出入段线与正线良好的接轨条件是保证正常运营的关键，普遍按照双线双向运行设计，保证线路最大通过能力，线路周边的空地均为白地，适合于上盖建筑的结构直接落地，可根据线路限界与周边白地大小选择合适的上盖建筑面宽或者进深，且建筑单体朝向自由度较高。

4）上盖平台汽车坡道及垂直交通核

车辆基地的上盖平台一般高于城市道路地坪标高，实现城市空间立体复合运用。利用车辆基地的上盖平台作为物业开发机动车、非机动车的地面，并作为入户门厅及社区公共空间，如何将9m、15m的高差消化至宜人尺度，是设计的重点之一，兼顾车辆基地运营的安全性，上盖平台的交通问题主要通过盖板边的机动车、非机动车坡道及垂直交通核来组织竖向交通，并兼顾上盖消防疏散。

**2. 上盖平台建筑主要类型特点**

在车辆基地上部加盖1至2层楼板，形成"盖板"，在盖板上进行的物业开发，称为"上盖"。车辆基地盖上使用功能主要有公共建筑（商业、办公、酒店、文化体育设施）、居住建筑（住宅、公寓）、公园及绿地等多种功能的综合体，常见的上盖物业开发模式有住宅小区的开发模式，商业和文化体育设施等公建的开发模式，住宅为主、商业为辅的开发模式等。车辆基地上盖开发典型剖面如图1.2-2所示。

目前，经济较为发达的城市的有轨交通多运用车辆基地上盖建筑。通过多个案例汇总可以发现，车辆段上盖平台一般设计为2层与局部1层。其中1层上盖平台的建筑高度主要受盖下车辆段工艺影响，包括库房内桥式起重机、接触网设施、排烟风机、风管以及消防水管等设施的布置要求限制。其中，影响最大的部位为运用库及检修库的空间，一般该部位的上盖平台采用通高设计，对1层上盖平台的汽车库平面布局提出较大的限制。

结合车辆检修的工艺高度要求，1层上盖平台层高往往确定在8~9m，2层上盖平台层高考虑供上盖开发使用的汽车库以及结构转换层后通常确定在5m左右，2层平台上部绿化覆土层厚根据需要确定，常规在1.5m左右。竖向构成关系一般分为3层：0.000m标高为首层即地面层，主要功能为车辆基地作业区；9.000m标高为板地，主要功能为物业开发停车库；15.000m标高为上盖地坪，其上为物业开发。

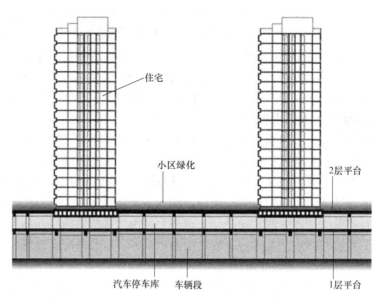

图 1.2-2　车辆基地上盖开发典型剖面

　　车辆基地咽喉区轨道密集，由于一方面需严格避让车辆限界，另一方面尽量不阻碍列车运行视线等因素，盖下结构以布置框架柱为主且位置极不规则，此区域盖上一般不进行高强度物业开发，取而代之作为公共开敞空间，规划公园绿地及广场，并配套少量的服务设施。

　　1）地上式车辆基地

　　目前地上式车辆基地上盖（图 1.2-3）比较普遍，即在正常室外地坪上方建设两层上盖平台并进行盖上物业开发，国内早期车辆段上盖开发基本采用这种模式，能够在保证地面车辆基地正常地面环境的基础上控制土地一级开发及车辆基地上盖的投资造价。其将形成一块占地在 15～18ha，建筑高度在 15.5～16m 的超大单体建筑。这种地上式车辆基地上盖及盖上物业开发方案已经很成熟，如苏州轨道交通 2 号线太平车辆段上盖开发项目、苏州轨道交通 5 号线胥口车辆段上盖开发项目，其中 2 号线太平上盖物业已经移交业主入住 7 年多（本书第 7 章图 7.1-2），盖下车辆段也已运营近 10 年（本书第 7 章图 7.1-3）。但车辆段上盖平台由于超大的体量会对城市道路路网与周边城市景观产生较大影响，从城市空间尺度上来说，巨大的体量处理不好易破坏城市原有风貌，成为城市空间的痛点。

　　近几年来上盖类型也有更新的发展，出现了下沉式车辆基地上盖及地下式车辆基地上盖类型。

　　2）下沉式车辆基地

　　下沉式车辆基地（图 1.2-4）作为一种新型的车辆基地上盖建筑形式，是将车辆段、停车场以及上盖平台结构整体下沉于周边室外地坪，但上盖周边围护结构开敞，采光通风良好，下沉深度不超过 1 层层高的 1/3，建筑类型上仍属于地面建筑。目前，无锡地铁 1 号线雪浪停车场及无锡地铁 4 号线具区路车辆段均采用下沉式设计，相比于地上式来说优点在于能有效降低平台和上盖地坪高度，减少与周边地块、城市空间高差，能够更好地融入相邻城市环境中，提升与城市道路的连通性。

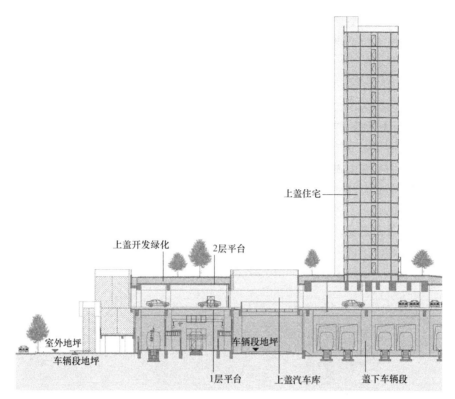

图 1.2-3　地上式车辆基地

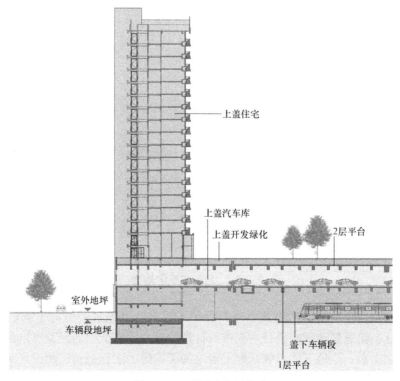

图 1.2-4　下沉式车辆基地

车辆基地整体下沉后应特别注意防灾设计，下沉的深度需考虑基地线路标高、场坪高程与附近区域内涝水位、洪水水位的安全关系。下沉式车辆基地也不同于民用建筑的地下室，下沉式车辆基地解决雨水及浅层地下水的措施：①外侧墙地下部分采用防水混凝土＋截水沟；②基地底板采用防水混凝土＋集水坑；③下沉式机动车坡道地面入口处设置挡水反坡等手段解决雨水及浅层地下水的影响。

3）地下式车辆基地

全地下式车辆基地（图1.2-5）形式其实早已有之，在上盖综合开发理念普遍的今天，全地下式车辆基地上盖也逐渐成为一种新概念被提出，受到自身用地限制和周边环境制约，北京、成都已有建成案例，深圳、武汉、苏州等城市都有意向在其规划之中。全地下式车辆基地的优点在于可以完全满足区域内城市规划、城市设计的要求，提供相对完整的建设场地，各盖上物业开发功能可根据使用要求及场地特点合理布局，为其开发定位、城市环境、交通设计提供多种可能性；地下车辆基地主体结构为上盖建筑提供更可靠的结构约束，提高建筑抗震性能。

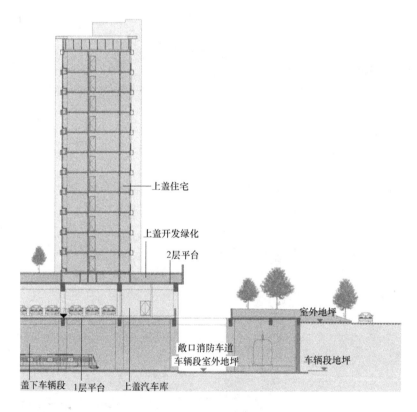

图 1.2-5　地下式车辆基地

车辆基地全埋置地下虽然为盖上建筑提供了很多有利条件，但对于车辆基地本身来说，防火设计、轨道振动影响仍是主要难点，现阶段并没有成熟的经验可以借鉴，仍需要不断地探索和实践；全地下式车辆基地上盖增加了一定的工程造价、建设风险，对建设管理提出了更高的要求。

### 1.2.3 车辆基地上盖城市界面处理及空间形态

车辆基地上盖城市界面根据周边道路网、轨道交通站点和城市设计识别的界面性质，可分为交通界面、生活界面和次支界面三种形态。

（1）交通界面：其上盖界面所在的道路为交通性干道，通过性交通量较大。此类上盖城市界面应避免与其他交通界面直接衔接，以较少对通过性交通的干扰。而对于衔接界面较为单一，在外围设置其他转换节点易造成拥堵的，可以进行直接衔接。

（2）生活界面：其上盖界面所在道路为生活性干道，以到达性交通为主，交通量相对较小，车速较慢。此类上盖界面宜结合周边土地开发利用情况、道路条件等具体分析。

（3）次支界面：其上盖界面所在道路为城市次干道或支路，交通量小。其消隐于城市各建筑间，对城市的空间结构与形态风貌没有较大影响，并可为上盖提供进出的缓冲空间。

目前，日本、新加坡及国内许多城市在处理车辆基地综合开发与城市环境的关系上，常通过在车辆基地周边布局商业、办公等大型公共建筑以及住区，或设计景观坡地并对车辆基地进行覆土，从而柔化车辆基地的边界，实现完全消隐。在实践中，应考虑城市的区位、规模、功能、形态等问题，同时以人为本，从城市居民的角度出发进行设计，深化车辆基地综合开发的空间形态。

### 1.2.4 车辆基地上盖功能产品开发和运营策略

轨道交通车辆基地上盖应配建复合多样的功能产品，且尽量避免与周边建筑功能重叠，其功能布局设计重点考虑完善片区的居住、商业、办公、文教、公共空间及交通等城市功能，补充其上盖影响区内缺乏的功能，并保证其交通畅通，以吸引更多的人流到站游憩，带动轨道交通站点及周边地块的繁荣发展。随着城市规模的急剧扩张，要实现有效运行，城市功能的分配须多元化叠加，而随着城市发展衍生出的大体量交通站点、廊道会对城市建筑和城市景观造成割裂，因此对城市功能的分配，逐渐演化为将传统的单一功能分区模式转化为将城市功能沿公共交通走廊铺开，以各个站点作为城市发展廊道上的节点，沿节点布局商业、办公、公共空间等功能，为节约高效利用土地，且将各种功能延展到三维空间，通过竖向设计在较少的面积集聚了所在地区较多的优质资源。就城市地铁线路而言，由于每个站点的区位和发展状况不同，地铁站的设计在保证功能适宜性的同时，其规模、标识、功能用房等不尽相同。站点层面的功能分配来源于城市管理者对于每个站点周边城市区域的定位及发展预期，随着轨道交通车辆基地上盖与周边土地综合开发的规模加大、产品种类的丰富多样，越来越多的城市选择一体规划、分期开发的策略。

近几年，随着土地紧缺、市场需求及上盖技术的不断发展成熟、物业开发产品的不断丰富完善，在大力提倡环境友好型社会建设的背景下，会有越来越多的由公交主导、提供10min步行圈的城市生活服务和活力的全机能生态健康智能型TOD及轨道交通车辆基地上盖综合开发，对土地实现充分利用，取得更高的综合收益，优化城市的发展模式，助推实现轨道交通可持续及城市空间融合发展。

### 1.2.5 车辆基地上盖防火设计

车辆基地上盖开发一般包括盖下车辆基地和上盖建筑两部分，车辆基地用于车辆停修和后勤保障，通常包括联合车库、停车列检库、工程车库、变电所、物资库、洗车镟轮库、污水处理间等建筑单体，属工业类建筑；上盖建筑主要为居住建筑、公共建筑和配套停车库等多种功能的综合体，属民用类建筑。车辆基地上盖开发将两种不同功能类别的建筑竖向叠加建造，目前主要依据国家标准《地铁设计防火标准》GB 51298—2018 和《建筑设计防火规范》GB 50016—2014（2018 年版）进行防火设计。由于车辆基地的上盖类型复杂多样，国家标准只明确了车辆基地上盖防火设计的基本原则，部分省、市也编制了地方标准，细化车辆基地上盖防火设计要求，如：《上海市轨道交通车辆段基地上盖综合开发建筑消防设计暂行规定》；北京的地方标准《城市轨道交通车辆基地上盖综合利用工程设计防火标准》DB 11/1762—2020；江苏省的地方标准《城市轨道交通车辆基地上盖综合利用防火设计标准》DB32/T 4170—2021；随着各省市标准的发布实施后有效提升轨道交通车辆段土地利用率，一定程度上解决了城市空间割裂问题。

车辆基地上盖防火设计主要原则为：

1) 盖下车辆基地和上盖建筑防火各自独立。盖上开发建筑与下部车辆建筑在空间上由板地结构层（通常为 1 层上盖平台）进行完全分隔，板地自身的承重柱、墙的耐火极限不应低于 4.00h，梁、板的耐火极限不应低于 3.00h（本书第 7 章图 7.1-1），上盖建筑及属于工业建筑盖下车辆基地按照地上建筑进行防火设计，而位于上盖平台下部、板地上部的汽车库夹层，按照地下建筑进行防火设计。

2) 车辆基地和上盖建筑在空间上完全分隔，其消防车道与市政连接的出入口应各自独立设置，而消防道路与市政道路的接口应大于两处。

3) 上盖地坪应设置消防车道，满足人员疏散和灭火救援等要求。设置消防车道及救援场地要符合现行国家标准《建筑设计防火规范》GB 50016 的要求，消防车道的路面、救援操作场地应满足上盖建筑救援所需消防车的承载要求；消防车道与地面市政道路的接口不应少于两处，且坡度不应超过 8%。上盖建筑的防火设计高度可从上盖地坪计。

4) 车辆基地的运用库、停车列检库、联合检修库、物资总库，应设置不少于两条与外界相通的消防车道，并与地基内各建筑的消防车道连通成环形消防车道。难以实现时，可在库区与咽喉区之间设置宽度不小于 4m 的消防通道，并配以一定的回车场地。

5) 车辆基地上盖平台（板底）下方严禁设置甲类、乙类厂房，甲类、乙类、丙类易燃物品库，燃油、燃气锅炉房、柴油发电机房等危险易爆库房，电动车的充电设施以及人员密集场所。盖下建筑耐火等级均为一级。

6) 位于上盖地坪下方的汽车库、设备间等房间应遵循地下建筑进行防火设计。

7) 车辆基地及上盖建筑属于不同的建筑类型，应分别设置独立的人员疏散通道和安全出口，且两者的出入口口部间距不应小于 5m。上盖地坪的室外开敞空间，室外安全区域，为消防人员提供安全、有效的救援条件。

8) 上盖平台周边应均匀设置直达地面的疏散楼梯，楼梯梯段净宽不应小于 1.4m。

# 第2章

# 车辆基地上盖结构体系与选型

## 2.1 车辆基地上盖结构特点

### 2.1.1 车辆基地上盖结构影响因素

#### 1. 车辆限界影响

典型车辆基地按功能大致可分为出入段线区、轨道咽喉区、车辆停放检修区等三个区域，通常呈典型的"刀把形"布局。

车辆基地出入段线区轨道较少，建筑布置时一般可尽量避开车辆限界，保证盖上塔楼范围内的竖向构件（剪力墙、框架柱）全部落地或大部分落地，此区域盖上开发以高层建筑为主，结构类型通常选用与普通民用建筑结构相同的结构体系。

车辆基地轨道咽喉区轨道密集，考虑到一方面需严格避让车辆限界，另一方面尽量不阻碍列车运行视线等因素，盖下结构以布置框架柱为主且位置极不规则，此区域盖上不宜进行高强度物业开发，可以作为休闲公共空间，安排公园及绿地广场，或布置少量低层、小规模的商业配套设施，结构类型通常选用框架结构体系。

车辆基地车辆停放检修区跨度较大，跨距大小不一，垂直轨道方向一般采用跨越两线轨道，柱距通常为14m左右，平行轨道方向柱距为9m左右，停放检修区域车辆限界对结构竖向构件（剪力墙、框架柱）的位置和布置均有严格限制，由于盖上、盖下使用功能及空间利用不同，往往导致盖上塔楼范围内的竖向构件（剪力墙、框架柱）全部无法落地，需要在车辆基地上盖平台上进行较大规模结构转换，结构传力复杂，抗震性能较差，此区域盖上开发以多层建筑、小高层建筑为主，高层建筑为辅，结构类型通常选用全框支转换结构体系，如图2.1-1所示，需要时也可采用层间隔震技术。

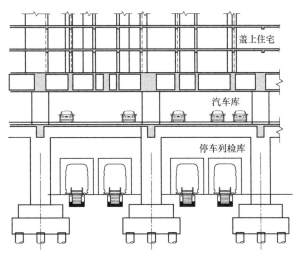

图 2.1-1 全框支转换结构上盖开发典型剖面

**2. 温度效应影响**

车辆基地上盖结构在长度和宽度两个方向一般都在几百米、甚至上千米以上，加之盖下二层平台外墙没有任何围护结构，属于直接暴露在大气环境中的室外开敞结构，因此结构温度场效应特别明显，混凝土楼板和框架梁、柱受温差影响都比较大，车辆基地上盖结构通常都是超长混凝土结构。

由于车辆基地盖下除轨道线路外，还有联合车库、停车列检库、工程车库、变电所、物资库、洗车镟轮库、污水处理间、动调试验间、机电车间及受电弓轮等用于车辆停放、清洁、检修和维护的特殊工艺车间，要求其上盖结构尽量少设防震/伸缩缝，以避免后期可能产生的变形、漏水等隐患造成不利影响；此外，考虑到盖上物业开发以及道路、景观等较厚的覆土和绿植，上盖结构承受的荷载较普通民用建筑结构的荷载要大得多，框架梁、柱等混凝土构件的尺寸也远比普通民用建筑结构的构件尺寸要大，因此要特别重视上盖结构混凝土长期收缩和徐变带来的不利影响。

近年来，我国结构工程师在超长混凝土结构设计及施工中已积累了许多经验，比如：混凝土配方中加入适量混凝土外加剂、在超长混凝土结构中施加预应力等，但对大截面构件超长混凝土结构考虑混凝土长期收缩和徐变影响、基础刚度影响、混凝土施工入模时间影响等参数综合计算分析还不够全面。因此对构件截面大、超长又长期处于室外环境中的车辆基地上盖结构，需建立正确的计算模型进行详细的温度效应分析。

**3. 差异沉降影响**

车辆基地上盖物业开发的业态主要有公共建筑（商业、办公、酒店、文化体育设施）、居住建筑（住宅、公寓）、公园及绿地等多种功能。早期上盖的物业开发一般为住宅、办公等，建筑层数相对较少，荷载较小。近年来，随着车辆基地上盖结构项目逐年增多且开发功能越趋综合、开发规模越来越大、开发层数越来越多，在基础设计时应高度重视差异沉降的影响：

（1）基础荷载分布极不均匀，盖上塔楼范围层数较多，荷载较大，而平台范围一般为一层或两层，荷载相对较小，荷载差异会引起较大的差异沉降；盖下结构受轨道道床限制通常不能设置地下室，无法通过地下室整体刚度来调节部分差异沉降。

（2）考虑到盖上物业在开发时间上可能滞后的不确定性，为了保证盖下车辆基地的正常使用，结构不允许在盖上塔楼和平台间设置沉降后浇带。上盖结构中所有留设的后浇带在上盖平台完成后都需要封闭，而此时上盖结构的物业开发还未实施，对基础而言物业开发的荷载大部分没有施加。因此后期上盖物业开发时随着荷载增加可能会引起较大的沉降，有效控制随时间变化的差异沉降成为上盖结构必须重视的关建问题。

**4. 振动环境影响**

由于轨道交通车辆在进出车辆基地的运行过程中，轮轨相互作用会产生不同程度的振动，如果处理不好会对盖上结构的舒适度产生影响，严重时会影响盖上建筑居住者的正常生活和工作，甚至身体健康。20世纪90年代到21世纪初我国建设的部分车辆基地上盖物业开发项目，因控制技术不成熟导致车辆运行产生的振动噪声对盖上建筑的影响而饱受争议。近年来随着我国减隔震（振）技术的进步和产品质量的提升，全国各地也越来越重视解决车辆基地上盖结构的振动噪声问题，要求新建车辆基地上盖建筑要与城市轨道交通建设同步规划和建设，对竖向振动宜选用实测城市轨道交通振动加速度时程曲线，或按建筑场地类别、轨道类型和车速等实际情况模拟城市轨道交通振动加速度时程曲线，采用时程分析法进行舒适度综合评价，评价指标宜符合《城市轨道交通上盖结构设计标准》T/CECS 1035—2022 的相关规定。车辆基地上盖结构振动噪声控制应遵循"振动源头控制—传播途径控制—受振终端控制"的顺序原则有效实施。

北京市质量技术监督局专门发布《城市轨道交通上盖建筑环境噪声与振动控制规范》DB11/T 1178—2015，强调新建城市轨道交通及其上盖建筑噪声与振动控制，首先应进行科学合理的规划布局，包括线路平面走向、埋深设置以及上盖建筑物结构布局、功能定位等，在规划阶段尽量降低噪声和振动的影响；其次宜采取轨道、建筑基础及建筑结构自身防护等综合措施进行控制，并提出了不同阶段项目建设控制要求。

目前，我国轨道交通上盖建筑减隔振一般有以下两种方法：

（1）轨道减振即振动源头控制，可采用轨道减振器、道岔减振器、钢轨粒子阻尼减振器等，这是效果比较明显的方法。车辆运行时的振动主要受车辆本身质量、轨道铺设结构及地基条件等因素影响，振动的传播途径是从轨道传播到轨道道床，再依次传播到基础从而引发地基振动，进而影响地面以上建筑物的正常使用。因此在轨道设计过程中应采用合适的参数及相关措施并优先使用轨道减振控制技术。

（2）结构隔振即受振终端控制，也包括建筑结构自身的抗震设计。比如：车辆基地上盖结构竖向构件设计成独立基础（一般为桩基）与轨道道床基础脱离，避免轨道道床与上盖结构发生共振；或者在盖上建筑底层合适部位设置隔振装置，减小竖向振动频率，达到对上部建筑的减振效果；或者可与上盖结构层间隔震技术综合应用，即采用既隔地震作用，又隔车辆振动作用的复合型隔震（振）技术，如以叠层橡胶支座为水平隔震构件、以钢弹簧/蝶簧组合为竖向隔震构件的组合三维隔震（振）支座等，实现"震振双控"。

**5. 二次开发影响**

轨道交通 TOD 的实施，需要规划、土地、交通、财政等多部门共同参与才能实现全方位效益提升。由于与传统土地开发模式不同，车辆基地上盖综合开发利用要通过复杂的技术处理，在车辆基地用地上方造出一块土地。由于在竖向范围内，车辆基地空间与上盖物业开发空间交织在一起，引发了规划设计、出让方式，以及后期管理的不同特性。轨道交通车辆基地上盖物业开发作为经营性用地，必须通过招拍挂进行土地二级出让，如果轨道公司不是二次开发的主体，则可能会引发上盖开发过程中追求高容积率、与车辆基地上盖规划时高度和位置不尽相同、开发时间拖延等不可控因素。目前国内有的车辆基地上盖平台已施工完成多年，但盖上物业开发进展缓慢，加之上盖平台结构面上覆土或保护措施不到位，上盖结构平台长时间暴露在室外环境中，造成不必要的结构裂缝和损伤。

笔者认为，轨道交通车辆基地上盖物业二次开发在规划之初就应坚持轨道交通与物业开发统一规划，统筹宗地安排，提前做好车辆基地统一规划控制，除有序开展选址论证、征地拆迁、市政设施建设等各项前期工作外，应尽早明确开发主体、开发范围、开发方式、开发成本及投资收益等，整体推动车辆基地及周边土地综合开发工作。在前期上盖结构设计中要充分考虑后期盖上物业二次开发时间滞后、平立面调整等分期施工带来的不利因素影响，对计算参数和设计荷载的取值要有超前意识并留有余量，要全面完善多模型、多阶段、多工况、多因素影响的一体化计算分析进行包络设计，并宜进行施工模拟分析，同时应做好盖下结构监测和盖上结构预留部分保护工作。在盖下结构通过竣工验收前提下，后期上盖物业二次开发时允许作为续建工程考虑，盖上结构按现行规范和标准进行设计，盖下结构采用与前期盖上结构设计时相同的规范和标准进行复核，尽可能避免因后期二次开发引起对盖下车辆基地结构构件的加固改造而影响车辆基地的正常使用。

## 2.1.2 车辆基地上盖构件类型分析

**1. 车辆基地盖下构件类型**

（1）竖向构件

通常采用钢筋混凝土结构构件。对于盖上塔楼范围内能够落地的竖向构件可以采用剪力墙、框架柱及其组合；对于盖上塔楼范围内不能落地的竖向构件可以采用框架柱（框支柱或转换柱）；对于上盖平台区域一般采用框架柱。

当某一结构单元内布置剪力墙或钢支撑时，应沿该结构单元两主轴方向均匀布置，且不能影响车辆基地的正常使用。

框架柱通常采用钢筋混凝土柱；框支柱或转换柱宜采用具有较高承载力和较好延性的型钢混凝土柱、钢管混凝土柱或内置圆钢管混凝土叠合柱，也可采用钢筋混凝土柱。

（2）水平构件

通常采用钢筋混凝土现浇梁和现浇楼板，上盖纯平台区域也可采用叠合楼板。

**2. 车辆基地上盖转换构件类型**

车辆基地上盖结构转换构件可采用梁式转换、箱形转换、厚板转换、实腹桁架转换、空腹桁架转换等，详见本书第3章图3.1-1。转换构件通常采用钢筋混凝土或型钢混凝土构件，转换桁架等也可采用钢构件。当采用层间隔震技术时，可将隔震层置于上述转换层上组合使用。

（1）梁式转换：受力机理明确，设计施工简单，当纵、横双向同时需要转换时，可采用双向梁布置的转换方式。

（2）箱形转换：由上、下两层较厚楼板与单向肋梁或双向肋梁共同组成，具有很大的整体空间刚度，是能够承担大跨度、大空间及较大荷载的转换方式。

（3）厚板转换：当上下柱网、轴线不对齐，或有较大错位，或斜交，采用梁式转换时会出现多级转换，造成传力路径复杂时，可采用布置相对灵活的厚板转换方式。但厚板转换自重大，材料用量多，地震反应大，高烈度区不宜采用。

（4）实腹桁架转换：受力合理明确，构造简单，自重较轻，节省材料，虽比箱形转换的整体空间刚度相对较小，但比箱形转换少占空间，是能够适应较大跨度的转换方式。

（5）空腹桁架转换：与实腹桁架转换优点相似，但空间刚度更小，由于空腹桁架转换的杆系都是水平和垂直的，没有斜腹杆，在室内空间使用上优于实腹桁架转换。

上述转换构件类型详细对比见本书第3章表3.1-1。

**3. 车辆基地盖上构件类型**

（1）竖向构件

通常采用钢筋混凝土剪力墙、框架柱及其组合，也可采用钢柱、钢支撑（或防屈曲支撑）及其组合。

（2）水平构件

通常采用钢筋混凝土现浇梁和现浇楼板，也可采用叠合楼板。当采用钢结构时，可以采用钢梁和压型钢楼板或钢筋桁架楼承板。

## 2.2　车辆基地上盖结构体系选型

### 2.2.1　车辆基地上盖结构体系选型

**1. 出入段线区上盖结构体系**

当盖上塔楼范围内的竖向构件全部落地时，可采用框架结构、框架-剪力墙结构、剪力墙结构、框架-核心筒结构等结构体系。

当盖上塔楼范围内的竖向构件部分落地时，可采用部分托柱转换框架结构、部分托柱转换框架-剪力墙结构、部分框支剪力墙结构、部分托柱转换框架-核心筒结构等结构体系。

当盖上塔楼范围内的竖向构件全部无法落地时，其结构体系可参照车辆停放检修区上盖结构体系。

出入段线区上盖纯平台区域一般采用框架结构体系。

**2. 轨道咽喉区上盖结构体系**

通常采用框架结构、部分托柱转换框架结构等结构体系。

**3. 车辆停放检修区上盖结构体系**

当盖上塔楼范围内的竖向构件部分落地时，可采用部分托柱转换框架结构、部分托柱转换框架-剪力墙结构、部分框支剪力墙结构、部分托柱转换框架-核心筒结构等结构体系。

当盖上塔楼范围内的竖向构件全部无法落地时，可采用盖下全框支框架＋转换层（隔震层)＋盖上结构类型一（图2.2-1）或采用盖下全转换框架＋转换层＋盖上结构类型二（图2.2-2）这两种结构体系，具体选型如下：

（1）盖上结构类型一可采用框架-剪力墙结构、剪力墙结构等。

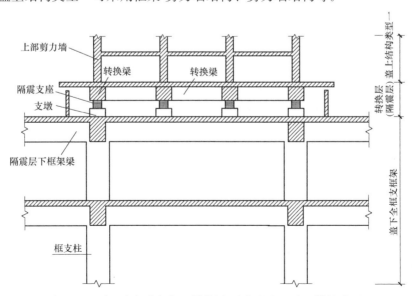

图2.2-1　盖下全框支框架＋转换层（隔震层)＋盖上结构类型一

（2）盖上结构类型二可采用混凝土框架结构、钢支撑（或防屈曲支撑)-混凝土框架结构、钢框架结构、钢框架-支撑结构等。

（3）转换层可采用梁式转换、箱形转换、厚板转换、实腹桁架转换、空腹桁架转换、斜撑转换等；当采用层间隔震技术时，可将隔震层置于转换层上组合使用。

（4）盖下结构类型可采用全框支框架结构或全转换框架结构。

车辆停放检修区上盖纯平台区域一般采用框架结构体系。

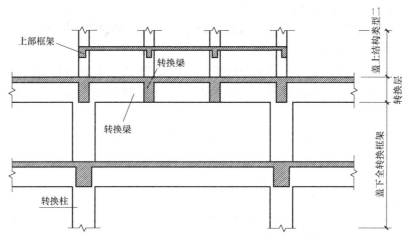

图 2.2-2　盖下全转换框架＋转换层＋盖上结构类型二

## 2.2.2　车辆基地上盖结构选型原则

（1）车辆基地上盖建筑高度决定盖上结构类型。结构类型应符合《建筑抗震设计规范》GB 50011—2010（2016 年版）（以下简称《抗规》）房屋最大适用高度的要求。

（2）盖上结构类型决定转换层形式。一般情况下转换层可采用梁式转换、箱形转换等；当盖上结构采用类型二时，也可采用实腹桁架转换、空腹桁架转换等。

（3）盖上结构荷载或盖下结构柱距决定转换层形式。当盖上为高层建筑，结构荷载较大或盖下结构跨度较大时，可采用箱形转换。

（4）盖上、盖下结构柱网相对关系决定转换层形式。当盖上结构两个主轴方向与盖下结构两个主轴方向柱网不对齐或斜交，且设防烈度 7 度及 7 度以下时，可采用厚板转换。

（5）设防烈度决定是否设置层间隔震层。设防烈度为 8 度及 8 度以上地区，车辆基地上盖结构应采用层间隔震技术；7 度设防区也可采用层间隔震技术，如徐州杏山子车辆段上盖开发项目、无锡具区路车辆段综合开发项目等，虽隔震效果不太明显，尤其对长周期上盖结构，但能显著提高其抗震性能。

# 2.3　车辆基地上盖结构设计原则

## 2.3.1　结构单元布置原则

（1）车辆基地上盖平台在长度和宽度两个方向都超长，如苏州轨道交通 2 号线太平车辆段上盖平台南北向总长约 1188m，东西向总宽约 330m。在满足盖下车辆基地使用功能分区要求前提下，可结合盖上开发建筑平面布置、结构的规则性等原则，通过设置纵横向防震/伸缩缝，将整个上盖区域合理划分为若干个较为规则的结构单元。

为满足防震、防水及经济性等要求，宜尽量减少结构单元的数量，但每个结构单元的长度和宽度也不宜超长太多，对于冬冷夏热地区，考虑到季节温差较大，笔者认为一般情况下可控制在 150m 左右，不宜超过 200m。结构单元间的防震/伸缩缝宽度除满足《抗规》的相关规定外，尚应考虑当地季节温差对车辆基地上盖结构缝宽伸缩变化的不利影响，一般情况下不宜小于 200mm。车辆基地上盖平台典型分缝结构平面如图 2.3-1 所示。

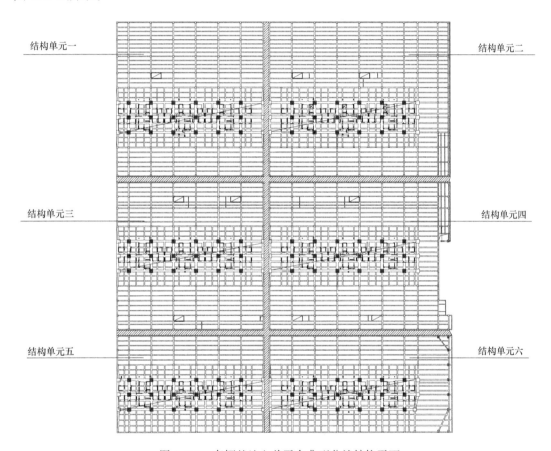

结构单元一　　　　　　　　　　　　　　　　　　　　结构单元二

结构单元三　　　　　　　　　　　　　　　　　　　　结构单元四

结构单元五　　　　　　　　　　　　　　　　　　　　结构单元六

图 2.3-1　车辆基地上盖平台典型分缝结构平面

（2）结构单元划分时，应注意控制盖上塔楼结构综合质心与平台结构质心的偏心率，不宜大于平台相应边长的 20%。

（3）每个结构单元盖上的塔楼视自身长度可再划分结构抗震单元，盖下平台与盖上塔楼形成大底盘多塔楼结构，各塔楼结构单元宜简单、规则。

（4）转换层（隔震层）应设置在盖下平台的上部塔楼对应位置，且不宜设置在大底盘屋面的上层塔楼内。

（5）转换层结构应有足够的刚度、强度和整体性，转换层平面形状宜简单、规则、对称，转换层质量、刚度和承载力分布宜均匀。

（6）转换层结构布置不应采用单跨结构，并宜使传力路径直接，不宜采用多次转换的形式。

## 2.3.2 结构抗震设计原则

### 1. 计算原则

带转换层（隔震层）的车辆基地上盖结构：

（1）应采用至少两个不同力学模型的结构分析软件进行整体计算及对比分析，并宜考虑转换梁、柱节点区的刚域影响；对转换层应考虑以竖向地震作用为主的荷载组合，竖向地震作用可按竖向地震系数法、反应谱法和时程法分析结果进行包络设计。

（2）对偏心支承上部剪力墙的水平转换构件，计算模型应考虑偏心荷载的影响。

（3）应采用带平台模型与不带平台模型、多塔模型与单塔模型等多种模型分别计算并对比分析，取包络结果进行设计。

（4）应采用弹性时程分析法进行多遇地震下补充计算。

（5）转换层（隔震层）楼板是重要水平传力构件，应进行抗剪截面验算及楼板平面内受弯承载力验算，并进行设防烈度和罕遇地震下的楼板应力分析。

（6）应建立转换层及上、下各一层结构构件的实体元应力分析模型，并按应力校核设计配筋。

（7）应采用结构抗震性能化设计方法进行分析和验证。

（8）应采用弹塑性时程分析方法进行罕遇地震下补充计算，对预期的抗震性能目标进行验证，屈服机制应满足转换层以上部分结构先于底部框支框架屈服。

（9）设置层间隔震层时，其计算分析基本要求见本书第 6 章。

（10）当车辆基地上盖结构与盖上物业二次开发分期建设时，应根据不同使用条件分别进行多阶段、多工况计算分析，并采用最不利的计算结果进行包络设计。

### 2. 抗震等级

采用盖下全框支框架＋转换层（隔震层）＋盖上结构类型一的车辆基地上盖结构，其抗震等级可按部分框支剪力墙结构确定，但盖下全框支框架的抗震等级宜提高一级采用，已为特一级时允许不再提高。

采用盖下全转换框架＋转换层＋盖上结构类型二的车辆基地上盖结构，其抗震等级可按混凝土框架结构、钢支撑（或防屈曲支撑)-混凝土框架结构及钢结构确定，但盖下全转换框架的抗震等级宜提高一级采用。

### 3. 抗震性能目标

带转换层（隔震层）的车辆基地上盖结构，应对关键构件采用抗震性能化设计：

（1）采用盖下全框支框架＋隔震层＋盖上结构类型一的车辆基地上盖结构，抗震性能目标可按表 2.3-1 确定。

（2）采用盖下全框支框架＋转换层＋盖上结构类型一的车辆基地上盖结构，抗震性能目标可按表 2.3-2 确定。

（3）采用盖下全转换框架＋转换层＋盖上结构类型二的车辆基地上盖结构，抗震性能目标可按表 2.3-3 确定。

盖下全框支框架＋隔震层＋盖上结构类型一抗震性能目标　　　表 2.3-1

| | 抗震烈度水准 | 小震 | 中震 | 大震 |
|---|---|---|---|---|
| 整体抗震<br>性能目标 | 整体结构性能水准定性描述 | 不损坏 | 损坏可修复 | 不倒塌 |
| | 盖上结构层间位移角限值 | 1/1000 | — | 1/240 |
| | 盖下全框支框架层间位移角限值 | 1/2000 | — | 1/250 |
| 关键构件抗<br>震性能目标 | 隔震层以上底部加强部位竖向构件 | 弹性 | 弹性 | 满足抗剪截面控制条件 |
| | 隔震层转换梁　隔震层上支墩 | 弹性 | 弹性 | 弹性 |
| | 隔震层下支墩 | 弹性 | 弹性 | 弹性 |
| | 直接支承隔震支墩框架梁 | 弹性 | 弹性 | 抗剪弹性、抗弯不屈服 |
| | 直接支承隔震支墩框支柱<br>（包含塔楼相关范围内框架柱） | 弹性 | 弹性 | 抗剪弹性、抗弯不屈服 |

盖下全框支框架＋转换层＋盖上结构类型一抗震性能目标　　　表 2.3-2

| | 抗震烈度水准 | 小震 | 中震 | 大震 |
|---|---|---|---|---|
| 整体抗震<br>性能目标 | 整体结构性能水准定性描述 | 不损坏 | 损坏可修复 | 不倒塌 |
| | 盖上结构层间位移角限值 | 1/1000 | — | 1/120 |
| | 盖下全框支框架层间位移角限值 | 1/2000 | — | 1/250 |
| 关键构件抗<br>震性能目标 | 盖上结构底部加强部位竖向构件 | 弹性 | 抗剪弹性、<br>抗弯不屈服 | 满足抗剪截面控制条件 |
| | 转换层 | 弹性 | 弹性 | 不屈服 |
| | 盖下框支柱<br>（包含塔楼相关范围内框架柱） | 弹性 | 弹性 | 不屈服 |

盖下全转换框架＋转换层＋盖上结构类型二抗震性能目标　　　表 2.3-3

| | 抗震烈度水准 | 小震 | 中震 | 大震 |
|---|---|---|---|---|
| 整体抗震<br>性能目标 | 整体结构性能水准定性描述 | 不损坏 | 损坏可修复 | 不倒塌 |
| | 盖上结构层间位移角限值 | 1/800 | — | 1/100 |
| | 盖下全转换框架层间位移角限值 | 1/1000 | — | 1/120 |
| 关键构件抗<br>震性能目标 | 盖上结构底部2层竖向构件 | 弹性 | 抗剪弹性、<br>抗弯不屈服 | 满足抗剪截面控制条件 |
| | 转换层 | 弹性 | 弹性 | 抗剪不屈服 |
| | 盖下转换柱<br>（包含塔楼相关范围内框架柱） | 弹性 | 弹性 | 抗剪不屈服 |

**4. 抗震措施**

（1）盖下全框支框架设置转换层（隔震层）的位置，设防烈度7度及7度以上时不宜超过3层。

（2）应调整上盖平台上、下较大层高差异带来的层间刚度突变，使上、下结构层的侧向刚度变化符合《高层建筑混凝土结构技术规程》JGJ 3—2010（以下简称《高规》）或《城市轨道交通上盖结构设计标准》T/CECS 1035—2022的相关规定，其中转换层上、下结构等效侧向刚度比宜以单塔模型计算结果为准。

（3）对偏心支承上部剪力墙的水平转换构件，在转换构件侧面宜设置"牛腿"作为墙肢底部支承，并对转换构件采取相应的抗扭加强措施。

（4）当盖上结构采用类型一时，剪力墙底部加强部位的高度应从基础顶面算起，取墙肢总高度的 1/10 和上盖平台层以上两层二者中的较大值。盖下全框支框架及盖上剪力墙底部加强部位应采用现浇结构。

（5）盖下全转换框架及盖上结构底部 2 层竖向构件应采用现浇结构。

（6）除各类转换构件外，位于塔楼相关范围内的其他盖下结构竖向构件的纵向钢筋最小配筋率，宜比《抗规》中的有关规定限值提高 0.1%。

（7）设置层间隔震层时，应采取有效措施减小因水平转换结构刚度差异引起其上隔震支座的竖向变形差。

（8）层间隔震结构应按《抗规》的相关要求，采取不阻碍隔震层在罕遇地震下发生大变形的相应措施。

### 2.3.3 温度效应控制原则

（1）超长、周边开敞的车辆基地上盖结构的温度作用效应明显，存在可能危及结构安全或正常使用的隐患，应进行温度作用效应的定量分析。

（2）超长、周边开敞车辆基地上盖结构进行温度作用效应分析，宜采用非线性分析方法，计算中应考虑混凝土收缩和徐变的影响。

（3）温度作用效应分析应合理考虑施工全周期内后浇带不同闭合温度的影响。

（4）温度作用效应分析应合理计入基础有限刚度对车辆基地上盖结构整体约束刚度的影响，减少温度作用效应计算的失真。

（5）根据温度作用效应分析结果采取相应措施时，应具有针对性，避免不必要的浪费。

### 2.3.4 差异沉降控制原则

（1）盖上开发为高层建筑的车辆基地上盖结构，地基基础设计等级应为甲级，其基础埋置深度应满足地基承载力、变形和稳定性要求。

（2）在车辆基地上盖结构进行物业开发建造高层建筑时，盖上高层区域和平台区域荷载差异巨大，通常车辆基地需先期投入使用，盖上高层建筑施工往往滞后，二者不均匀沉降明显且不允许设置沉降后浇带。因此，基础设计时应合理考虑盖上施工滞后对上盖结构沉降随时间变化的影响，并采取有效措施控制基础差异沉降。

（3）基础差异沉降控制应采用减小桩基绝对沉降量，计入桩基有限刚度，按盖上高层建筑连续施工、滞后施工时间不同等多种工况进行施工模拟和全过程仿真分析，并考虑上部结构混凝土徐变特性对结构长期变形的影响。

（4）根据差异沉降分析结果，对结构受影响较大的部位，采取相应的加强措施。

（5）盖上高层建筑四周平台框架梁按考虑 0.002 倍相邻柱距间差异沉降引起的内力进行配筋加强。

### 2.3.5 二次开发连接节点设计原则

考虑到盖上物业在开发时间上通常存在滞后的不确定性，上盖平台设计时应重点做好上部二次开发竖向构件预留钢筋与上盖平台构件的连接节点、竖向构件预留钢筋竖向连接节点构造及相应保护措施，其设计原则如下：

（1）上部二次开发竖向构件（剪力墙或框架柱）预留钢筋与上盖平台构件的连接节点构造如图 2.3-2 和图 2.3-3 所示。

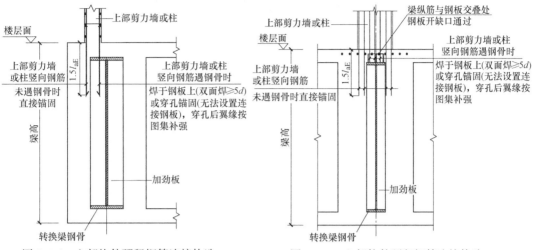

图 2.3-2　上部构件预留钢筋连接构造一　　　图 2.3-3　上部构件预留钢筋连接构造二

（2）上部二次开发竖向构件（剪力墙或框架柱）预留钢筋竖向连接节点构造及相应保护措施如图 2.3-4 和图 2.3-5 所示。

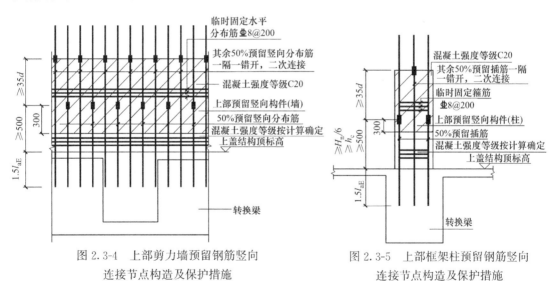

图 2.3-4　上部剪力墙预留钢筋竖向　　　　图 2.3-5　上部框架柱预留钢筋竖向
连接节点构造及保护措施　　　　　　连接节点构造及保护措施

## 2.4　车辆基地上盖结构转换构件尺寸选用

### 2.4.1　车辆基地上盖结构转换构件尺寸统计

近几年来，随着国内轨道交通建设不断提速，其车辆基地进行上盖物业开发正方兴未艾，本节笔者统计了下列 7 个城市的 10 个轨道交通车辆基地上盖项目结构转换构件尺寸。

西安市（8 度 0.20g）轨道交通车辆基地上盖结构转换构件尺寸统计见表 2.4-1。

**西安市（8 度 0.20g）轨道交通车辆基地上盖结构转换构件尺寸统计**　　表 2.4-1

| 抗震设防烈度 | 盖上层数 | 转换形式 | 盖下典型柱距 | 转换梁尺寸 | 转换柱尺寸 | 备注 |
|---|---|---|---|---|---|---|
| 西安长鸣车辆段上盖开发项目 | | | | | | |
| 8 度(0.20g) | 10 层 | 梁式转换 | 9.0m×12.0m | 1.2m×2.0m | 1 层：2.0m×2.0m<br>2 层：1.6m×1.8m | 型钢梁/<br>型钢柱 |
| 8 度(0.20g) | 15 层 | 梁式转换 | 9.0m×12.0m | 1.4m×2.4m | 1 层：2.2m×2.2m<br>2 层：1.8m×2.0m | 型钢梁/<br>型钢柱 |

其他城市（7 度 0.10g）轨道交通车辆基地上盖结构转换构件尺寸统计见表 2.4-2。

**其他城市（7 度 0.10g）轨道交通车辆基地上盖结构转换构件尺寸统计**　　表 2.4-2

| 抗震设防烈度 | 盖上层数 | 转换形式 | 盖下典型柱距 | 转换梁尺寸 | 转换柱尺寸 | 备注 |
|---|---|---|---|---|---|---|
| 无锡地铁 4 号线具区路场段综合开发项目 | | | | | | |
| 7 度(0.10g) | 9～11 层 | 梁式转换 | 9.0m×11.2m | 1.2m×1.6m | 1 层：1.8m×1.5m<br>2 层：1.5m×1.2m | |
| 南通城市轨道交通 2 号线幸福车辆段上盖项目 | | | | | | |
| 7 度(0.10g) | 17 层 | 梁式转换 | 9.0m×13.0m | 1.4m×2.2m | 1 层：2.3m×2.3m<br>2 层：2.0m×2.0m | 型钢梁 |
| 徐州城市轨道交通 1 号线杏山子车辆段上盖项目 | | | | | | |
| 7 度(0.10g) | 18 层 | 厚板转换 | 8.7m×12.0m<br>8.7m×9.0m | 板厚 1.5m | 1 层：1.4m×1.8m<br>2 层：1.4m×1.4m | |
| 南京栖霞山车辆段综合体 | | | | | | |
| 7 度(0.10g) | 7 层 | 梁式转换 | 9.0m×12.0m<br>9.0m×15.0m | 1.6m×2.4m | 1 层：1.6m×1.8m<br>2 层：1.4m×1.4m | 型钢柱 |
| 徐州城市轨道交通 6 号线汪庄车辆基地上盖项目 | | | | | | |
| 7 度(0.10g) | 18 层 | 厚板转换 | 9.0m×12.5m | 板厚 1.8m | 1 层：1.8m×1.8m<br>2 层：1.5m×1.5m | |
| 杭州五常车辆段上盖项目 | | | | | | |
| 7 度(0.10g) | 11 层 | 梁式转换 | 7.0m×16.8m | 1.0m×2.0m | 1 层：1.6m×1.6m<br>2 层：1.2m×1.2m | 型钢梁 |

苏州市（7 度 0.10g）轨道交通车辆基地上盖结构转换构件尺寸统计见表 2.4-3。

**苏州市（7 度 0.10g）轨道交通车辆基地上盖结构转换构件尺寸统计**　　表 2.4-3

| 抗震设防烈度 | 盖上层数 | 转换形式 | 盖下典型柱距 | 转换梁尺寸 | 转换柱尺寸 | 备注 |
|---|---|---|---|---|---|---|
| 苏州轨道交通 2 号线太平车辆段上盖开发项目 | | | | | | |
| 7 度(0.10g) | 18 层 | 箱形转换 | 9.0m×14.0m | 1.4m×2.4m | 1 层：2.5m×2.5m<br>2 层：2.2m×2.2m | 型钢梁 |
| 苏州轨道交通 5 号线胥口车辆段上盖开发项目 | | | | | | |
| 7 度(0.10g) | 13 层 | 箱形转换 | 10.0m×12.6m | 1.4m×1.8m | 1 层：2.3m×2.3m<br>2 层：1.7m×1.7m | 型钢梁/<br>型钢柱 |
| 苏州轨道交通 2 号、6 号线桑田岛停车场上盖开发项目 | | | | | | |
| 7 度(0.10g) | 26 层 | 箱形转换 | 10.0m×12.6m | 1.5m×2.7m | 1 层：2.2m×2.7m<br>2 层：2.0m×2.0m | 型钢梁/<br>型钢柱 |

## 2.4.2 车辆基地上盖结构转换构件尺寸选用

通过对国内 7 个城市的 10 个轨道交通车辆基地上盖项目结构转换构件尺寸进行统计，并结合笔者最新对几个车辆基地上盖结构研究成果，轨道交通车辆基地上盖结构构件尺寸可参考表 2.4-4 选用。

轨道交通车辆基地上盖结构转换构件尺寸选用  表 2.4-4

| 抗震设防烈度 | 典型柱距 | 盖上 9~11 层 | | 盖上 14~18 层 | | 盖上 24~26 层 | |
|---|---|---|---|---|---|---|---|
| | | 转换梁(m) | 转换柱(m) | 转换梁(m) | 转换柱(m) | 转换梁(m) | 转换柱(m) |
| 7 度(0.10g) | 9.0m× 13.0m | 1.2×1.8 | 1 层:1.8×1.8 | 1.4×2.2 | 1 层:2.1×2.1 | 1.4×2.6 | 1 层:2.4×2.4 |
| | | | 2 层:1.5×1.5 | | 2 层:1.8×1.8 | | 2 层:2.1×2.1 |
| 8 度(0.20g) | 9.0m× 13.0m | 1.2×2.2 | 1 层:2.2×2.2 | 1.4×2.5 | 1 层:2.4×2.4 | — | — |
| | | | 2 层:2.0×2.0 | | 2 层:2.2×2.2 | | |

注：1. 本表垂直轨道方向跨度采用车辆段大库跨越两线数值，柱中心间距一般为 14.0m 左右，由于三线及以上跨度一般为 18m 左右，因此不推荐采用；平行轨道方向一般为 9m 左右。

  2. 本表选取上盖开发住宅中三种较为典型的楼层数，即小高层建筑（盖上 9~11 层）、普通高层建筑（盖上 14~18 层）、高层建筑（盖上 24~26 层）。

  3. 转换梁优先采用型钢梁；转换柱优先采用型钢柱。

  4. 上盖结构转换构件尺寸还与基本风压、设计地震分组、场地类别、抗震性能目标等参数有关，本表数值仅作参考。

# 第3章

# 高层建筑带箱形转换层结构研究

## 3.1 高层建筑转换层结构概述

近年来，随着高层建筑的迅速发展，现代建筑向体型复杂、功能多样的综合用途方向发展。在一般的综合民用建筑中，这类综合功能建筑一般下部为商场或文体娱乐空间等，而上部多为住宅、酒店，从建筑功能的要求上，上部需要小开间的轴线布置和较多的墙体作为住宅、酒店的隔墙等；下部则希望有尽可能大的自由灵活空间作为商场、文体娱乐空间，力求柱网要大，墙体要尽量少。在车辆基地交通上盖中，盖下是轨道交通，必须满足地铁或高铁的运行及停放间距要求，垂直于轨道方向柱距一般按两线一跨布置，距离一般为14m左右，由于轨道交通上盖的面积比较大，盖上物业开发建筑形式越来越丰富，从早期纯粹的50m以下住宅发展到目前盖上综合开发为城中之城，建筑功能不仅有住宅、商业、学校、产业园等，还是城市区域交通交互的立体交通枢纽。从上盖建筑的功能上，下部柱网必须满足轨道交通的运营要求，在垂直轨道交通的方向不能设置剪力墙，而上部丰富的建筑功能对柱网的要求也各不相同，但绝大部分住宅、商业、学校、产业园等柱网尺寸都远小于14m，如果盖上开发高层建筑，还需设置结构剪力墙等。

《高规》中第10.2.1条：在高层建筑结构的底部，当上部楼层部分竖向构件（剪力墙、框架柱）不能直接连续贯通落地时，应设置结构转换层，形成带转换层高层建筑结构。转换层常用的结构形式主要有：①梁式转换；② 箱形转换；③厚板转换；④桁架转换（包括空腹桁架转换），如图 3.1-1 所示。

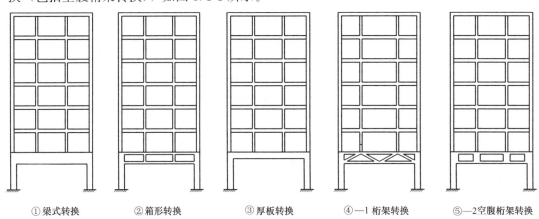

①梁式转换　　　②箱形转换　　　③厚板转换　　　④—1 桁架转换　　　⑤—2空腹桁架转换

图 3.1-1　五种主要的转换结构形式示意图

各种转换层的特点及适用条件如表 3.1-1 所示。

由于结构转换层承托着上部结构的垂直荷载，同时在地震及风载作用下又处于相当复杂的边界条件和受力状态，是整个结构的关键部位，因此，转换层的研究与应用一直是高层建筑结构设计的热点之一，较多的是梁式转换、厚板转换以及桁架转换三种转换形式，而《高规》中第 10.2.9 条的条文说明中：带转换层的高层建筑，当上部平面布置复杂而采用框支主梁承托剪力墙并承托转换次梁及其上剪力墙时，这种多次转换传力路径长，框支主梁将承受较大的剪力、扭矩和弯矩，一般不宜采用。中国建筑科学研究院抗震所进行的试验表明，框支主梁易产生受剪破坏，应进行应力分析，按应力校核配筋，并加强配筋构造措施；条件许可时，可采用箱形转换层。可见上部结构平面布置复杂时，《高规》建议采用箱形转换层。

转换结构形式对比    表 3.1-1

| 结构形式 | 优点 | 缺点 | 适用条件 |
|---|---|---|---|
| 梁式转换结构 | 传力直接、明确，受力性能好，结构简单，施工方便，结构计算相对容易 | 当跨度较大时，梁的高度过大；上下轴线不对齐时，转换次梁较多时，空间受力复杂 | 上下层轴线布置较为规则的结构 |
| 箱形转换结构 | 交叉梁系统整体性好，上下传力较为均匀；克服了单向托梁抗扭强度低的特点，一般来说，中间层可以利用 | 施工复杂 | 适用范围与梁式转换层大致相同，但承载力更大，适用于大跨度及承托大荷载的柱和墙 |
| 厚板转换结构 | 可以使高层建筑在转换层上下的墙、柱轴线不受任何限制，可以合理布置构件，改善整体结构的受力情况 | 自重大，材料消耗大，经济性差；传力不清楚，受力复杂；集中了很大的刚度和质量，地震反应大 | 体型复杂、功能繁多的结构；抗震设防烈度低的地区 |
| 桁架式转换结构 | 传力明确，传力路径清楚；方便于设置管道与开洞；自重轻，刚度不大，可以缓和上下结构的质量及刚度的突变 | 比箱形转换提供的刚度小；构造和施工比较复杂 | 轴线相对规则，需要利用转换层设置较多管道的结构 |

启迪设计集团股份有限公司（原苏州市建筑设计研究院有限责任公司）与南京工业大学在 2005 年就联合进行高层建筑带箱形转换层结构的研究与应用，着重开展并完成了以下几方面的研究：①完成了典型带箱形转换层高层建筑的 1/10 比例整体模型地震模拟振动台试验研究和 1/4 比例模型竖向静力加载试验研究。②在试验研究的基础上，进行带箱形转换层高层建筑的结构分析理论与抗震设计方法研究，提出设计建议和设计构造。③将研究成果应用于试点工程，进行结构设计方法的研究，并进行工程施工现场全过程实测，量测箱形转换层关键部位的受力状况和受力过程。④对带箱形转换层高层建筑的结构设计提出一些实用的设计建议。

## 3.2 箱形转换层结构的竖向静力加载试验研究

### 3.2.1 试验基本资料

研究试验以某项目为背景，取地下 1 层，地上 25 层，平面布置基本左右对称，底部为大开间，上部为小开间的高档住宅。整体结构设计采用剪力墙-部分框支剪力墙结构体系，因上部结构布置复杂，剪力墙多数无法直接落在框支主梁上，设置箱形转换层。建筑平面图、剖面图如图 3.2-1、图 3.2-2 所示。根据此背景，抽象出比较典型的带箱形转换层的高层建筑，示意图见图 3.2-3。

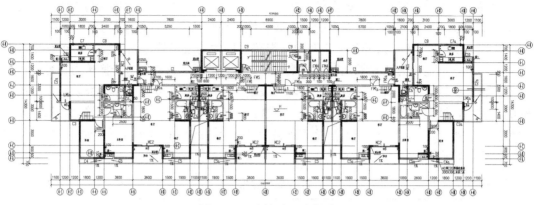

图 3.2-1　建筑平面示意图

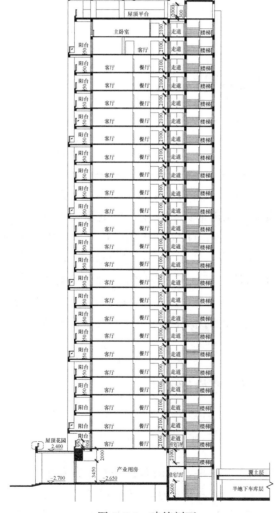

图 3.2-2　建筑剖面

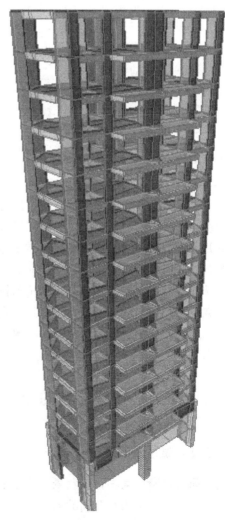

图 3.2-3　原型结构

根据抽象出的箱形转换层结构，选取箱形转换层及其上面两层（共计 3 层），按 1∶4 的缩尺比例制作静力试验模型。模型结构平面图见图 3.2-4，模型现场定位见图 3.2-5，试验加载示意见图 3.2-6。原型结构的阳台荷载在模型加载中予以考虑，模型结构配筋设计以构件层次上的相似原则，对正截面承载能力的控制依据抗弯能力等效的原则；对斜截面承载能力按照抗剪能力等效的原则。模型总高度为 3.125m。

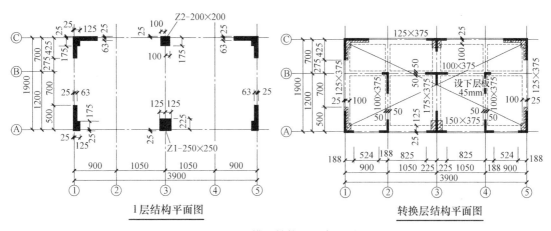

图 3.2-4　模型结构平面布置图

图 3.2-5　模型定位图

图 3.2-6　试验加载示意图

### 3.2.2  试验结果及其分析

试验采用竖向静力逐级加载的方式，加载前在箱形结构的关键部位的钢筋和相应位置的混凝土表面粘贴了电阻应变片，在箱板的跨中位置、边主梁的跨中位置、框支柱的中部安装了位移计，试验中对竖向总荷载作用下裂缝开展情况及应变、位移大小做了详细记录。研究了箱形转换层结构在竖向静力荷载作用下的受力机理和破坏形态，重点考察了竖向静力荷载作用下箱体结构裂缝开展和形成情况，分析了转换层下的框支柱、转换梁、箱形结构上下盖板、转换层上的剪力墙的受力特点。试件转换梁及剪力墙编号见图 3.2-7。

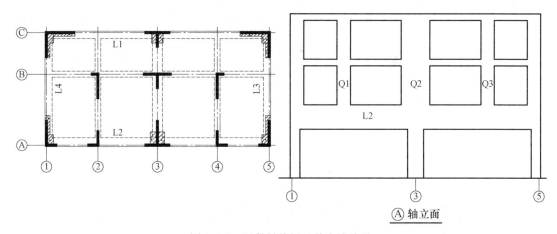

图 3.2-7  试件转换梁及剪力墙编号

**1. 框支柱**

从开始加载直至模型最终破坏，框支柱始终没有出现裂缝，也没有发生明显的变形，表明箱形转换层下的框支柱在预定的竖向荷载作用下，其承载力满足设计要求。

**2. 转换梁**

由于箱体的整体作用，箱体转换梁的受力特点可能与一般转换梁的受力特点不同，而同样是箱梁，由于其所处的位置不同，其受力也有区别，具体的分类见表 3.2-1，对应的转换梁布置图见图 3.2-8。

梁的分类                                      表 3.2-1

| 转换箱梁 | 所处位置 | 上部承托的构件 | 具体名称 |
|---|---|---|---|
| 转换主梁 | 周边 | 承托转换次梁及其上剪力墙 | L1、L3、L4 |
| | | 承托剪力墙并承托转换次梁及其上剪力墙 | L2 |
| | 中间 | 承托剪力墙并承托转换次梁及其上剪力墙 | L6 |
| 转换次梁 | — | — | L5 |

（1）L1、L3、L4 受力

L1、L3、L4 是边转换主梁，中部只承托了转换次梁，没有承托剪力墙。在加载过程中，它们的受力特点相同：与其正交的次梁部位附近的受力较大，出现了较多的竖向裂缝，同时支座的负弯矩处也出现少许竖向裂缝（图 3.2-9）。对于这类梁，主要是加强次

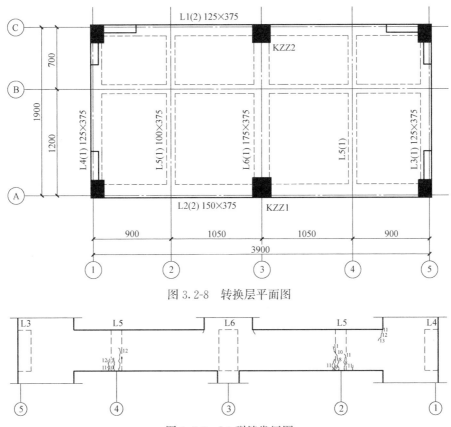

图 3.2-8　转换层平面图

图 3.2-9　L1 裂缝发展图

梁部位附近的抗弯承载力。

（2）L2 受力

L2 是边转换主梁，除了要承托转换次梁及其上剪力墙之外，还要直接承托位于其跨中上部剪力墙的边转换主梁，受力复杂。

L2 在整个受力过程中，梁右端截面的上边缘受拉，中部和下边缘均受压，支座截面（下部有框支柱的附近）负弯矩处的钢筋达到屈服。另从梁的受力及裂缝分布看（图 3.2-10），梁的受剪性能比较明显，容易出现剪压破坏。在设计中，要特别关注其跨中截面的抗剪承载力，并应采取有效加强措施。

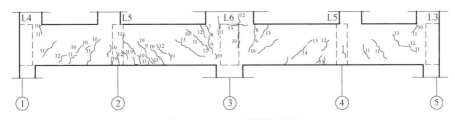

图 3.2-10　L2 裂缝发展图

（3）L6 受力

L6 是跨中部分的转换主梁，虽然也是承托剪力墙并承托转换次梁及其上剪力墙，但是由于其布置在中间部位，左右对称，与一般梁的受力相同。

（4）由于箱形转换层的设置，框支主梁无论是 L2，或是 L1、L3 等基本都没有出现受扭裂缝，很好地解决了抗扭问题，对于只是承托转换次梁的主梁，主要是加强其正交次梁部位附近的抗弯承载力。

**3. 箱体上下板**

（1）上板

从图 3.2-11 中可以看出，整个上板整体性能好，箱体上板在不能连续贯通落地的上部框支剪力墙附近受到较大的压应力，在连续贯通落地的剪力墙附近受到较大的拉应力。

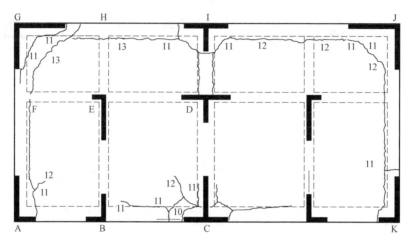

图 3.2-11　转换上板裂缝示意图

（2）下板

从图 3.2-12 中可以看出，转换下板几个边角支承在几个落地的剪力墙和框支柱上，类似于无梁楼盖。但是由于支承点之间的刚度、面积相差较大，与传统意义上的无梁楼盖受力又有区别。

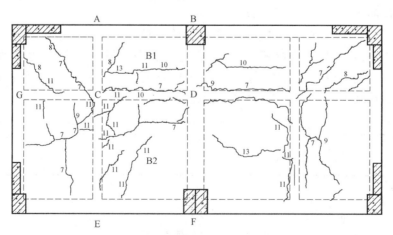

图 3.2-12　转换下板裂缝示意图

转换下板，其板底裂缝的产生早于转换上板，且裂缝的发展轨迹没有明显的规律，纵、横、斜向均有不少裂缝产生，但基本都集中在以转换主梁为边界的两跨连续双向板的跨中部位，尤其以两处纵、横向转换次梁正交处最为密集，此处裂缝总体呈中心向四周发散形状，表明转换次梁上部承托的剪力墙肢的荷载是双向传递的；而对于直接落在转换主梁上的剪力墙肢，其所在位置下板板底的裂缝基本都与转换主梁相垂直，表明其荷载绝大部分是在转换主梁所在平面内进行传递的。

观察上下箱板的裂缝图，如果将箱体上、下两层楼板的裂缝图合并绘于同一张图上，发现其与普通的两跨连续双向板在均布竖向面载作用下产生的裂缝几乎一致，即以转换主梁为支座，跨中部位弯矩为正，板底受拉后混凝土开裂，而支座部位弯矩为负，裂缝则出现在受拉的板面处。可见箱形转换结构的上、下两层楼板是空间整体受力的，转换梁的一部分弯矩转移到了上、下两块箱板上，因此在进行箱体顶、底板设计时，应以箱形整体模型分析结果为依据，除进行局部受弯设计外，还应按偏心受拉或偏心受压构件进行配筋设计，并综合考虑承受整体弯曲的钢筋与局部弯曲的钢筋的配筋部位，以充分发挥各截面钢筋的作用。

**4. 剪力墙**

由试验结果看（图 3.2-13），转换层以上同时落在转换层主次梁上的 L 形或者 T 形剪力墙受力有一定的规律性：对于一部分搭在主梁上，一部分搭在次梁上的墙体，搭在主梁部位的墙体的受力要比搭在次梁部位的要大，主要是次梁上部的荷载要通过主梁传递；对于两部分搭在正交的次梁上的上部墙体，离落地构件越近的墙肢受力越大；对于两部分搭在正交的主梁上的上部墙体，两部分传递的荷载相差不大。

图 3.2-13　剪力墙破坏图

从破坏的墙肢看：转换层上的剪力墙的局部混凝土压碎导致了结构的最终破坏，可见竖向静载作用下，转换层上一层的框支剪力墙是整个带箱形转换结构的薄弱环节，又因其破坏形式为脆性的受压破坏，更应引起结构设计人员的充分重视。

## 3.2.3　本节小结

箱形转换结构是空间整体共同工作的，由于下层板的存在使得边转换主梁的扭矩大幅度减小，而减小部分的扭矩则是通过箱体上、下楼板在各自平面内大小相等、方向相反的拉力或压力形成力偶来实现平衡的。上、下楼板的受力状态与普通的楼盖也不尽相同。箱形转换结构具有令人满意的刚度。

## 3.3　带箱形转换层高层建筑结构模型的振动台试验

### 3.3.1　振动台试验模型

振动台试验模型同前简化成的一幢带箱形转换层的钢筋混凝土结构高层住宅，共 18 层，该结构采用部分框支剪力墙结构体系，其中 2 层为箱形转换层。平面图如图 3.3-1 所示。抗震设防烈度取为 7 度，对应于设计基本地震加速度为 0.10g，设计地震分组为第一组，场地类别为Ⅲ类。

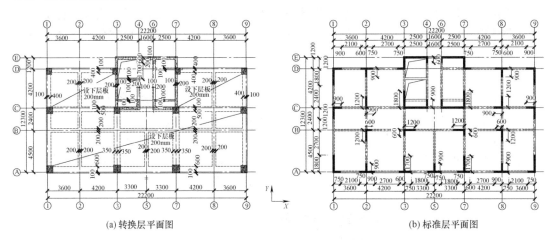

(a)转换层平面图　　　　　　　　　　　(b)标准层平面图

图 3.3-1　简化后的原型结构转换层及标准层结构平面布置图

考虑到实验室的施工条件、吊装能力以及振动台的性能参数等因素，根据原型结构尺寸，缩比之后需满足吊装高度和振动台台面尺寸要求，设定几何相似比为 1/10，通过相似理论进行振动台模型设计、制作和地震波输入。图 3.3-2 为模型成型后照片。振动台试验在南京工业大学土木工程结构实验室完成。

为了考察结构在不同场地条件下的地震反应，试验选用的地震波有：El Centro 波、Taft 波和 Shanghai 人工波，其加速度时程曲线和频谱图见图 3.3-3～图 3.3-5。

### 3.3.2　试验结果及其分析

振动台试验重点研究了带箱形转换层高层建筑结构在地震作用下的破坏形态、动力特性和地震反应等，综合试验现象及数据结果，得出试验模型开裂特征。试验步骤：试验时模型结构受到相当于 7 度多遇、7 度基本、7 度罕遇烈度以及高于本结构设防烈度的 7.5 度罕遇的地震激励。

图 3.3-2　模型成型后照片

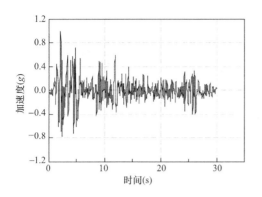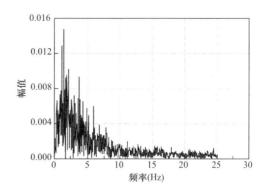

图 3.3-3　El Centro 波加速度时程曲线和频谱图

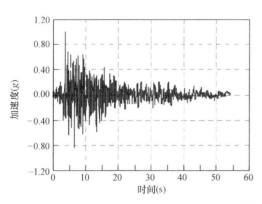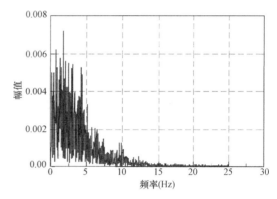

图 3.3-4　Taft 波加速度时程曲线和频谱图

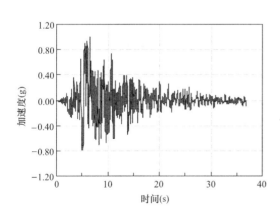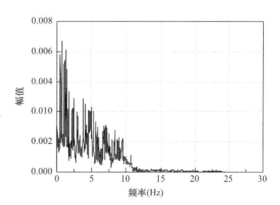

图 3.3-5　Shanghai 波加速度时程曲线和频谱图

振动台模型试验结构的裂缝分布集中体现在以下几个部位：

（1）底部框支柱的多道水平裂缝（图 3.3-6）；

（2）转换层上层剪力墙底部的水平剪切裂缝（图 3.3-7）；

（3）落地剪力墙筒体底部附近出现的多道水平裂缝（图 3.3-8）；

（4）剪力墙的连梁端部的斜向或竖直裂缝（图 3.3-9）。

(a) 落地筒体侧边的框支柱裂缝　　　　　　　(b) 落地筒体对面的框支柱破坏

图 3.3-6　框支柱的水平裂缝及破坏

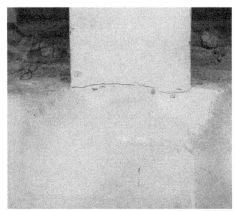

(a) 转换层上部墙肢多道水平裂缝　　　　　　(b) 转换层上部墙肢底部水平裂缝

图 3.3-7　转换层上部墙肢水平裂缝

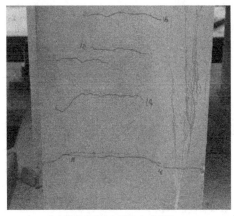

(a) 落地筒体左侧墙体水平裂缝　　　　　　　(b) 落地筒体右侧墙体水平裂缝

图 3.3-8　落地剪力墙筒体底部附近出现的多道水平裂缝

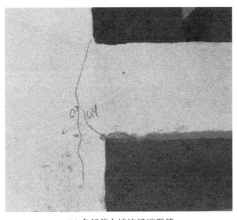
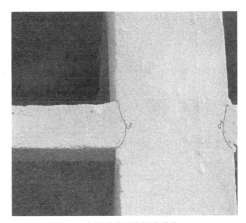

(a) 角部剪力墙连梁端裂缝     (b) 中部剪力墙连梁端裂缝

图 3.3-9 剪力墙连梁端裂缝

结构最终发生破坏最为严重的应该是Ⓐ轴线框支角柱的断裂，究其原因：一是由于在 7.5 度罕遇上海波作用下结构底层出现较大的地震倾覆力矩，使得远离落地剪力墙的框支柱承受着巨大的拉应力和压应力，在地震波的反复作用下达到其极限强度产生破坏；二是由于在水平力的作用下，与落地剪力墙相连的框支柱可以视为剪力墙的端柱或暗柱，与剪力墙共同作用，破坏程度较轻，而远离落地墙的框支柱承受较大的水平剪力较容易破坏；三是由于结构楼板在电梯筒内侧部分开洞，导致 X 方向刚度中心与质量中心存在一定的偏心，形成扭转，这种扭转使得角柱在中震以后首先进入塑性，而其他柱进入塑性较晚，此时便造成刚度的进一步不对称，从而再次增加扭转效应；另外在 Y 方向结构布置具有明显的不对称性，而在 X 方向单向水平地震作用下其耦联地震力在 Y 方向的分量也会导致扭转现象的产生，使得远离刚度中心的Ⓐ轴线角柱的破坏较中柱更加严重一些。

### 3.3.3 模型结构动力特性

模型的动力特性主要包括结构的自振频率、阻尼比以及振型三个方面。

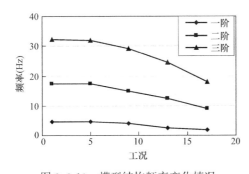
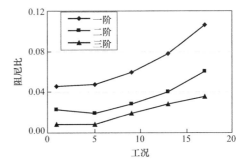

图 3.3-10 模型结构频率变化情况   图 3.3-11 模型结构阻尼比变化情况

试验结果（图 3.3-10～图 3.3-12）可以看出：

（1）7 度多遇地震后，模型结构一阶频率有细微降幅，表明结构基本还是处于弹性阶段，侧向刚度基本没有变化。随着地震烈度的继续增大，结构频率逐渐出现明显下降，直

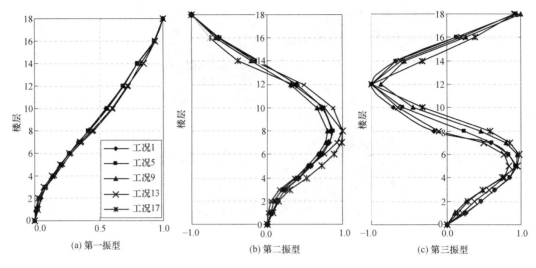

图 3.3-12　模型结构 Y 向前三阶振型

到 7 度罕遇地震后，结构等效刚度平均下降了 69.34%，此时结构开裂比较严重，刚度退化也比较大。最后在 7.5 度罕遇地震之后，一阶频率降到了 1.75Hz，等效刚度仅为开裂前的 13.57%，结构开裂已经相当严重，局部受力构件已经发生破坏。

（2）结构的阻尼比随地震激励峰值的加大出现明显增大，主要是因为结构内部出现裂缝并不断延伸和发展，造成结构刚度持续下降。

（3）实测的 Y 向前三阶振型曲线可以看出，结构基本振型出现一定的弯剪型特征。结构出现裂缝后，侧向刚度相对关系出现变化，而模型的质量分布却保持恒定，所以结构的振型曲线存在一定的变化。

## 3.3.4　模型结构动力反应

### 1. 模型加速度反应

模型结构在各工况下相应楼层的绝对加速度反应时程，其幅值与台面加速度反应幅值的比值，即为加速度反应放大系数。模型结构在各烈度地震波激励下 Y 向各层加速度放大系数如图 3.3-13 所示。

（1）在同烈度各工况地震波激励下，结构的地震反应随着输入地震波的不同而不同，三条波中很明显上海人工波的反应要比 El Centro 波和 Taft 波大，原因在于三条地震波各自的频谱特性存在明显差别，其中上海波的主频范围与结构的前几阶频率更加接近，因此地震反应也较大。

（2）随着楼层的增高，结构楼层的加速度放大系数总体呈现先增大，然后稍有降低，最后再次增大的趋势。这是由于结构的反应以第一振型为主，很明显 Y 向的第二和第三振型也参与其中，所以在结构中部和顶部反应较大。另外，从 16 层到顶层加速度存在陡增现象（普遍增幅在 50% 以上），说明结构顶部也伴随有鞭梢效应。

（3）从同一种地震波下不同烈度的地震反应来看，随着输入峰值的加大，动力放大系数总体有逐渐减小的趋势，导致此现象的主要原因是随着模型结构裂缝逐渐开展，刚度逐渐退化，材料逐渐进入非线性，各楼层相对底层的动力反应减弱，也即放大系数相应降低。

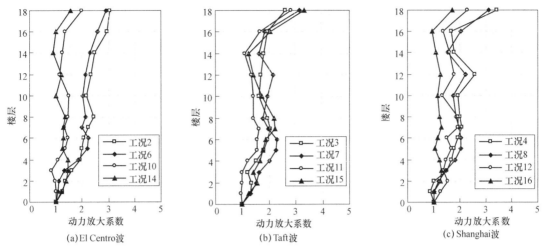

(a)El Centro波　　　　(b)Taft波　　　　(c)Shanghai波

图 3.3-13　模型结构 Y 向加速度放大系数分布图

**2. 模型惯性力与剪力分布**

（1）楼层惯性力

图 3.3-14 分别给出了模型结构 Y 方向惯性力峰值沿楼层高度分布图。从图中可以看出，各工况地震波作用下的惯性力分布具有大致相同的趋势：由于在 2 层设有质量相对较大的箱形转换层，此层的惯性力有较大的突变；在中部层段惯性力变化不是太大；另外各工况下顶部三层的惯性力有增大的趋势，说明结构顶端存在一定的鞭梢效应。

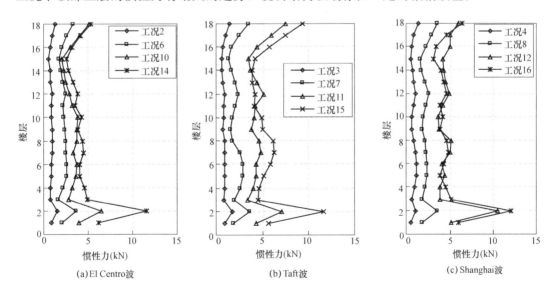

(a)El Centro波　　　　(b)Taft波　　　　(c)Shanghai波

图 3.3-14　模型结构 Y 向惯性力峰值分布图

（2）层间剪力

图 3.3-15 给出了各工况下模型结构各层剪力分布的包络图。

从图中不难看出，层剪力的分布基本还是呈现三角形分布，同时由于在第 2 层有箱形转换结构的存在，造成结构竖向刚度及质量的突变，使得层间剪力在此处有一定的突变，

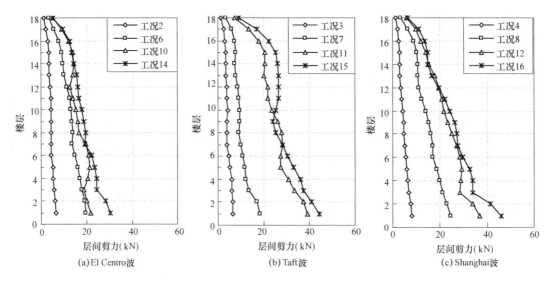

图 3.3-15　模型结构层间剪力峰值分布图

这种突变在大震烈度下逐渐明显。

**3. 模型结构位移反应**

在不同烈度的模拟地震作用下，模型结构 Y 向各层相对台面位移包络以及最大层间位移角分别如图 3.3-16、图 3.3-17 所示。

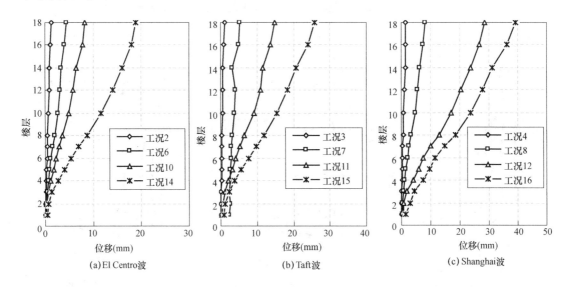

图 3.3-16　模型结构各层相对台面位移包络图

从图 3.3-16 可以看出，沿结构高度位移变化较为均匀，在 2 层转换层处未发现明显突变。由图 3.3-17 可以看出，在各种地震波作用下，结构在第 8 层左右层间位移角达到最大，第 2 层转换层及相邻层虽未发生最大层间位移角，但还是可以明显看出从 2 层到 3 层有一定突变现象，这主要还是由于结构形式的转变带来的转换层附近刚度的改变所造成的，特别是大震阶段，其突变程度更加明显。

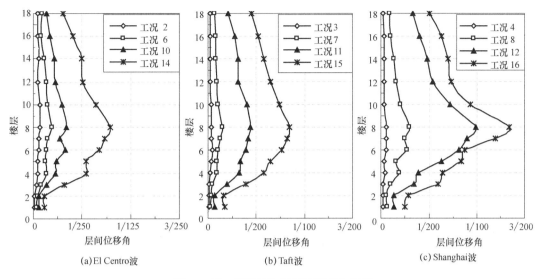

图 3.3-17　模型结构层间位移角包络图

#### 4. 模型结构扭转反应

图 3.3-18 为模拟 7 度多遇地震烈度下模型结构顶层中部与角部的位移时程对比，图中 5 轴线为中轴线，1 轴线位于角部位置，表 3.3-1 为各工况地震作用下顶层的最大扭转角。

总体看来，各工况下模型结构顶层两测点相对扭转较小，表明在平面 $X$ 方向模型的质量中心和刚度中心基本重合，结构整体扭转变形不大。从多遇阶段到罕遇阶段，随着地震作用加大，扭转振动有所增大。另外，楼层的最大弹性水平位移与楼层平均位移的比值在三种地震波作用下分别为 1.086、1.058、1.081，均小于规范扭转不规则所控制的 1.2 的限值。

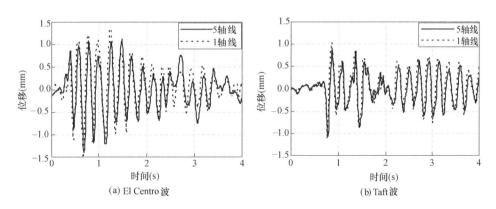

图 3.3-18　7 度多遇地震顶层不同测点位移时程曲线对比

各工况地震作用下顶层的最大扭转角（单位：rad）　　　　　　表 3.3-1

| 地震波 | 地震烈度 | | | |
|---|---|---|---|---|
| | 7 度多遇地震 | 7 度基本地震 | 7 度罕遇地震 | 7.5 度罕遇地震 |
| El Centro 波 | 0.000040 | 0.000064 | 0.000216 | 0.000388 |
| Taft 波 | 0.000015 | 0.000053 | 0.000239 | 0.000587 |
| Shanghai 波 | 0.000018 | 0.000116 | 0.000407 | 0.000946 |

### 3.3.5　本节小结

（1）带箱形转换层的高层建筑结构在地震作用下，塑性铰出现的顺序为：先梁再墙最后筒体及柱，这种屈服破坏机制具有多重抗震防线，有利于提高结构整体抗震能力，并具有较为理想的延性和耗能能力。

（2）由于箱形转换层具备良好刚度及空间受力性能，振动台试验后，整个箱形转换结构基本上是完好无损的，表明箱体结构本身具有较大的抗震能力。随着转换梁跨度的增大和其上部承托的楼层或荷载的增加，箱形转换结构所具备的这种抗震性能上的优势将会得到更为充分的体现和发挥。对箱形转换的抗震能力有充分的估计和认识，要摒弃盲目加大转换构件截面尺寸和箱体高度的做法。

（3）由模型结构动力特性及动力反应可知，带箱形转换层的高层建筑结构总体刚度分布较为均匀，尤其是在转换层附近刚度变化并不悬殊。没有出现明显的薄弱部位。

（4）箱形转换层下的框支柱应是结构设计和构造加强的重点部位。建议在结构布置时，落地剪力墙的布置宜分散、均匀、对称，不宜过分集中，尽量避免出现偏置在一侧的落地筒体；在结构设计时，确保框支柱在大震阶段具有足够高的承载力，从而避免房屋整体倒塌灾害的产生。

总之，模型振动台试验结果表明，带箱形转换层的高层建筑具有良好的抗震性能，能够满足规范要求的"小震不坏，中震可修，大震不倒"的抗震设防目标。

## 3.4　理论分析

### 3.4.1　箱形转换层静力有限元分析

由于箱形转换层模型整体结构较复杂，利用 SAP2000 通用有限元结构分析软件对模型整体结构进行有限元分析，有限元模型结构见图 3.4-1，将分析结果与箱形结构竖向静力试验进行了对比，同时对箱形转换层结构的影响因素进行了分析，对梁式转换层和箱形转换层结构进行了对比分析，互证理论分析的合理性和有限元分析的可行性。

**1. 有限元分析结果**

（1）转换主梁

由前面的试验分析可以得出，转换主梁由于上部支承构件的不同，其受力特点不同，

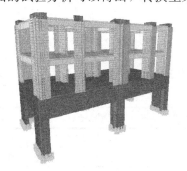

图 3.4-1　模型结构图

可以分为两类：一类是承托剪力墙并承托转换次梁及其上剪力墙的转换主梁，如 L2、L6；另一类是只承托转换次梁及其上剪力墙的转换主梁，如 L1、L4，具体的布置见图 3.2-8。

以 L2 为例，对比其主应力和其裂缝发展图，见图 3.4-2，L2 具体布置见图 3.4-5，裂缝发展基本与其主应力方向垂直。

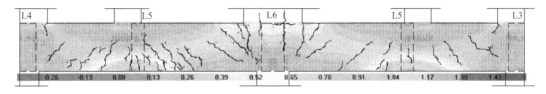

图 3.4-2 L2 裂缝与其主应力对比图

（2）箱体上下板

上、下板的第一主应力 S1 分布图和其试验裂缝发展对比，见图 3.4-3、图 3.4-4，上板主拉应力在支座边，下板主拉应力在跨中部位，沿着次梁方向、上部有剪力墙的部位应力较大，与试验裂缝发展基本吻合。

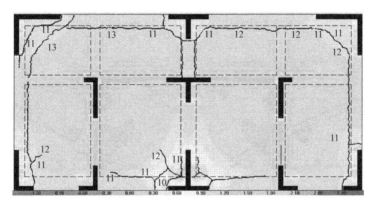

图 3.4-3 上板裂缝与其主应力对比图

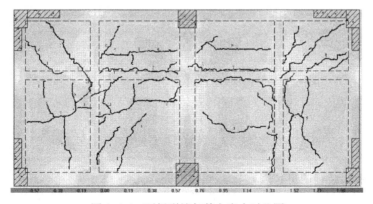

图 3.4-4 下板裂缝与其主应力对比图

**2. 理论与试验结果的受力对比分析**

边转换主梁 L2（图 3.4-5）的受力，根据有限元模拟分析和试验结果对比，得到以下曲线。

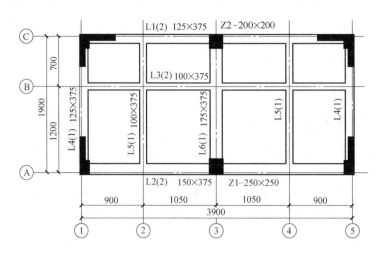

图 3.4-5　梁柱编号示意图

由图 3.4-6 可以看出，模型结构在弹性阶段的分析数据是基本可靠的，也是和试验结果基本吻合的。

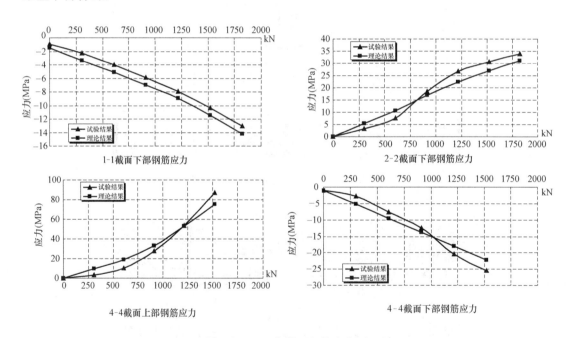

图 3.4-6　L2 各截面钢筋应力图

**3. 箱形转换层结构的影响因素分析**

虽然箱形转换层的设置改善了相应构件的受力，但是由于箱形转换层受力复杂，加上混凝土材料自身的特性及施工期间干扰因素较多，可能还会引起局部应力的变化，因此钢筋实际应力变化除受构件内力变化影响外，许多其他因素的影响也是不可忽视的。如剪力墙的布置以及布置位置对转换梁的受力影响较大，剪力墙布置在梁跨中，由于剪力墙上部向下传递的荷载较大，跨中截面与上部剪力墙共同作用，使得截面处于偏心受拉状态。而支座截面，由于墙梁接触面剪应力作用，使得支座截面处于偏心受压状态。为了更深入地了解箱体的受力特点，分析了其他因素的改变对箱形转换结构的影响。

（1）框支柱刚度变化的影响分析

转换结构的受力性能除了受到转换构件自身所处的楼层刚度，转换层上层的结构构件影响外，由于转换箱梁自身刚度较大，其受力性能与下部的支承构件的竖向刚度密切相关。边转换主梁 L2 前面由于有阳台荷载，其中部支座下部的框支柱受力较大。

选取前模型的 17 层箱形转换层结构为基本模型，同样建立组合有限元模型，

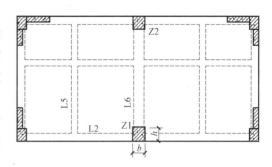

图 3.4-7 柱的位置

通过改变框支柱 Z1 的截面（位置见图 3.4-7，截面属性见表 3.4-1），以此来分析框支柱对结构性能的影响。

| Z1 截面 | | | | | | 表 3.4-1 |
|---|---|---|---|---|---|---|
| Z1 截面 | $b \times h$(m×m) | 1.25×0.8 | 1.1×0.9 | 1.0×1.0 | 0.9×1.1 | 0.8×1.25 |
| | $bh^3$(m⁴) | 0.64 | 0.8 | 1.0 | 1.2 | 1.56 |

由于框支柱直接承受边转换主梁 L2、中转换主梁 L6 传下的荷载，故对 L2、L6 的受力性能进行了分析。

① 边转换主梁 L2

由图 3.4-8 可以看出，随着框支柱 Z1 刚度的变化，边转换主梁 L2 的扭矩、弯矩、剪力的变化趋势均很小，可以忽略。

② 中转换主梁 L6

由图 3.4-9 可以看出，中转换主梁 L6 随着框支柱 Z1 刚度的变化，其受力变化趋势有一定的规律性：跨中截面的弯矩变化不大；支座截面（靠近 Z1 的截面）的弯矩随着柱刚度的增加而减小，最大降幅达到 50%，但是柱刚度增加到一定量时，支座截面的弯矩又趋于稳定；支座截面、跨中截面的剪力随着柱刚度的增加而增大，但是柱刚度增加到一定量时，其值也趋于稳定，最大增幅约 30%。由前面的分析，L6 抗剪能力较强，其抗弯能力决定其承载力，所以为了增加 L6 的可靠性，可以通过增加框支柱的刚度来实现。

（2）转换主梁刚度变化的影响分析

由竖向静力试验可以知道，边转换主梁 L2 在加载过程中出现了大量的裂缝，这样必然引起 L2 刚度的变化。由于一般箱形结构的上下板的同厚度，为了确保分析结果的可比性，箱体高度不变的情况下，变化梁的宽度。具体的截面见表 3.4-2。

| L2 截面 | | | | 表 3.4-2 |
|---|---|---|---|---|
| L2 截面 | $b \times h$(m×m) | 0.6×1.5 | 0.9×1.5 | 1.2×1.5 |
| | $bh^3$(m⁴) | 2.03 | 3.05 | 4.06 |

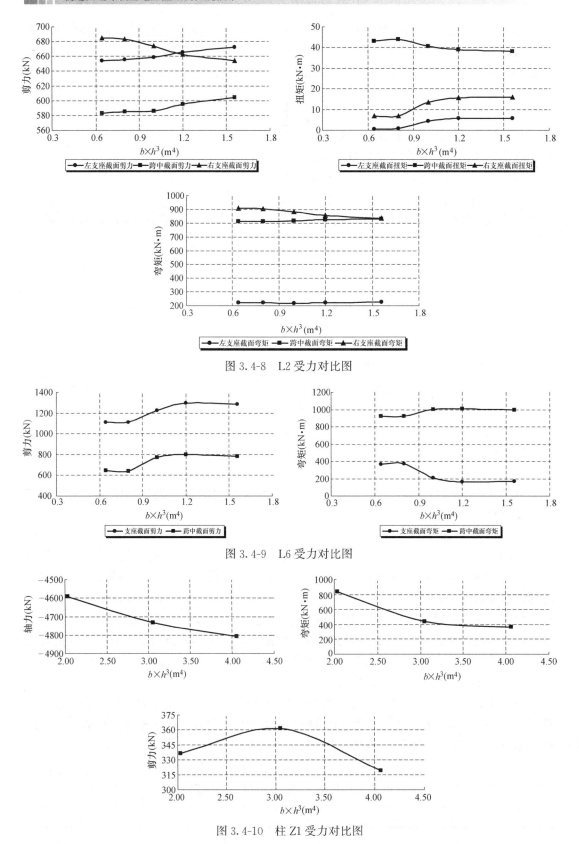

图 3.4-8  L2 受力对比图

图 3.4-9  L6 受力对比图

图 3.4-10  柱 Z1 受力对比图

由图 3.4-10 可以看出，随着边转换主梁 L2 刚度的增加，支承该梁的框支柱 Z1 的柱的弯矩减小，但是当梁刚度增加到一定量时，柱的弯矩趋于稳定，最大降幅达到 50％；而柱的轴力、剪力变化很小。由于框支柱的受剪承载力有相当的安全度，而弯矩对其影响较大，为了增加框支柱的可靠性，建议增加边转换主梁 L2 的刚度。

（3）箱体上、下板厚度变化的影响分析

根据 9 种不同的箱体的厚度，具体见表 3.4-3，通过变化箱体上下板的厚度来对比分析箱体厚度变化对结构的影响。

上下板厚度组合 表 3.4-3

| 上板(mm) | 180 | 180 | 180 | 250 | 250 | 250 | 300 | 300 | 300 |
|---|---|---|---|---|---|---|---|---|---|
| 下板(mm) | 180 | 250 | 300 | 180 | 250 | 300 | 180 | 250 | 300 |

分析结果表明：箱体上下板厚度的变化对框支柱的受力无太大影响；而边转换主梁、转换次梁的内力变化均与箱体的整体厚度有关，整体厚度越大，其值越小，其中对边转换主梁的扭矩影响幅度较大；而厚度变化对中转换主梁的跨中截面几乎没有影响，但是对其支座截面的内力有影响：整体厚度越大，其值越大。

**4. 梁式转换层结构与箱形转换层结构的对比分析**

箱形转换层在构造上只是比梁式转换层多了一个下层底板，而梁式转换层结构的理论研究比较完善，工程应用也较多，因此为了更好地了解箱形转换层的受力特点，通过实例来比较两者的受力特点。

针对前面抽象出的 17 层的带箱形转换层的原形结构建立有限元模型，同时建立与之相对应的梁式转换层结构的模型，考虑重力荷载对两种结构的作用进行对比分析，具体的梁布置见图 3.4-11，结构示意图见图 3.4-12。

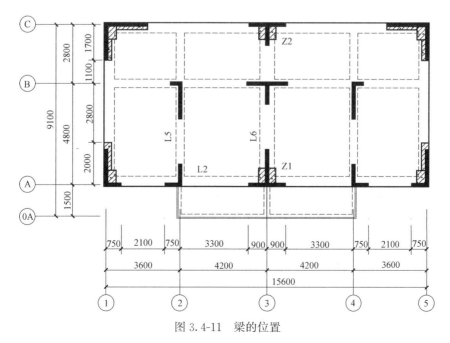

图 3.4-11 梁的位置

梁式转换层结构                                        箱形转换层结构

图 3.4-12　梁式转换和箱形转换

通过对梁式转换层结构和箱形转换层结构的对比分析，箱形转换层的设置可以使框支柱的剪力、弯矩减小；可以使边转换主梁的扭矩得到大幅度地减小；边转换主梁的左支座截面、跨中截面的剪力、弯矩得到不同程度的减小；而中间支座的支座截面弯矩、剪力几乎不变，这样导致边转换主梁的中支座截面受力较大，这与前面的试验中中间支座截面首先出现裂缝，钢筋在加载过程中首先达到屈服也是相对应的；中间转换主梁的支座截面的剪力、弯矩减小，而对其跨中截面影响不大。

**5. 本节小结**

对结构模型进行了有限元分析，比较了理论结果与试验结果，两者符合得较好，互证了理论分析的合理性和有限元分析的可行性。

箱体上下板厚度、框支柱刚度、转换主梁刚度是箱形转换层结构受力性能的主要影响因素；箱体上下板厚度越大，框支梁承受的扭矩越小；框支柱刚度越小，中间框支主梁承受的剪力越小；转换主梁刚度越大，搭在上面的次梁承受的弯矩、扭矩将变小。

通过箱形转换层与梁式转换层结构进行对比分析，表明采用箱形转换层，可有效减小框支柱的剪力、弯矩、边转换主梁的扭矩等，受力性能明显好于梁式转换层结构。

## 3.4.2　带箱形转换层高层建筑结构的动力分析

带箱形转换层结构的高层建筑属于复杂高层建筑结构，地震模拟振动台试验作为研究结构地震反应和破坏机理的最直接方法可以很好地再现地震过程，建立合理准确的有限元力学模型，对结构进行弹性理论计算是对振动台试验非常有益的补充。

分别采用 SAP2000 有限元分析程序和 Midas/Gen 空间有限元程序两种计算软件对原型结构进行弹性时程计算分析，建立与实际结构的受力状态比较相符的空间三维有限元模型，如图 3.4-13 所示。

**1. 结构动力特性**

利用 SAP2000 和 Midas/Gen 计算了结构的前 36 阶频率，将理论计算的 Y 向前三阶

(a) SAP2000计算模型　　　　　　　(b) Midas/Gen计算模型

图 3.4-13　原型结构空间三维有限元计算模型示意图

振型与试验所测得的结构 Y 向前三阶振型作对比和验证。结果显示，理论计算和振动台试验得出的振动形态吻合较好，平均误差在 11％ 左右，结构扭转为主的第一周期与平动为主的第一周期之比为 0.7。具体如图 3.4-14～图 3.4-16 所示。

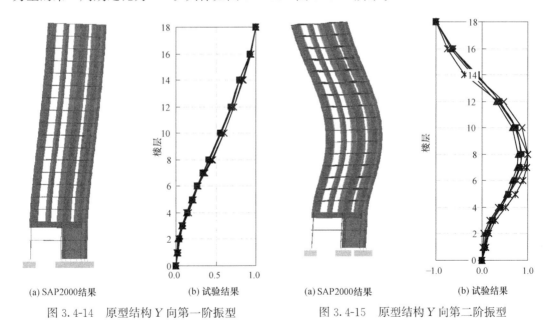

(a) SAP2000结果　　　(b) 试验结果　　　　　(a) SAP2000结果　　　(b) 试验结果

图 3.4-14　原型结构 Y 向第一阶振型　　　　图 3.4-15　原型结构 Y 向第二阶振型

为了进一步验证试验结果的准确性，又建立了 SAP2000 按实验中模型结构建立的计算模型，直接进行模型结构动力特性分析计算，结果模型结构自振周期理论计算值还是较试验值偏小，其中 Y 向前三阶相差分别为 9％、12％、8.8％，误差在可以接受的范围之内，说明振动台试验的数据结果还是基本准确和可靠的。

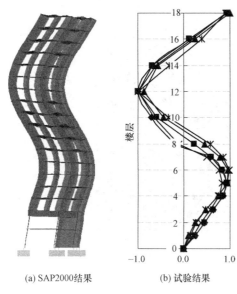

(a) SAP2000结果　　(b) 试验结果

图 3.4-16　原型结构 Y 向第三阶振型

## 2. 振型分解反应谱分析

在动力响应分析中，振型分解法是一种用于减少未知数的有效方法，而振型分解反应谱法是近似分析结构体系地震反应的简便有效的方法，它较真实地考虑了地面运动的强弱、场地土的性质以及结构动力特性对地震力的影响，已成为各国建筑抗震设计规范中比较成熟的地震分析方法。

原型结构采用 SAP2000 和 Midas/Gen 进行了振型分解反应谱分析，以考察带箱形转换层的部分框支剪力墙结构的抗震性能。计算设定参数为：Ⅲ类场地，7 度近震，阻尼比 0.05。

不同的有限元软件计算结果显示了带转换层结构的高层建筑楼层水平地震作用的分布特点见图 3.4-17，与没有水平刚度和质量突变的普通高层建筑相比，带有转换层的结构的水平地震力在转换层附近会发生突然增大的现象。另外在顶层附近也有地震力明显增加的趋势，这一般是由鞭梢效应引起的，振动台试验数据也同样说明了这点。层间剪力见图 3.4-18，分布和变化趋势比较明显，这与两种软件计算的结构基本周期是吻合的。

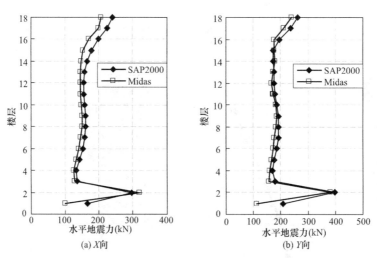

(a) X 向　　　　　　　　(b) Y 向

图 3.4-17　结构楼层 X 向和 Y 向水平地震力分布图

两种软件计算的结构楼层位移（图 3.4-19）与层间位移角（图 3.4-20）做比较，也可以发现它们的异同点，位移包络曲线与结构一阶振型较为相似，结构层间位移角的比较也存在一定的规律：转换层附近楼层层间位移角的变化趋势加快，含有突变的成分，转换层以下各楼层 X 向、Y 向层间位移角变化趋势不同，Y 向图形未出现明显的弯折，而 X 向图形出现明显的弯折，第 2 层出现反弯点。这表明，转换层上、下部结构等效侧向刚度比，X 向大于 Y 向。

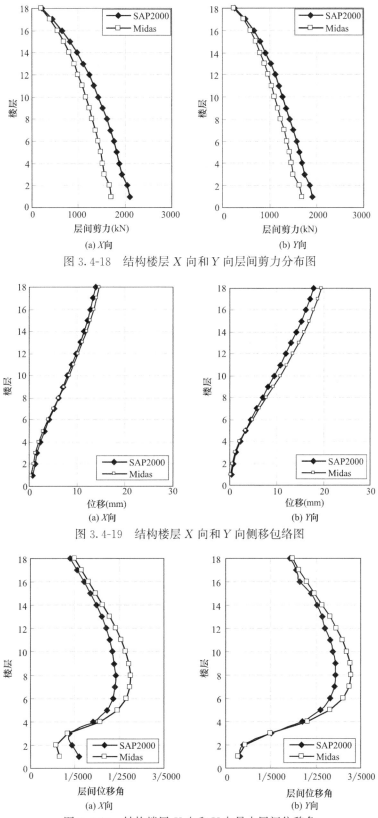

图 3.4-18 结构楼层 X 向和 Y 向层间剪力分布图

图 3.4-19 结构楼层 X 向和 Y 向侧移包络图

图 3.4-20 结构楼层 X 向和 Y 向最大层间位移角

**3. 结构弹性时程分析**

振动台试验中结构在多遇烈度地震动作用下基本处于弹性阶段，这也是建筑抗震设计规范中规定的"小震不坏"的必要条件，对结构进行弹性时程分析则是考察结构在小震下各项弹性性能指标的有效手段。

采用 SAP2000 和 Midas/Gen 对结构进行弹性时程分析，得到结构加速度反应、结构层间剪力及位移反应、倾覆力矩分布等，总体跟试验值比较吻合。

**4. 本节结论**

（1）在结构的自振特性方面，频率试验值与理论值的误差约为 11% 左右，各阶振型曲线也较为接近，说明在弹性阶段结构有限元模型的建立基本合理，与振动台试验的试验值有良好的吻合性，也表明模型结构相似关系的准确性以及模型结构振动台试验的结果真实可靠性，可以反映原型结构在地震作用下的各项性能。

（2）弹性时程分析能较好地反映箱形转换结构弹性阶段的整体地震反应，振动台试验和有限元分析的结果表明，反应谱法各项地震响应较时程分析结果及试验值要稍小一些，说明对于不规则的复杂结构，反应谱的适应性存在不足，因此在该类结构的设计中，应该在反应谱分析的基础上，以弹性时程分析作为一种必要且有效的补充。

（3）结构 $Y$ 方向抗侧力构件布置均匀，但是 $X$ 向由于落地筒体的偏心设置使得刚度中心与质量中心出现偏离，会引起地震作用下结构扭转变形。建议对落地剪力墙以及上部剪力墙结构布置进行适当优化，并加强边缘构件的抗扭能力以改善结构的抗震性能。

### 3.4.3 带箱形转换层高层建筑结构的静力弹塑性分析

静力弹塑性分析也称为非线性静力分析（Nonlinear Static Procedure，NSP），又称"推覆分析（Push-over）"，是一种近似的弹塑性结构分析方法。我国在《抗规》第 3.6.2 条规定："不规则且具有明显薄弱部位可能导致重大地震破坏的建筑结构，应按本规范有关规定进行罕遇地震作用下的弹塑性变形分析。此时，可根据结构特点采用静力弹塑性分析或弹塑性时程分析方法。"采用 Midas/Gen 非线性有限元软件对振动台试验的简化后典型带箱形转换层的原型结构（图 3.3-1）进行了 Push-over 分析，得出了结构在地震作用下的出铰顺序、破坏形式以及弹塑性阶段的力和位移反应等。

（1）弹塑性分析结果中，带箱形转换层的原型结构塑性铰首先出现在结构中部的连梁部位，而剪力墙承受大部分剪力，故紧接着剪力墙发生屈服，特别是角部剪力墙和落地剪力墙破坏较为严重，然后是框架梁和框支柱端部，与试验结果大体一致。总的来说这种屈服机制有较好的抗震性能，结构延性和耗能能力较好。

（2）结构连梁首先出现塑性铰，表明结构已经进入塑性变形阶段。在此侧推过程楼层的位移形状主要还是呈现弯剪型的特征，而最大层间位移角出现的位置主要在结构的中部楼层，这与试验结果以及弹性分析结果也是相同的，另外位移角在转换层附近有突变的现象，并随着塑性的发展和内力的重新分布有所缓和。

图 3.4-21 为能力谱曲线与需求谱曲线。从图可以看出，$Y$ 向振型加载下能力谱曲线能够穿越 7 度罕遇的地震作用需求谱，得到性能点 $S_a = 0.109$，$S_d = 85.52$，转换为基底剪力与顶点位移，分别为 $V_b = 4236$kN，$U_n = 120.8$mm，等效周期和等效阻尼比分别为 $T_{eff} = 1.78$s，$D_{eff} = 13.69\%$，层间位移角分别为 1/233 和 1/455，小于规范 1/100 的限

值，表明结构抗震性能满足设计要求。

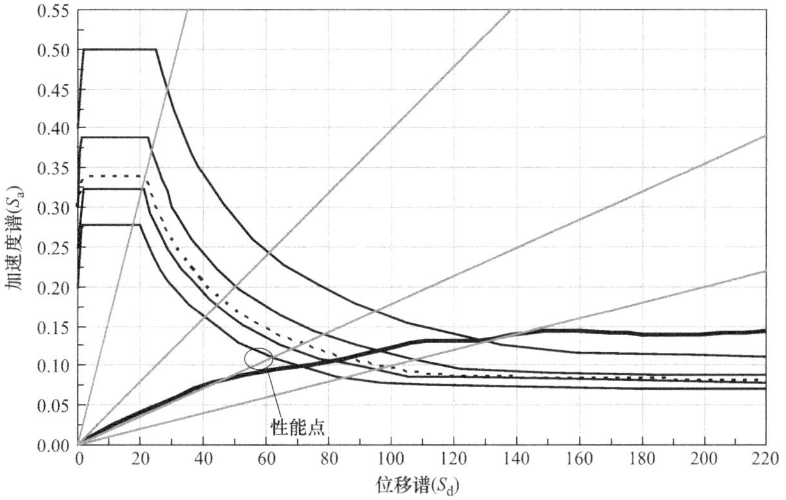

图 3.4-21　能力谱曲线与需求谱曲线

采用能力谱方法对结构的整体抗震性能进行了评价，结果表明结构的能力曲线能够顺利穿过 7 度罕遇地震烈度的需求谱曲线，因此可以认为该箱形转换层结构能够承受 7 度罕遇地震烈度的地震作用，达到预期的抗震设计要求。

分析结果表明，带箱形转换层高层建筑结构在大震下具有良好的耗能能力、延性及理想的屈服破坏机制。

## 3.5　带箱形转换层高层建筑的试点工程设计

根据本章前述的带箱形转换层高层建筑结构抗震设计方法，对位于不同小区的 2 栋带箱形转换层高层建筑进行了试点工程设计运用。本章以其中的一栋实际工程为例。

### 3.5.1　该工程基本概况

该工程地下 1 层，地上 25 层，平面布置基本左右对称，总建筑面积为 $14542.6m^2$，楼平面长度为 49.4m，平面典型宽度为 13.1m，房屋高度为 74.350m，高宽比 5.67。该工程结构设计采用剪力墙-部分框支剪力墙结构体系，转换层位于 2 层楼面，转换构件采用箱形转换，按《高规》第 10 章规定应为复杂高层建筑。

该楼的转换层结构平面图详见图 3.5-1。

抗震设防烈度为 6 度，对应于设计基本地震加速度值为 0.05g，设计地震分组为第一组；抗震设防类别为丙类；建筑场地类别为Ⅲ类场地。

框支柱的抗震等级为一级，框支梁及转换层框架梁的抗震等级为二级，剪力墙抗震等级详见表 3.5-1。

计算软件及模型的简化。

采用 ANSYS 和 SATWE 进行整体计算。在 ANSYS 软件建模时，整体结构以地下室顶板作为上部结构的嵌固部位，转换层及转换层以下的框支箱形梁、框架梁、框支柱和落

剪力墙抗震等级 表 3.5-1

| 类型 | | 底部加强部位 | 非底部加强部位 |
|---|---|---|---|
| 一般剪力墙 | | 三级 | 四级 |
| 框支剪力墙 | 一般 | 二级 | |
| | 短肢 | 一级 | |
| 短肢剪力墙 | | 二级 | 三级 |

地剪力墙采用实体单元 SOLID 95，其余剪力墙和楼板采用壳单元 SHELL 181，普通梁采用三维空间线单元 BEAM 189。计算考虑了恒荷载、活荷载、风荷载和地震共四种主要荷载的作用。

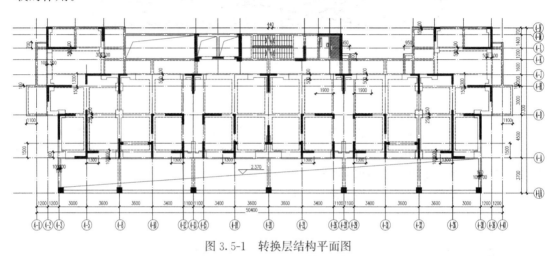

图 3.5-1　转换层结构平面图

## 3.5.2　整体计算结果对比分析

**1. 结构整体设计指标基本满足规范要求**

（1）转换层上、下结构刚度比

根据《高规》对计算等效刚度比的要求，本工程转换层位于 2 层，即底部大空间为 1 层，可近似采用转换层上、下层结构等效剪切刚度比来表示转换层上、下层结构刚度的变化。根据 SATWE 计算结果，$X$、$Y$ 两方向转换层上、下层结构刚度比分别为 1.3172、1.195，满足《高规》附录 E.0.1 条的限制要求。

（2）周期、振型等

结构自振周期：对整体结构进行模态分析，得到结构前六个自振周期如表 3.5-2 所示。结构扭转为主的第一自振周期与平动为主的第一自振周期之比 ANSYS 计算结果为 0.85，SATWE 计算结果为 0.83。

结构自振周期（s） 表 3.5-2

| | $T_1$ | $T_2$ | $T_3$ | $T_4$ | $T_5$ | $T_6$ |
|---|---|---|---|---|---|---|
| ANSYS | 2.336s | 2.231s | 1.982s | 0.660s | 0.638s | 0.588s |
| SATWE | 2.206s | 1.946s | 1.832s | 0.587s | 0.569s | 0.488s |

根据 SATWE 和 ANSYS 计算结果对比可以看出，SATWE 和 ANSYS 计算的前六个自振周期比较接近（ANSYS 结果略大一些），前六个振型的振动方向也是一致的。结构扭转为主的第一自振周期 $T_t$ 与平动为主的第一自振周期 $T_1$ 之比 ANSYS 计算结果为 0.85，SATWE 计算结果为 0.83，这说明本工程整体刚度是适宜的，其抗扭刚度也能满足现行规范要求（$T_t/T_1 \leqslant 0.85$）。

（3）剪重比、刚重比

本工程结构 $X$ 向地震作用下剪重比为 1.01%，18 个振型时有效质量系数为 92.47%；$Y$ 向地震作用下剪重比为 0.99%，18 个振型时有效质量系数为 91.20%。

该工程 $X$ 向刚重比为 6.86，$Y$ 向刚重比为 5.31，该结构刚重比能够通过《高规》第 5.4.4 条，进行高层建筑整体稳定验算，同时根据《高规》第 5.4.1 条，可不考虑重力二阶效应的不利影响。

（4）楼层位移、层间位移角

在 $X$ 向风荷载作用下，顶部最大侧移为 13.03mm，层间最大位移角为 1/4330；在 $Y$ 向风荷载作用下，顶部最大侧移为 51.71mm，层间最大位移角为 1/1179。在 $X$ 向地震作用下，顶部最大侧移为 17.13mm，层间最大位移角为 1/3548；在 $Y$ 向地震作用下，顶部最大侧移为 19.1mm，层间最大位移角为 1/3332。

以上两种工况下层间最大位移角计算结果均满足《高规》的限值要求。

图 3.5-2 为该工程转换梁编号图。

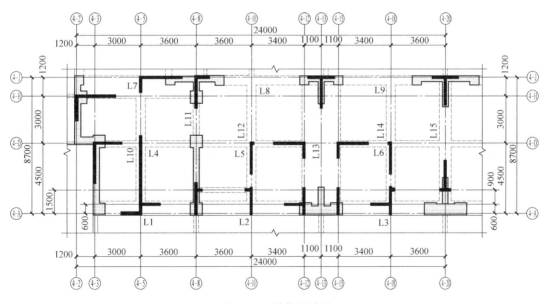

图 3.5-2　转换梁编号

**2. 构件受力分析**

（1）转换梁截面受力分析

计算结果表明，在竖向荷载作用下，（4—A）轴边梁 L1、L2、L3 的扭矩和轴力均较大，（4—J）轴 L7 梁扭矩较大，L8、L9 梁靠近落地剪力墙处的轴力较大，这充分说明（4—5）、（4—10）、（4—18）轴转换次梁的存在使支承其的转换主梁承受较大的扭矩和轴力，因此箱形转换层的四周边梁应环通，形成箱形转换层的边肋，转换梁间彼此约束，其整体刚度可大大提高。同时，由于 L7 梁上部剪力墙偏心较大，其左支座扭矩大，因此转换梁与上部剪力墙截面中线宜对齐，以减小转换梁的内力，改善其受力性能。

在竖向荷载作用下，转换次梁 L4、L5、L6、L10、L12、L14 的扭矩和轴力均不大，部分区域还受压，这说明在箱体整体作用下，转换次梁相互交叉、共同工作，转换次梁受力明确。转换主梁 L13、L15 除承受弯矩、剪力外，还有较大的轴向拉力，且沿梁长度范围内有一定变化，这说明在竖向荷载作用下，框支主梁与上部剪力墙变形协调、共同工作，框支主梁实际受力为偏心受拉，设计中应按偏心受拉构件进行设计计算和构造等。在地震作用下，各构件的轴力较大，结构设计中应充分考虑。

（2）转换梁大部分受拉，部分梁受压，框支主次梁箱形转换结构体系受力复杂，具体设计时应充分重视。

根据整体计算结果，在恒荷载作用下，框支主梁基本上为偏拉构件，交叉次梁因上部剪力墙的布置、位置、长度等的不同和其在结构平面中的位置的不同而表现为部分区域受拉，部分区域受压。为保证箱体的高度，同时承受上部 25 层住宅的荷载，本工程中所有转换梁的高度统一为 1800mm，交叉次梁的截面基本上为梁净跨的 1/4～1/3，梁整体刚度好，箱形转换层整体变形作用明显，在主次梁的相互作用下，交叉次梁各截面受力较复杂，与普通转换梁明显不同，具体设计时应进行详细的应力分析，按应力校核配筋，并加强配筋构造措施。从具体工程设计上来看，转换次梁的轴力相对转换主梁来说要小一些，但需要仔细加强其配筋，并重视其配筋构造措施，其构件的承载能力还是比较容易满足的。

（3）箱形转换结构上下盖板受力复杂，盖板中存在较大的拉、压应力，截面设计时应予以考虑。

箱形转换层的整体受力变形性能十分明显，在竖向荷载作用下，上下楼板基本表现为偏心受拉、偏心受压构件，与普通楼板受力有较大区别。由于结构上部的水平剪力要通过转换层传到下部结构，转换层楼面在其平面内受力很大，而利用上下盖板和双向交叉梁系统等组成的箱形转换层平面内刚度很大，比较接近计算模型中的平面刚度无限大的假定，因此箱形转换层上下楼板的受力也相对复杂。板配筋时除应考虑承受普通楼面荷载引起的弯矩外，尚要考虑其自身平面内的拉、压应力的影响，实际设计时应适当加厚，双层双向配筋，并提高配筋率、注重楼板钢筋的锚固，同时转换层楼板不应错层布置，不宜开洞、有高差等。与转换层相邻楼层的楼板也应适当加强。

（4）底层落地墙、框支柱及转换层上两层竖向构件应适当加强。

箱形转换层的受力性能较梁式结构有所改善，它充分发挥了结构各组成部分的"面外受力性能"，特别是有上下两层楼板的共同参与，不仅使框支梁、框支柱自身的受力大为改善，而且使楼层剪力逐渐地向下部结构转移，使得转换层自身不至于成为抗剪薄弱层。同时框支层的存在也会导致墙、柱之间内力的重新分配，底层落地墙、框支柱受力比较复杂，设计中应特别加强。图 3.5-3 为恒荷载作用下框支层结构变形示意图。

转换结构上部剪力墙与转换结构一起整体协同工作承受重力荷载、水平荷载等。由于箱形转换层结构整体工作性能较好，它对上部剪力墙的变形约束相应加大，同时框支梁与上部一定范围内的剪力墙构成墙梁体系共同工作，使转换结构上部剪力墙及其连梁的受力

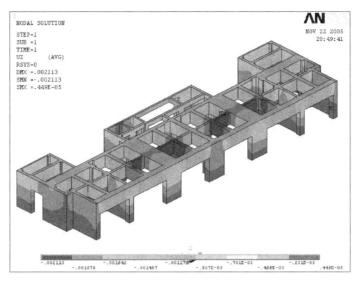

图 3.5-3　恒荷载作用下框支层结构变形示意图

更加复杂化，因此适当提高转换结构上部两层竖向构件的承载能力和加强其构造措施是十分必要的。

**3. 两个不同力学模型的结构空间分析程序计算结果的比较**

与 ANSYS 整体计算结果相比，SATWE 从整体计算结果所得的箱形转换梁弯矩结果稍大一些，直接用于设计是偏于安全的，也可在有条件时再进行补充计算，避免造成不必要的浪费和可能的安全隐患。但 SATWE 整体计算所得的箱形转换梁剪力略小，根据"强剪弱弯"原则该剪力与 ANSYS 整体计算结果相比较经适当放大后可用于截面设计。SATWE 整体计算时对箱形转换层按普通梁式转换模型进行计算和设计，因此转换梁的扭矩、轴力计算差异较大，上下盖板应考虑拉、压应力的影响，宜采用符合实际的有限元程序进行补充计算，应经综合分析后供截面设计参考。

## 3.5.3　本节小结

（1）箱形转换层考虑箱体上、下盖板作用后，转换梁自身所承受的弯矩有较大幅度的减小，箱体对转换梁弯矩的分担起到明显作用，上、下盖板与转换梁组成的工字形截面抗弯能力有较大幅度的提高。

（2）箱形转换结构上下盖板受力复杂，盖板中存在较大的拉、压应力，在各种工况下盖板应力变化较大，截面设计时应特别加强。为保证箱体的空间工作性能，转换层楼板尽量不开洞，不宜有高差，结构设计时要采取有效措施确保上下楼板的整体性。

（3）框支主次梁箱形转换结构体系受力复杂，同一构件各部位拉、压应力变化较大，具体设计时应充分重视。对于存在较大轴力和扭矩的转换梁，截面设计时应适当予以加强。

（4）框支层的存在会导致墙、柱之间内力的重新分配，引起转换层上下结构内力的变化，因此底层落地墙、框支柱及转换层上两层竖向构件应适当加强，转换层上下层楼板也应适当加强。

在该工程的结构设计中应用了前述试验和理论分析的成果，进一步完善了结构构造和设计方法。从设计结果看，箱形转换层较之板式转换层，大大减轻了结构自重，减小了钢筋用量，经济效益显著。

## 3.6 带箱形转换层高层建筑结构的现场实测与分析

为了对箱形转换层结构中转换构件的受力性能有全面的认识和了解，并对组合有限元分析和设计的安全性、可靠性、正确性进行评价，对前述实际工程转换构件和下层楼板内的钢筋布设了钢筋测力计，现场量测钢筋的应力应变情况，并进行施工全过程跟踪。该部分箱形转换构件的现场实测在国内尚属首例，会为设计规范的修订和类似工程的设计提供理论依据。

### 3.6.1 测试方案和测试时间

本次测试采用的钢筋测力计为GJJ-10型振弦式钢筋测力计（图3.6-1），通常埋设于各类建筑基础、桩、地下连续墙、隧道衬砌、桥梁、边坡、码头、船坞、闸门等混凝土工程及深基坑开挖安全监测中，测量混凝土内部的钢筋应力、锚杆的锚固力、拉拔力等。

图3.6-1 GJJ-10型振弦式钢筋测力计

为了了解箱形转换主、次梁和下层楼板的实际受力情况，在试点工程楼转换构件（包括主、次梁）的纵筋上布设振弦式测力计20只，箍筋上布设振弦式测力计4只，下层楼板的上下钢筋上布设振弦式测力计8只，共计布设传感器32只。为配合施工进度，分别在施工至5层、7层、10层、14层、17层、20层和26层共七次进行了现场测试。

部分构件传感器最终的布置位置详见图3.6-2～图3.6-6。

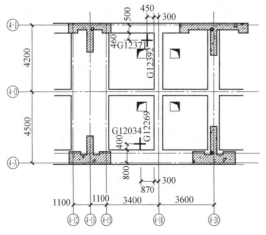

图3.6-2 转换层下层板板面测点布置图

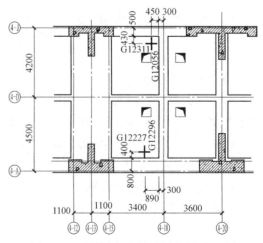

图3.6-3 转换层下层板板底测点布置图

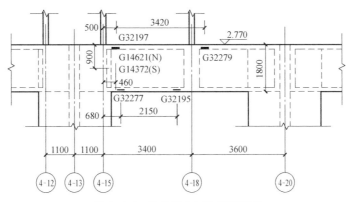

图 3.6-4　转换梁 L3 测点布置图

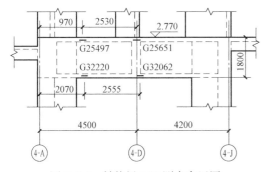

图 3.6-5　转换梁 L13 测点布置图

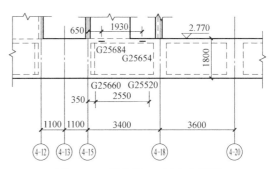

图 3.6-6　转换梁 L6 测点布置图

典型部位具体埋设详见图 3.6-7。

图 3.6-7　梁上部纵筋传感器现场埋设

## 3.6.2　测试结果分析

1. 在恒荷载作用下，各梁弯矩、剪力、扭矩均随着建筑层数的增加几乎成线性变化，L3、L6 梁跨中轴力呈缓 S 形，如图 3.6-8 所示。L6 梁左支座及 L9 梁跨中轴力为压力，且随建筑层数的增加而加大。这说明转换构件在恒荷载作用下基本处于弹性工作阶段，截面应变符合平截面假定。

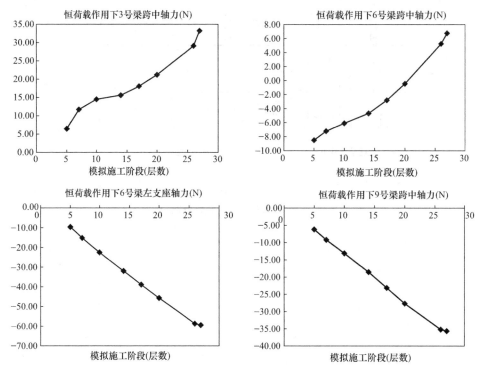

图 3.6-8　恒荷载作用下 L3、L6、L9 梁部分内力值

## 2. 转换梁纵筋应力分析

根据 ANSYS 模拟分析和实测结果对比，得到如图 3.6-9～图 3.6-11 所示曲线。从曲线可以看出，各转换梁实测钢筋应力与理论计算基本是吻合的，其变化趋势、曲线形状也是基本相同的。L3 梁实测应力变化比理论计算平缓，L6 梁实测应力上下有一定波动；L9

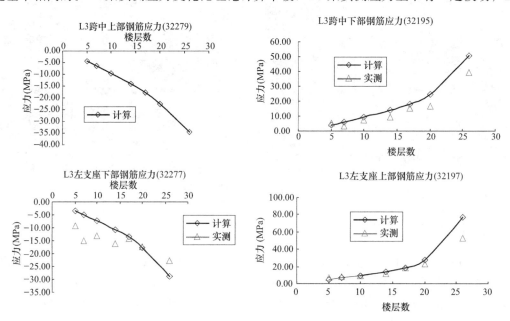

图 3.6-9　L3 梁典型截面模拟施工应力图

梁支座上下钢筋变化趋势与理论计算非常吻合。L13梁尽管实测数据上下有波动，其总体变化趋势与模拟分析是一致的。

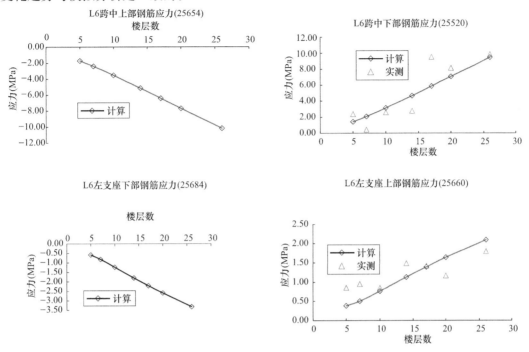

图 3.6-10　L6 梁典型截面模拟施工应力图

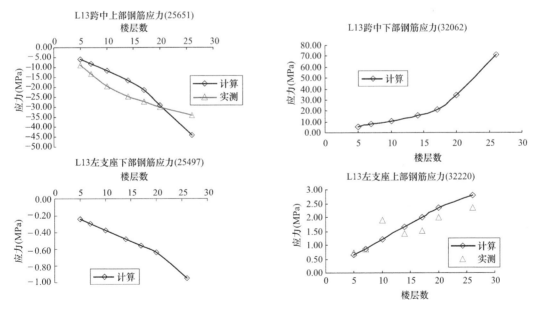

图 3.6-11　L13 梁典型截面模拟施工应力图

3. 转换梁箍筋应力分析

该工程转换梁 L3 左支座和 L9 右支座处箍筋（$\phi14$）布设传感器各一对，实测 L3、L9 箍筋应力见图 3.6-12。

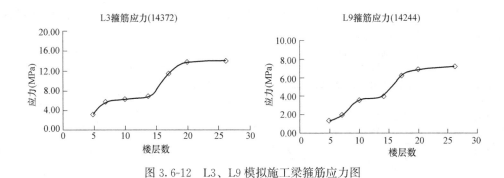

图 3.6-12 L3、L9 模拟施工梁箍筋应力图

从以上实测的箍筋应力可以看出，在恒荷载作用下，L3、L9 梁外环筋的钢筋应力为拉力，且随着施工层数的增加而增加，这与 L3、L9 梁剪力、扭矩的变化趋势是一致的。由于扭矩的存在，L9 梁外环筋两侧的钢筋应力是不同的，北侧大南侧小（建筑物外侧大内侧小），说明梁扭矩引起的箍筋内力为外拉内压，这与转换次梁传递的弯矩是一致的。

### 3.6.3 本节小结

通过对现场实测结果与 ANSYS 分析结果相对比，ANSYS 模拟施工加载的分析数据和现场实测结果基本吻合，验证了理论分析的准确性和结构的安全可靠性。同时，由于箱形转换层结构实际受力较复杂，施工期间干扰因素较多，加上钢筋混凝土两种材料的变形特性不同，其协同工作也会引起局部应力的变化，因此钢筋实际应力变化除受构件内力变化影响外，许多其他因素的影响也是不可忽视的。在工程设计中，我们应该充分重视转换构件的截面设计，受力复杂部位应适当加强，确保结构安全。

## 3.7 设计建议

如前所述，带箱形转换的复杂高层建筑结构在工作机理、受力性能、破坏机制等诸多方面有其自身特点，其结构设计亦与其他类型的转换结构有所不同。根据试验研究、理论分析、试点工程设计运用、现场实测与分析等，提出相关的设计建议：

1. 箱形转换层是保证结构安全的关键部位，应采用与实际相符的计算模型，转换层的上、下盖板应以符合实际受力情况的单元键入计算模型。

2. 在水平荷载作用下，转换层上部框架柱或墙肢下端应做延性设计，从严控制轴压比，宜采用与转换层相同等级的混凝土。

3. 箱形转换梁跨中截面的抗剪承载力应采取有效措施予以加强，可采用如沿梁全跨加密箍筋、内置型钢等方法。

构造加强措施及相关设计建议：

（1）转换梁的截面宽度不宜小于上部墙体厚度的 2 倍，且不宜小于 400mm，截面高度预估时可取计算跨度的 1/8～1/6。

（2）转换梁的剪压比应符合式（3.7-1）～（3.7-3）。

无地震作用组合时 $\qquad V \leqslant 0.20 \beta_c f_c b h_0$ （3.7-1）

有地震作用组合时 $\qquad V \leqslant 0.15 \beta_c f_c b h_0 / \gamma_{RE}$ （3.7-2）

$$V_s \leqslant 0.5 f_{tk} bh \tag{3.7-3}$$

式中　$V$——转换梁最大剪力组合设计值；

　　　$\gamma_{RE}$——承载力抗震调整系数；

　　　$\beta_c$——混凝土强度影响系数；

　　　$f_c$——混凝土轴心抗压强度设计值；

$b$、$h$、$h_0$——转换梁截面宽度、高度、有效高度；

　　　$V_s$——不考虑地震作用的转换梁最大剪力短期效应组合值；

　　　$f_{tk}$——混凝土轴心抗拉强度标准值。

（3）转换梁支座处（1.5 梁高 $hb$ 范围内）箍筋应加密，加密区箍筋不少于 $\phi10@100$；上部剪力墙开洞下方（洞宽$+2hb$ 范围内）梁箍筋也应按上述加密区要求执行。

（4）肋梁顶、底部纵向钢筋可采用工字形截面梁的配筋方式，翼缘宽度可取板厚的 $8\sim10$ 倍（中梁）或 $4\sim5$ 倍（边梁），纵向钢筋的 $70\%\sim80\%$ 配置在翼缘中部 $1/2$ 宽度内，同时上下翼缘楼板内的横向钢筋不宜小于 $\phi12@200$ 双层。

（5）转换梁沿梁高应均匀设置适量的水平纵筋，宜每隔一排用拉筋加以约束。水平腹筋应满足式（3.7-4）的要求，同时应$\geqslant2\phi16@200$。

$$A_{sh} \geqslant Sb_w(\sigma_x - f_t)/f_{yh} \tag{3.7-4}$$

式中　$A_{sh}$——腰筋截面积；

　　　$S$——腰筋间距；

　　　$b_w$——箱梁腹板断面宽度；

　　　$\sigma_x$——转换梁计算腰筋处最大组合水平拉应力设计值，地震作用组合时，乘以 $\gamma_{RE}=0.85$；

　　　$f_t$——转换梁混凝土抗拉设计强度；

　　　$f_{yh}$——腰筋抗拉设计强度。

（6）转换梁底部纵筋不应在跨内弯起或截断，应全部锚入支座；顶部纵筋至少应有 $50\%$ 沿梁全长贯通，且最外排钢筋应伸入梁下皮以下 $l_{aE}$（抗震设计）或 $l_a$（非抗震设计），其余钢筋锚入支座长度不应小于 $l_{aE}$（抗震设计）或 $l_a$（非抗震设计）。

（7）转换梁纵向钢筋宜采用机械连接；同一截面上，接头的钢筋截面面积不应超过全部钢筋截面面积的 $50\%$，接头位置应避开上部墙体开洞部位、梁上托柱部位及受力较大部位。

（8）转换梁不宜开洞；若需开洞，洞口宜位于箱梁腹板中部且应对洞口边的应力进行详细分析。当洞口直径（或洞口宽度、高度中的大者）$\leqslant h_b/4$ 时，可采取洞口加筋、洞边加网片予以构造加强；当洞口直径$> h_b/4$ 时，开洞位置需位于跨中 $l_n/2$ 区段（$l_n$ 为转换梁净跨），且洞口上下按上下弦杆进行加强配筋；当洞口直径$> h_b/3$ 时，需进行专门有限元分析，根据计算应力设计值进行配筋。

（9）转换次梁和转换主梁相交后，如有可能宜延伸一跨。

（10）在转换梁与框支墙相交处宜设置壁（端）柱。

4. 箱形转换层的上、下楼板应以箱形整体模型分析结果为依据，应综合考虑整体弯曲和局部弯曲的作用。应从严控制箱体上、下层楼板裂缝，建议最大裂缝宽度应控制在 $0.2$mm。

构造加强措施及相关设计建议：

（1）箱形转换层上、下楼板的厚度不宜小于 180mm 及板跨的 1/25，并应双层双向贯通配筋，每层每一方向配筋率不宜小于 0.30%；楼板中的钢筋接头宜采用机械连接或焊接，并应锚固在边梁或墙体内。

（2）与转换层相邻楼层的楼板应采用现浇板，板厚不应小于 150mm，应双层双向贯通配筋，每层每一方向配筋率不宜小于 0.25%。

5. 箱形转换层刚度应进行合理选择，箱体高度应在初步设计阶段通过不同取值的试算和比较，进行综合分析后再确定。

6. 对带箱形转换的高层建筑，应采用"等效侧向刚度比（《高规》附录 E）"和"层间位移角比"两个指标"双控"：转换层上、下结构及楼层的侧向刚度按照《高规》的有关规定执行；转换层下、上结构的层间位移角比不宜大于 1.2，且不应大于 1.4。

7. 箱形转换层以上 2 层范围内的剪力墙应做高精度有限元分析来确定应力分布，并应据此进行截面设计。

8. 箱形转换层下的框支柱，应严格控制其轴压比，增强其延性；有条件时宜采用型钢混凝土或钢管混凝土。

9. 箱形转换层及周围楼板的混凝土强度等级不应低于 C40，可采用钢纤维混凝土以改善其在正常使用状态下的抗裂性能。

# 第4章

# 车辆基地上盖结构温度效应分析研究

车辆基地上盖开发项目往往长达 1km 以上，因建筑功能、使用功能和外观上的需要，其建筑、轨道、设备专业往往要求不设或少设伸缩缝，致使结构不设缝的长度远远超出了我国《混凝土结构设计规范》GB 50010—2010（以下简称《混规》）规定的限值，通常把这种结构称为超长混凝土结构。由于该类结构超长，且常为周边无外围护的全开敞结构，温度应力问题较为突出。

针对超长结构的温度应力问题，国内外很多学者做了大量研究，如我国著名的工程结构裂缝控制专家王铁梦提出的框架结构温度应力近似计算方法，该方法适用于柱刚度变化不大，布置较均匀的框架结构的温度应力分析。夏勇、裴若娟采用有限差分法对高层剪力墙结构在日照及水化热温差作用下的温度应力进行了研究。

随着计算机技术的进步，有限元方法的研究和应用在我国得到了很大的发展。冯健等用 ANSYS 软件对南京国展中心在季节温差和收缩变形作用下的温度内力和温度变形做了数值模拟。韦宏等采用 ETABS 软件对广州国展中心的温度应力进行了计算分析，并模拟预应力和后浇带在控制温度裂缝中的作用。傅学怡、吴兵结合典型算例，考虑混凝土徐变收缩时效特性，考虑地基或桩基有限约束刚度，考虑设有后浇带结构生成过程的施工模拟和考虑结构施工最不利温差取值等综合因素，计算钢筋混凝土结构温差收缩效应。

目前国内外关于混凝土结构温度作用虽已研究多年并取得不少成果，但多局限于温度效应的设计构造和施工控制措施，如设置施工后浇带、局部配筋加强、设置预应力筋等，而对于结构温度效应的定量分析方法研究的仍不多。由于车辆基地上盖开发项目建筑结构形式的特殊性和复杂性，仅通过考虑设计构造及施工控制措施来抵抗温度效应，势必会由于缺乏定量分析留下整体结构安全隐患或造成不必要的浪费。

本章结合理论研究，以具体的工程案例详细介绍温度应力的模型及计算分析过程、温度应力的影响因素、现场温度应力监测以及施工过程计算等关键技术问题，应用有限元分析软件 ABAQUS 对苏州轨道交通 2 号线太平车辆段超长上盖混凝土结构温度应力进行了详细的分析与研究。

## 4.1 模型及分析方法

### 4.1.1 项目及模型概况

苏州轨道交通 2 号线太平车辆段上盖平台，D 区第 1、2 层为地上大平台，该大平台带 1.5m 左右覆土绿化种植屋面。分为 D1 及 D2 两个大区，D2 区为巨柱全框支结构，其中较大面积的 D2—3 区，长和宽分别为 112m 和 93m，首层建筑层高 8.7m，至基础面的结构层高约 10.2m，2 层层高 6.0m，盖上住宅为现浇混凝土剪力墙结构体系，在 2 层平台上采用箱形转换结构进行转换，剪力墙不落地，建筑总高 74m，该区分析内容详见本书第 8 章工程应用案例。

本章选取面积较大的 D1 区进行温度应力分析，D1 区为现浇混凝土框架结构体系，长和宽分别为 189m 和 119m。首层建筑层高 8.7m，至基础面的结构层高约 10.2m，2 层层高 5.5m。盖上为局部 3 层的商业和物业用房，建筑总高 29.2m。D 区整体平面图见图 4.1-1。

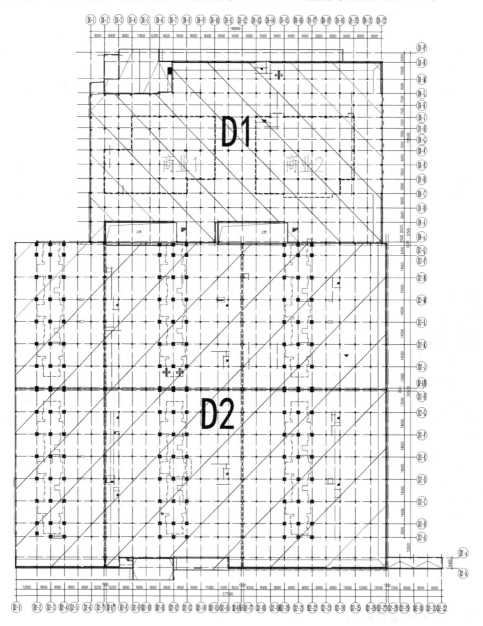

图 4.1-1　D 区整体平面图

由于整个结构长度超过《混规》规定的结构伸缩缝最大间距（室内55m/露天35m），且本工程无任何外围护结构，直接暴露在室外环境中，混凝土楼板和框架梁、柱受温差的影响比较大，柱断面为$1.2m \times (1.2 \sim 1.5)m$，刚度较大，对温度应力控制也较为不利，因此需进行详细的定量计算分析，以更好地指导工程设计。计算模型见图4.1-2和图4.1-3。

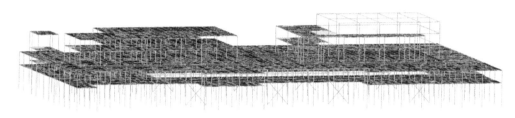

图4.1-2　D1区模型三维图

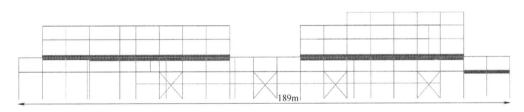

189m

图4.1-3　D1区模型立面图

## 4.1.2　温度作用、影响因素及工况分析

### 1. 温度作用

由于混凝土的热传导性能差，其内外表面不断以辐射、对流和传导等方式与周围空气介质进行的热交换等作用，将使表面温度迅速上升或降低，但结构的内部温度仍处于原始状态，因而在混凝土中形成较大的温度梯度。由此产生的温度变形，当被结构的内外约束阻碍时，会产生相当大的温度应力。温度作用的取值是温度应力分析的关键因素，直接影响到计算结果。温度作用分为内部温度作用和外部温度作用。

混凝土内部水分蒸发引起收缩，水分增加引起膨胀，即"干缩湿胀"现象。这种现象要延续相当长的时间才能趋于稳定。含水量越高，收缩变形越大，延续时间越长，因此控制收缩变形是裂缝控制的关键所在。在温度应力计算时，是把混凝土的收缩量换算成当量温差$T = \varepsilon'_y / a$，其中：$a = 1.0 \times 10^{-5} / ℃$；$\varepsilon'_y$为某时段的收缩量。

混凝土结构由于自然环境变化所产生的温度作用，一般可以分为以下三种类型：日照温差作用、骤然降温温差作用、年温差作用。

（1）日照温差作用主要是太阳辐射作用导致的，其次是气温变化影响，还有风速的影响。

（2）骤然降温温差作用主要是强冷空气的侵袭作用和日落后在夜间形成的内高外低的温度变化，变化过程约为20h左右，比日照温度变化作用时间长些。在这两种降温温差作用中，冷空气侵袭作用引起的结构降温速度，南方地区平均降温速度为1℃/h，最大降温速度为4℃/h，比日照升温速度10℃/h要小得多。

（3）年温差作用则是极缓慢的气温变化所致，所以在考虑年温差作用对结构的影响时，均以结构的平均温度为依据，一般规定以最高与最低月平均温度的变化值作为年温度变化幅度。

以上3种中骤然降温温差作用危害最大。骤降温差使得混凝土急剧收缩产生裂缝，其温差变化范围大且变幻莫测，难以预估。考虑到一般建筑物均采取保温隔热措施，同时施工阶段均采取覆盖草包等措施，避免长时间暴露混凝土结构，可缓解骤降温差影响。所以一般设计温差取设计基准期内最大年温差，计算时应根据各地的气象记载进行分析取其不利情况。

**2. 混凝土的收缩和徐变**

混凝土的收缩和徐变是混凝土材料所固有的两种时效特性，是混凝土浇筑过程中的固有特性。

（1）现浇混凝土由于内含水分的蒸发将产生收缩徐变，累计极限值可达到 $2\sim4\times10^{-4}$，混凝土收缩应变与混凝土的龄期、混凝土强度等级、结构的尺寸效应、所处环境的相对湿度、水泥的成分、用量等因素有关。其特点是早期收缩应变速率快，设置后浇带十分重要。施工过程低温入模合拢十分必要，以减少叠加负温差效应。混凝土收缩随时间发展规律如表 4.1-1 所示。

混凝土完成收缩比    表 4.1-1

| 混凝土龄期 | 15d | 90d | 365d | 最后 |
|---|---|---|---|---|
| 完成收缩比 | 15%～30% | 40%～80% | 60%～85% | 100% |

混凝土结构中多见的是收缩应力和温度应力共同作用的温度收缩裂缝，应采取措施充分考虑混凝土的收缩影响。

（2）混凝土徐变是指混凝土在作用应力不变的情况下，应变沿应力方向随时间增长或应变不变而其应力随时间的延长而逐渐降低的性质。混凝土徐变是作用应力持续时间的函数，其方向与作用的应力同向，其大小与作用的应力大小成正比。同时混凝土徐变还与所在构件加载时混凝土龄期、尺寸效应、所处环境相对湿度有关。

在竖向荷载作用下，混凝土徐变使混凝土结构挠度增加，但并不改变内力分布，混凝土结构内力与按弹性计算内力相等。在温度收缩作用下，混凝土结构变形与按弹性计算变形相等，考虑徐变的应力等于弹性应力乘以折减系数：

$$R(t,t_0)=1/(1+\chi\varphi) \tag{4.1-1}$$

$\chi$ 为老化系数；$\varphi$ 为考虑加载龄期对混凝土徐变的影响系数，范围在 0.5～1.0，平均值在 0.82 左右。

混凝土徐变的特点是前期徐变速率快，徐变效应是一个长期过程。最终徐变应变值是瞬时弹性应变值的 1～3.5 倍。混凝土徐变随时间发展规律如表 4.1-2 所示。

混凝土完成徐变比    表 4.1-2

| 混凝土龄期 | 15d | 90d | 365d | 最后 |
|---|---|---|---|---|
| 完成徐变比 | 18%～35% | 40%～70% | 60%～85% | 100% |

混凝土徐变与约束应变同向，考虑混凝土徐变，柱水平位移和转角变形不断减小，约束应力、约束应变不断减小，基底反力、柱内力和楼盖轴拉力不断减小。混凝土徐变可降

低温度应力，消减应力峰值，温差效应计算应考虑混凝土材料的徐变性能。

**3. 后浇带合拢季节对混凝土胀缩的影响**

超长钢筋混凝土应设置后浇带，以释放混凝土水化热和早期收缩产生的应力。结构后浇带留置时间，应根据释放较多早期应变原则，按混凝土浇筑季节不同采用30～90d。混凝土浇筑季节和后浇带留置时间与混凝土胀缩的关系见图4.1-4，可见选择合理的后浇带合拢季节，对消化结构季节温差收缩、水化热等的影响有一定帮助。

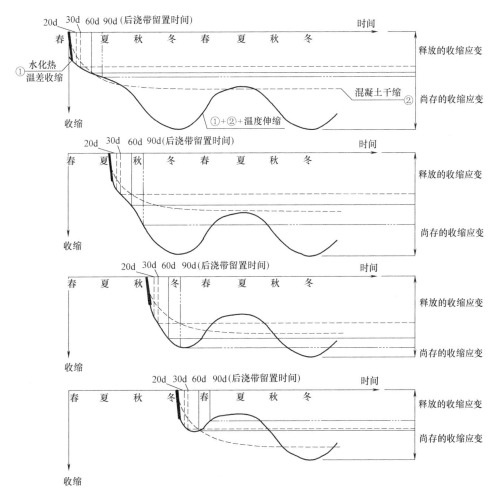

图 4.1-4　混凝土浇筑季节和后浇带留置时间与混凝土胀缩的关系

**4. 工况分析**

以结构的初始温度（合拢温度）为基准，结构的温度作用效应要考虑温升和温降工况及其组合工况。温升工况会使构件产生膨胀，而温降则会使构件产生收缩，计算降温条件下的温差是计算温度应力的关键。

（1）根据《建筑结构荷载规范》GB 50009—2012（以下简称《荷规》）第9.3.1条计算最大温降的温差。按《荷规》附录E提供的数据，$T_{s,min} = -5℃$；根据苏州地区气象资料，施工后浇带合拢温度一般取15～20℃，由于本工程体量较大，混凝土浇筑历时较长，后浇带闭合时温度也不同，闭合时间贯穿整个夏季，因此结构最高初始平均温度取混凝土浇筑时月最高初始平均温度，$T_{0,\max}=36℃$，根据最大温降公式可计算出降温温差 $\Delta T_k = -5-36 = -41℃$。

（2）对于混凝土的收缩变形，可采用预应力混凝土结构设计规程的公式计算混凝土收缩当量温差 $\Delta T_{k'}$，计算考虑龄期为无限大和 $t$ 时刻的收缩应变，收缩开始时的龄期为3d，由混凝土的线膨胀系数计算混凝土收缩当量温差 $\Delta T_{k'}$。结构后浇带在混凝土浇筑完成后60d封闭，因此 $\varepsilon_{cs}(\infty,3)=310\times10^{-6}$，$\varepsilon_s(60,3)=107\times10^{-6}$，根据公式计算得混凝土收缩当量温差 $\Delta T_{k'}=20.3℃$。

（3）温差效应计算考虑混凝土材料的徐变性能，混凝土的徐变影响可通过折算等效温差 $\Delta T_{st}$ 来考虑，计算公式如下：

$$\Delta T_{st}=R(t,t_0)(\Delta T_k+\Delta T_{k'}) \tag{4.1-2}$$

考虑长期作用，取 $t=\infty$，经计算，可得 $\varphi(\infty,7)=2.39$，$R(\infty,7)=0.501$，$\chi(t,t_0)=0.82$，可得出等效温差 $\Delta T_{st}=30.7℃$。考虑该工程对裂缝要求较高，整个结构又完全暴露于室外，因此取等效温差为 35℃。

根据上述温差计算的公式可计算升温工况的温差 $\Delta T_{st}=R(t,t_0)\Delta T_k=20.54℃$，升温工况的温差取 20℃。

（4）按"温度""恒+活+温度""预应力+恒+活+温度" 3 种情况分升温及降温共6种荷载工况考虑，具体如下：

① 升温 20℃；

② 降温 35℃；

③ 恒荷载+活荷载+升温 20℃；

④ 恒荷载+活荷载+降温 35℃；

⑤ 预应力+恒荷载+活荷载+升温 20℃；

⑥ 预应力+恒荷载+活荷载+降温 35℃。

根据项目实际的环境与约束条件，对本项目进行详细的温度效应分析，然后根据应力大小计算楼板的最大裂缝宽度，如果裂缝宽度不满足规范要求，则考虑设置无粘结预应力钢筋并进行预应力计算复核。

## 4.1.3 分析方法及控制指标

由于分析中需要考虑混凝土楼板及框架梁、柱构件的开裂、损伤性能，所以需要考虑材料非线性的影响。在考虑混凝土结构材料非线性影响的分析中，由于混凝土开裂后，容易导致刚度矩阵奇异，从而发生难于收敛的现象，一般常规数值求解方法将无法适应此类非线性分析。鉴于此，本工程的分析中采用了拟静力分析方法，这种方法可以利用显式动力分析技术模拟静力问题。

根据分析结果中的楼板钢筋应力大小，按照《混凝土结构设计规范》GB 50010—2010（以下简称《混规》）相关公式进行裂缝宽度计算。

按照二类 a 环境类别，进行楼板裂缝宽度控制：

1）非预应力时——$\omega_{\lim}=0.2$mm

2）预应力时——$\omega_{\lim}=0.1$mm

在 6 种荷载工况中控制损伤程度在轻度以内，控制钢筋最大拉应力在设计强度的

75%（即 270MPa）以内作为相应指标。

### 4.1.4　材料模型

**1. 混凝土材料本构模型**

混凝土材料采用弹塑性损伤模型，当混凝土材料进入塑性状态后，其拉、压刚度降低见图 4.1-5、图 4.1-6，混凝土受拉、受压损伤系数分别由 $d_t$ 和 $d_c$ 表示。

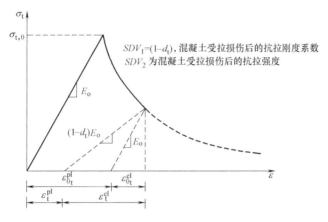

图 4.1-5　混凝土受拉应力-应变曲线及损伤示意图

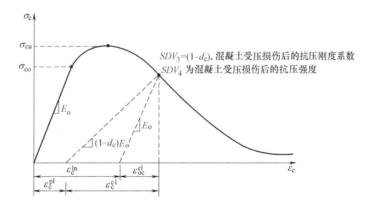

图 4.1-6　混凝土受压应力-应变曲线及损伤示意图

反复荷载下材料拉、压刚度的恢复见图 4.1-7，当荷载从受拉变为受压时，混凝土材料的裂缝闭合，抗压刚度恢复至原有的抗压刚度；当荷载从受压变为受拉时，混凝土材料的抗拉刚度不恢复。

混凝土材料轴心抗压和轴心抗拉强度标准值按《混规》表 4.1.3-1 和表 4.1.3-2 采用。

**2. 钢材本构模型**

分析中，采用二折线动力硬化模型模拟钢材在反复荷载作用下的 $\sigma\text{-}\varepsilon$ 关系，并控制最大塑性应变为 0.025，钢材的弹性模量为 $E_s$，强化段的弹性模量为 $0.01E_s$，如图 4.1.8 所示。计算中考虑了在反复荷载作用下钢材的包辛格（Bauschinger）效应。

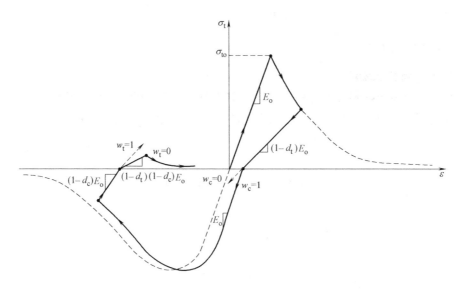

图 4.1-7　混凝土拉压刚度恢复示意图

## 4.1.5　非线性分析软件及模型影响因素

　　太平车辆段上盖项目分析时考虑到是首个对超长箱形转换进行温度分析的项目，箱形转换结构应力复杂，并存在转换部位的体系突变，本工程以 ABAQUS/EXPLICIT 作为求解器，进行混凝土结构非线性计算。ABAQUS 具有较好的处理非线性的能力，尤其适用于应力状态复杂的结构构件。梁、柱、斜撑等线构件，采用截面纤维模型单元 B31，楼板采用软件 ABAQUS 中 S4R 壳单元。

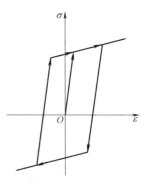

图 4.1-8　钢筋本构模型

**1. 梁单元**

　　梁、柱、斜撑等线构件，采用截面纤维模型单元 B31，可考虑下述条件：

　　(1) Timoshenko 梁，考虑剪切变形；截面剪切刚度计算公式。

$$K_{a3}=kGA \tag{4.1-3}$$

　　(2) 采用上述混凝土弹塑性损伤模型本构关系。

　　(3) 转角和位移分别插值，是 $C_0$ 单元，容易和同样是 $C_0$ 单元的壳元连接。

　　(4) 采用 GREEN 应变计算公式。考虑大应变的特点，适合模拟梁柱在大震作用下进入塑性的状态。

　　(5) 在梁、柱截面设有多个积分，用于反映截面的应力应变关系，截面积分点可由程序自动设置，也可以由人工自己定义，图 4.1-9 为几种标准截面积分点设置情况。

**2. 壳单元**

　　楼板和剪力墙采用 ABAQUS 中 S4R 壳单元，可考虑下述条件：

　　(1) 采用弹塑性损伤模型本构关系；

　　(2) 可考虑多层分布钢筋；

第4章 车辆基地上盖结构温度效应分析研究

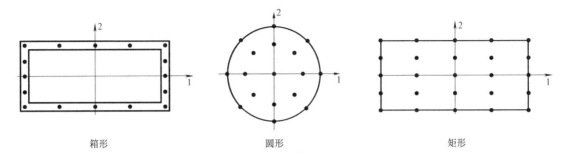

箱形　　　　　　　圆形　　　　　　　矩形

图 4.1-9　标准截面积分点设置情况

（3）转角和位移分别插值，是 $C_0$ 单元，与梁单元的连接容易；可模拟大变形、大应变的特点，适合模拟剪力墙在大震作用下进入塑性的状态。

**3. 计算模型影响因素分析**

根据 SATWE 数据进行计算模型的转换和处理。转换过程中保证了几何尺寸、材料、截面、荷载、配筋等信息的准确性。

为了保证塑性分析结果的准确性，每根柱子均剖分为 4 个单元；梁的单元大小控制在 1.0m 左右；楼板的单元尺寸控制在 0.5～1.0m 之间。

计算分析中考虑了以下因素的影响：

（1）混凝土柱损伤与配筋的影响；

（2）混凝土梁损伤与配筋的影响；

（3）混凝土楼板的损伤、塑性及配筋的影响；

（4）桩基水平和抗弯刚度对柱底约束的影响。

## 4.2　桩基刚度计算

通常情况下，设计时将基础作为嵌固端，假定将地基或桩基约束刚度视为无限大，这样温度作用下超长混凝土结构楼板和框架梁柱中就会产生较大的内力，一般采用设置后浇带、布置预应力钢筋等方式来解决此问题，但有时仍会出现配筋较大的情况。实际上，地基或桩基对竖向构件的约束作用是有限的，地基或桩基在约束竖向构件变形的同时受到竖向构件的反作用而发生变形。地基或桩基和竖向构件底端的变形相互协调得到最终的基础实际刚度。

本节考虑采用基础实际刚度计算混凝土结构的温度应力效应的影响，共建立了 CT1 单桩（桩径 800mm）、CT3 三桩（桩径 800mm）、CT3A 三桩（桩径 900mm）、CT4 四桩（桩径 800mm）和 CT5 五桩（桩径 800mm）等 5 种桩基有限元计算模型，土的弹性模量取土压缩模量的 4 倍，压缩模量按地质勘测报告取值。土的作用取距桩中心 20m 的范围。

### 4.2.1　有限元模型

桩基中的土体用 SOLID65 模拟，桩用 BEAM44 模拟，土体底部固接。桩基有限元模型和局部有限元模型如图 4.2-1、图 4.2-2 所示。

· 83 ·

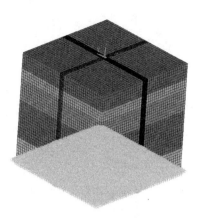

图 4.2-1　桩基有限元模型

(a)1根桩(桩径800mm)

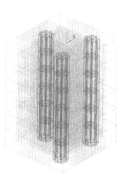

(b)3根桩(桩径800mm)

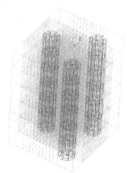

(c)3根桩(桩径900mm)

(d)4根桩(桩径800mm)

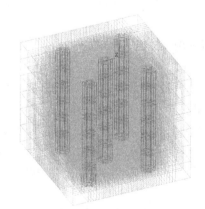

(e)5根桩(桩径800mm)

图 4.2-2　桩基局部有限元模型

## 4.2.2　桩基水平位移和转角

分别在桩基顶部施加单位水平力和单位转动弯矩，计算出单位水平位移和单位转角，最后求出桩基的水平刚度和转动刚度。各个桩基在单位水平力和单位转动弯矩作用下的计算结果分别如下（图 4.2-3～图 4.2-7）。

## 1. CT1 桩计算结果

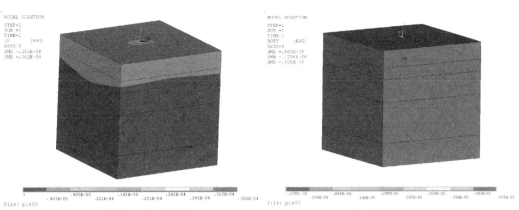

(a) CT1桩单位水平力计算结果　　　　　　　　(b) CT1桩单位转动弯矩计算结果

图 4.2-3　CT1 桩基水平位移和转角

## 2. CT3 桩计算结果

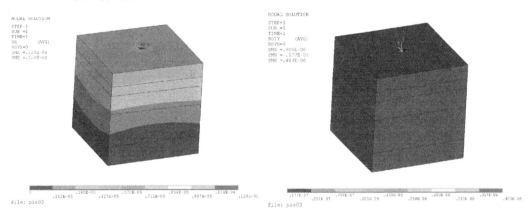

(a) CT3桩单位水平力计算结果　　　　　　　　(b) CT3桩单位转动弯矩计算结果

图 4.2-4　CT3 桩基水平位移和转角

## 3. CT3A（桩径 900mm）桩计算结果

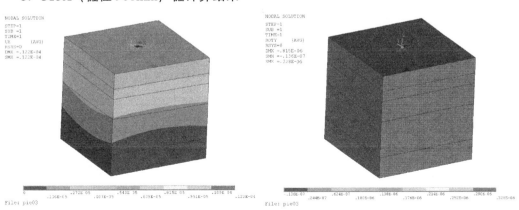

(a) CT3A桩单位水平力计算结果　　　　　　　　(b) CT3A桩单位转动弯矩计算结果

图 4.2-5　CT3A 桩基水平位移和转角

### 4. CT4 桩计算结果

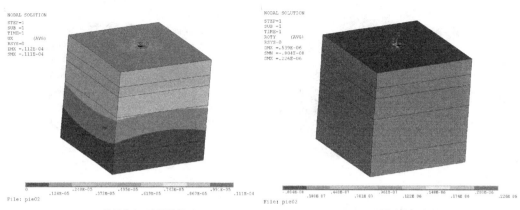

(a) CT4桩单位水平力计算结果　　　　　(b) CT4桩单位转动弯矩计算结果

图 4.2-6　CT4 桩基水平位移和转角

### 5. CT5 桩计算结果

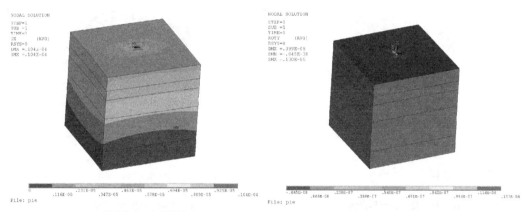

(a) CT5桩单位水平力计算结果　　　　　(b) CT5桩单位转动弯矩计算结果

图 4.2-7　CT5 桩基水平位移和转角

## 4.2.3　桩基刚度求解

根据各桩基单位水平力和单位转动弯矩的计算结果，求解出各桩基的水平刚度和转动刚度，具体见表 4.2-1。

桩基刚度　　　　　　　　　　　表 4.2-1

| 桩基根数 | 水平位移 ($10^{-4}$m) | 转角 ($10^{-6}$rad) | 水平刚度 ($10^4$kN/m) | 转动刚度 ($10^5$kN·m/rad) |
|---|---|---|---|---|
| 1 根桩 CT1(桩径 800mm) | 0.362 | 5.505 | 2.76 | 1.98 |
| 3 根桩 CT3(桩径 800mm) | 0.128 | 0.403 | 7.81 | 24.8 |
| 3 根桩 CT3A(桩径 900mm) | 0.122 | 0.320 | 8.20 | 30.5 |
| 4 根桩 CT4(桩径 800mm) | 0.111 | 0.226 | 9.01 | 44.2 |
| 5 根桩 CT5(桩径 800mm) | 0.104 | 0.130 | 9.62 | 76.9 |

## 4.3　温度效应计算

根据上述确定的温度应力计算工况：①纯温度计算工况，仅考虑单独温度应力作用，计算升温 20℃和降温 35℃时楼板和框架梁柱的受力情况。②计算"1.0 恒荷载＋1.0 活荷载＋1.0 温差"时的楼板与框架梁柱应力与塑性情况。由于发生季节温差之前，结构上已经作用了恒荷载与活荷载，即温差是伴随着恒荷载与活荷载一起发生的。计算时分为两个荷载步，第一个荷载步为"1.0 恒荷载＋1.0 活荷载"；第二个荷载步在第一个荷载步的基础上施加温差。

计算结果表明，1.0 恒荷载＋1.0 活荷载＋1.0 降温 35℃的工况 4 是结构受力的最不利工况。

### 4.3.1　工况 4—1 层构件应力计算

有限元计算结果如图 4.3-1～图 4.3-6 所示。

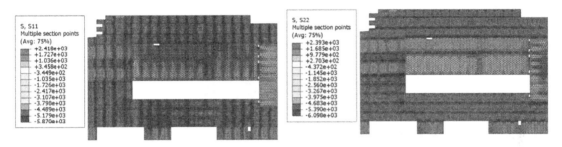

图 4.3-1　1 层楼板纵向应力（kPa）　　　图 4.3-2　1 层楼板横向应力（kPa）

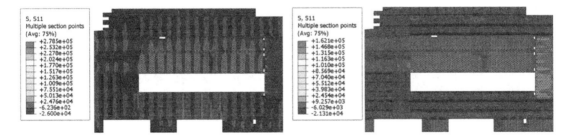

图 4.3-3　1 层楼板钢筋纵向应力（kPa）　　　图 4.3-4　1 层楼板钢筋横向应力（kPa）

降温 35℃后，1 层楼板发生轻微的混凝土受压损伤，部分楼板产生明显的受拉损伤，1 层楼板纵向和横向的最大压应力分别为－5.87MPa、－6.09MPa，楼板钢筋纵向和横向的最大拉应力为 278.5MPa、162.1MPa，最大裂缝宽度为 0.24mm；1 层少量框架梁发生较轻的受压刚度退化及较明显的受拉刚度退化现象，梁最大钢筋应力为 197.3MPa；1 层框架柱产生轻微受压刚度退化，部分框架柱发生一定的受拉刚度退化，柱钢筋最大应力为 279.9MPa。

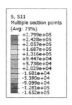

图 4.3-5　1 层柱钢筋应力（kPa）

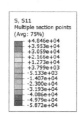

图 4.3-6　1 层梁钢筋应力（kPa）

## 4.3.2　工况 4—2 层构件应力计算

有限元计算结果如图 4.3-7～图 4.3-12 所示。

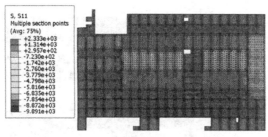
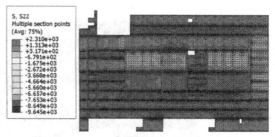

图 4.3-7　2 层楼板纵向应力（kPa）　　　　图 4.3-8　2 层楼板横向应力（kPa）

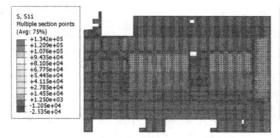
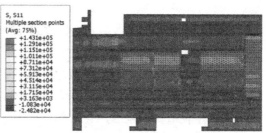

图 4.3-9　2 层楼板钢筋纵向应力（kPa）　　　图 4.3-10　2 层楼板钢筋横向应力（kPa）

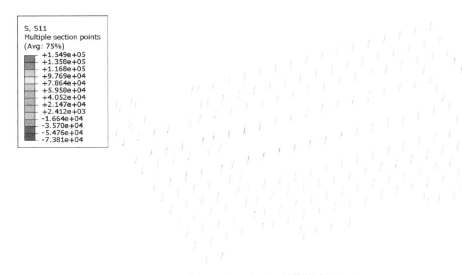

图 4.3-11　2 层柱钢筋应力（kPa）

图 4.3-12　2 层梁钢筋应力（kPa）

降温 35℃后，2 层楼板发生轻微受压损伤，部分楼板发生明显受拉损伤，2 层楼板纵、横向最大压应力分别为－9.89MPa、－9.65MPa；楼板钢筋纵、横向最大拉应力为 134.2MPa、143.1MPa，最大裂缝宽度为 0.05mm；2 层框架梁未发生受压刚度退化，少量梁出现轻微的受拉刚度退化现象，梁最大应力为 131.3MPa；2 层框架边柱未发生受压刚度退化，部分柱出现一定的受拉刚度退化现象，柱最大应力为 154.9MPa。

由上述情况可知，降温工况下，楼面梁板相对受力较大部位处于梁板刚度较大的部位，柱应力较大部位处于整个结构的外围，这说明当楼板连续性较好时，温度应力极值分布与结构刚度关系较大。2 层楼板最大裂缝宽度为 0.05mm，满足裂缝宽度限值要求。1 层楼板最大裂缝宽度达到 0.24mm，大于裂缝宽度限值要求，需在 1 层楼板配置一定的预应力钢筋，重新计算构件的应力分布。D1 区 1 层楼板预应力钢筋布置如图 4.3-13 所示。

D1 区 1 层楼板 P1-A 区和 P1-B 区预应力钢筋布置为 $1\Phi^s15.2@400$；1 区 1 层楼板 P1-C 区预应力钢筋布置为 $1\Phi^s15.2@250$。预应力大小控制：$0.5f_{ptk}$（$f_{ptk}=1860MPa$），

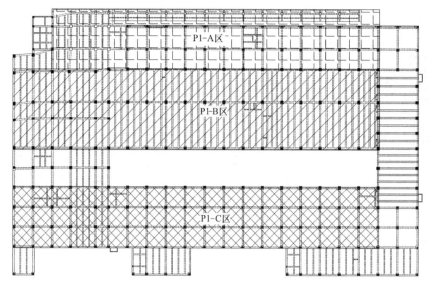

图 4.3-13　D1 区 1 层楼板预应力钢筋布置图

施加预应力计算过程见图 4.3-14。

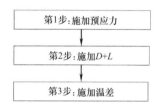

图 4.3-14　施加预应力计算过程

### 4.3.3　计算结果汇总

6 种荷载工况下 D1 区楼板计算结果汇总见表 4.3-1，D1 区框架梁、柱计算结果汇总见表 4.3-2。

D1 区楼板计算结果汇总　　　　　　　　　表 4.3-1

| 工况 | 1层 | | | | | 2层 | | | | |
|---|---|---|---|---|---|---|---|---|---|---|
| | 受压损伤 | 受拉损伤 | 最大压应力(MPa) | 钢筋最大应力(MPa) | 裂缝最大宽度(mm) | 受压损伤 | 受拉损伤 | 最大压应力(MPa) | 钢筋最大应力(MPa) | 裂缝最大宽度(mm) |
| 升温 20℃ | 轻度 | 轻度 | −3.799 | −30.38 | — | 无 | 无 | −1.101 | −15.6 | — |
| 降温 35℃ | 轻度 | 轻度 | −5.606 | 90.64 | 0.02 | 轻度 | 轻度 | −2.094 | 29.45 | 0.02 |
| 恒＋活＋升温 20℃ | 轻度 | 轻度 | −9.134 | 53.57 | — | 轻度 | 轻度 | −11.59 | 139 | — |
| 恒＋活＋降温 35℃ | 轻度 | 明显 | −6.098 | 278.5 | 0.24 | 轻度 | 轻度 | −9.891 | 143.1 | 0.05 |
| 预应力＋恒＋活＋升温 20℃ | 轻度 | 轻度 | −11.26 | 69.21 | — | 轻度 | 轻度 | −12.66 | 139.1 | — |
| 预应力＋恒＋活＋降温 35℃ | 轻度 | 轻度 | −6.625 | 165.4 | 0.03 | 轻度 | 轻度 | −10.84 | 142.6 | 0.05 |

D1 区框架梁、柱计算结果汇总　　　　表 4.3-2

| 工况 | 1层 | | | | | | 2层 | | | | | |
|---|---|---|---|---|---|---|---|---|---|---|---|---|
| | 柱 | | | 梁 | | | 柱 | | | 梁 | | |
| | 受压刚度退化 | 受拉刚度退化 | 最大钢筋应力(MPa) | 受压刚度退化 | 受拉刚度退化 | 最大钢筋应力(MPa) | 受压刚度退化 | 受拉刚度退化 | 最大钢筋应力(MPa) | 受压刚度退化 | 受拉刚度退化 | 最大钢筋应力(MPa) |
| 升温 20℃ | 无 | 明显 | 205.3 | 无 | 局部 | −58.72 | 无 | 局部 | 41.42 | 无 | 无 | −26.07 |
| 降温 35℃ | 无 | 明显 | 339.2 | 无 | 局部 | 60.92 | 无 | 局部 | 56.28 | 无 | 局部 | 51.31 |
| 恒＋活＋升温 20℃ | 无 | 明显 | 193.8 | 轻度 | 明显 | 110.5 | 无 | 局部 | −125.9 | 无 | 明显 | 133 |
| 恒＋活＋降温 35℃ | 轻度 | 明显 | 279.9 | 轻度 | 明显 | 197.3 | 轻度 | 局部 | 154.9 | 无 | 明显 | 131.3 |
| 预应力＋恒＋活＋升温 20℃ | 无 | 明显 | 198.1 | 轻度 | 明显 | 121.6 | 轻度 | 局部 | −133.4 | 无 | 明显 | 133.8 |
| 预应力＋恒＋活＋降温 35℃ | 无 | 明显 | 304.7 | 轻度 | 明显 | 195.4 | 轻度 | 明显 | 140 | 无 | 明显 | 132.6 |

利用 ABAQUS 对 D1 区进行了温度效应分析，分析中考虑了混凝土的损伤本构模型及钢筋的弹塑性模型和桩基刚度对整体结构的影响，根据要求考虑了"纯温度"、"恒＋活＋温度"、"预应力＋恒＋活＋温度" 3 种情况共 6 种荷载工况。分析结果显示：

（1）框架构件损伤不明显，钢筋均处于弹性工作状态。"恒＋活＋温度"组合下底层柱子钢筋应力最大值为 279.9MPa，处于结构角部位置。配置预应力钢筋后，底层柱钢筋最大应力稍有提高，为 304.7MPa，但仍保持弹性。

（2）1 层、2 层楼板的最大压应力均小于楼板 C40 混凝土的压碎应力。"恒＋活＋温度"组合下 1 层和 2 层楼板最大压应力为 −9.13MPa 和 −11.59MPa；配置预应力筋后，1 层和 2 层楼板最大压应力为 −11.26MPa 和 −12.66MPa，均小于楼板 C40 混凝土的压碎应力。

（3）升温 20℃对楼板的影响不明显，而降温 35℃对楼板开裂的影响较大，无预应力钢筋情况下 1 层楼板最大裂缝宽度为 0.24mm，楼板最大裂缝宽度超出规范要求。2 层楼板最大宽度为 0.05mm，满足规范要求。

（4）考虑到超长混凝土结构在施工后浇带合拢后，混凝土后期收缩还将在楼板中产生一定的拉应力；其次骤降温差、混凝土内外温差等不利因素发生部位不明确，工程中尚难以定量定位分析；再者上部结构二次开发的滞后也会造成结构一定程度的不均匀沉降，导致楼板中产生部分拉应力等，因此按构造配置部分预应力钢筋以严格控制上盖两层楼板的裂缝宽度。

（5）1 层楼板配置预应力钢筋后，裂缝最大宽度可以减小到 0.03mm，两层混凝土楼板最大裂缝宽度均满足设计要求，配置预应力钢筋措施效果明显。

# 4.4　现场应力监测与分析

## 4.4.1　测点布置概况

为了解上盖结构中温度及温度应力的实际情况，在框架梁、柱以及楼板中布置应变计和温度测点。现场 D1 区测点保留的相对较好，本节选取 D1 区的现场监测结果进行分析，D1 区长 189m，宽 119m，高 29.2m，共有 5 层。其中第 1、2 层为大平台，也是结构的主体部分，3～5 层仅有 39m 宽，是大平台上两个独立的局部塔楼。1～4 层为现浇混凝土框架结构体系，第 5 层为钢结构框架体系。第 1 层楼板开有 126m×18m 的大洞。实际现场测点布置情况与监测数据采集点情况如图 4.4-1 所示，梁、板中的测点主要在中间板块，沿南北方向布置，分别位于南侧边缘、板中心和北侧边缘，且均埋设在梁、板跨中位置。板中测点均位于板的下部，梁中测点于梁顶、梁底对称埋设。柱中的测点主要位于平面南北侧边缘的柱子中，柱中竖向测点位置如图 4.4-2 所示。其中柱中应变测点 10 个，温度测点 3 个，梁、板中应变测点 8 个（其中 1 个中途损坏），温度测点 2 个，具体测点情况见表 4.4-1，测点布置如图 4.4-1、图 4.4-2 所示。

应变、温度测点 表 4.4-1

| 项目 | 应变测点 | | | | 温度测点 | | |
|---|---|---|---|---|---|---|---|
| 柱内测点 | Z13 | Z24 | Z36 | | ZW22<br>（编号 T036） | ZW52<br>（编号 T038） | ZW53<br>（编号 T045） |
| | Z43 | Z44 | Z45 | Z46 | | | |
| | Z54 | Z55 | Z56 | | | | |
| 板内测点 | 3B1 | 3B2 | 3B3 | | 3BW2<br>（编号 T044） | | 3BW3（编号 T301） |
| 梁内测点 | 3LT1/3LB1 | 3LT2<br>（中途损坏） | 3LT3/3LB3 | | | | |

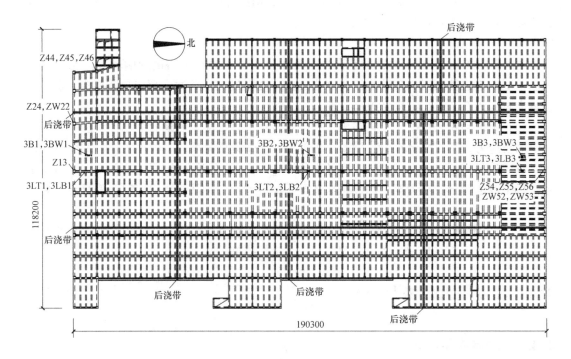

图 4.4-1　梁、板、柱现有测点平面布置图

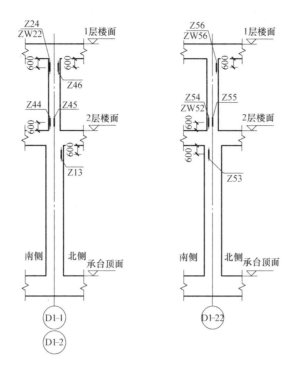

图 4.4-2　柱中测点立面布置图

### 4.4.2　监测仪器及现场测点埋设

本工程监测所用的仪器为 JTM-V5000 型振弦式应变计和 JTM-T400 型温度计以及 JTM-V10A 型读数仪，各仪器的简介及主要技术参数如下：

JTM-V5000 型振弦式应变计主要应用在混凝土结构的梁、柱、桩基、支撑的测试当中，监测其应力与应变。

JTM-T400 型温度计主要应用在混凝土结构建筑物内，测量建筑结构内部的温度，亦可加装传感器智能芯片识别系统。它的特点是长期稳定、高防水性能、不受长电缆影响、适合自动化监测。

JTM-V10A 型读数仪，是专门为振弦式传感器设计的数据显示仪器，同时还可测量振弦式传感器内部温度（内置温度传感器）。本读数仪在技术上采用了扫频激励模式，显示采用液晶显示，操作界面具有良好的人机对话功能，操作简单，使用方便。

在仪器运到工地现场后即刻拆包，检查仪器在运输过程中是否有损坏或丢失，并用读数仪测读校验。在使用之前把应变计放入水中浸泡 6～7h，按照设计方案接好电缆线，把每个应变计做好编号并核验标定系数归档。在梁柱和楼板中的钢筋笼绑扎完成后，混凝土浇筑之前，按设计方案将应变计绑扎在钢筋笼上如图 4.4-3～图 4.4-6（绑扎之前测量初始读数 $f_0$），并将电缆线穿过保护钢管以防止后期混凝土振捣等的破坏。后期的长期温度监测和混凝土应变监测如图 4.4-7、图 4.4-8，采用人工定期监测，并同时记录实时天气情况。

图 4.4-3　柱测点埋设一

图 4.4-4　柱测点埋设二

图 4.4-5　板测点埋设

图 4.4-6　梁测点埋设

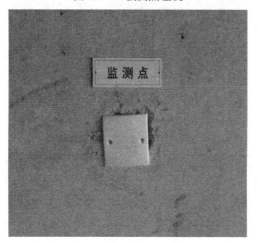

图 4.4-7　混凝土浇筑后测点

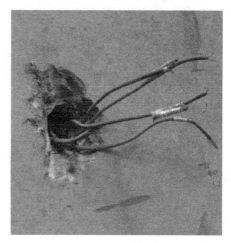

图 4.4-8　后期测点线盒

### 4.4.3　监测方案

研究年温差作用影响下上盖结构的温度效应时，采取定期人工巡测方式测出结构中各测点的数据，每半个月测试一次，得到从 2013 年 3 月至 2015 年 2 月监测的数据，包含了一年中最热和最冷的天气情况。此时盖下车辆段部分工程已经竣工完成，上盖物业开发部分还未开始，结构中的荷载处于相对稳定状态。

研究日温差作用影响下结构的温度效应时，随机选取晴天典型日、雨天典型日、夏季典型日和冬季典型日，采取人工巡测方式每两小时对测点进行一次监测，得到 8 时至 18 时的测点数据。在记录测点数据的同时，还须及时查询并记录监测当天的详细天气情况。

### 4.4.4　实测结果的分析

监测结果的分析主要根据现场的实际监测数据，现场测得应变计的频率，然后通过计算得到结构的应变和温度，绘制出应变以及温度的变化曲线，并分析温度的变化对本工程超长混凝土结构的影响。

**1. 温度长期监测**

根据长期的温度监测来看，结构的梁、板、柱混凝土内部的温度变化与大气气温的变化大致是一致的而且都低于大气的气温，在一年的监测期内近乎按照正弦函数的规律变化。另外，从两次相邻监测数据来看，结构的梁、板、柱混凝土内部的温度变化不是特别平稳。根据图 4.4-9 和图 4.4-10 可以知道不同位置结构柱混凝土内部的温度差别不大，但不同位置的板混凝土内部还是有一定温度差别的，根据实际观察，可见日照、风、湿度均对温度场有一定影响，结构的温度确实有一定的离散性，但同时也增加了混凝土内部温度变化的不平稳性。

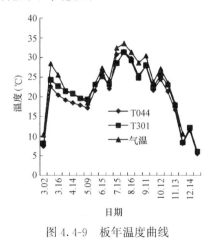

图 4.4-9　板年温度曲线　　　　图 4.4-10　柱年温度曲线

由图 4.4-11 和图 4.4-12 可知，在雨天的白天气温下降的非常明显，下降幅度达到了5℃，但结构混凝土内部的测点温度变化不是很大，甚至柱内测点都不超过 1℃。晴天结构混凝土内部的测点变化相当明显，但比气温的变化有一定的滞后性，大气气温在下午2：00 左右已经开始下降，而结构混凝土内部的测点温度依然在上升。晴天板内的温度上升幅度比柱内的要高，这主要是受太阳辐射的影响。

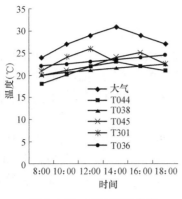

图 4.4-11　雨天温度曲线

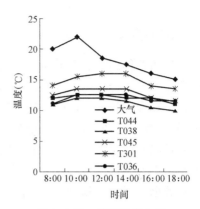

图 4.4-12　晴天温度曲线

夏季和冬季典型日是在连续几天的类似天气中选取一天大气气温比较典型的日期。典型日板内测点的温度情况如图 4.4.13 和图 4.4.14 所示。夏季典型日选取 2013 年 7 月 15 日的数据，冬季典型日选取 2013 年 12 月 15 日的数据。夏季典型日板内测点中间区域的温度比两端的温度要高，中间区域的板和大气气温的变化大致一致，但端部区域的板温度比中间区域要低很多，而且温度上升速率和下降速率也比中间区域要慢。冬季典型日板内测点的温度变化不是很明显，而且端部区域和中间区域的板相差也不是很大，但大气气温的变化幅度很大，早上和中午的温差达到了 5℃。

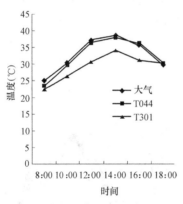

图 4.4-13　夏季典型日板温度曲线

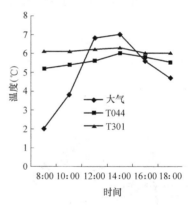

图 4.4-14　冬季典型日板温度曲线

**2. 应变长期监测**

由图 4.4-15 可知，超长混凝土楼板两端区域 3B1、3B3 的应变变化基本一致，中间区域 3B2 的变化比较多样，在现场的整个监测过程中，楼板中基本未出现拉应变，只有中间 3B2 区域出现过拉应变，出现拉应变的原因可能是楼板的中间区域直接受太阳的辐射和大气的变化影响，在气温骤降时会出现拉应变。在楼板的两端区域出现了最大压应变，从楼板的测点布置图可知该测点处在梁板柱搭接位置，离后浇带的位置又比较远，在预应力张拉和后浇带封闭之后出现最大压应变也是合理的，最大拉应变和最大压应变远远低于混凝土的极限拉压应变，故混凝土的非荷载裂缝是不会出现的。

由图 4.4-16 和图 4.4-17 可知，Z43 底层柱的应变要比 2 层柱的应变大很多，这是由于受到底部基础较强的约束作用，Z45 处应变很小而且变化幅度也不是很大，由柱测点布置图可知，Z45 处在柱子的中间位置，故无论是压应变还是拉应变都不会很大。Z44 处刚开始为压应变，后来出现了一定的拉应变，随着柱子受力的变化，变形的累积，出现一定的拉应变也是合理的。

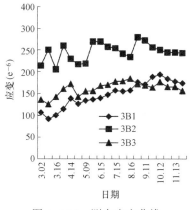

图 4.4-15　测点应变曲线

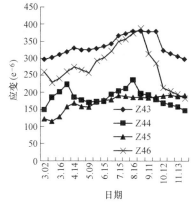

图 4.4-16　柱测点应变曲线

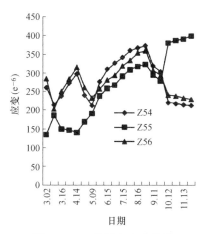

图 4.4-17　柱测点应变曲线

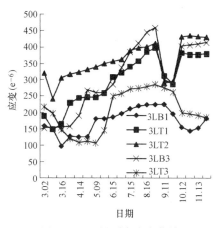

图 4.4-18　梁测点应变曲线

由图 4.4-18 可知，梁顶和梁底的应变趋势基本一致，梁顶为压应变，梁底在后期的使用过程中也出现了一定的拉应变，应变值为 $37.120 \times 10^{-6}$，远小于规范规定。

**3. 温度应力分析**

由图 4.4-19 可知，超长混凝土板的温度应力两端温度应力比较小，中间的温度应力相比较大，由于结构两端基本对称，故 3B1 和 3B3 也基本对称，通过进一步观察各曲线的斜率可知，混凝土的端部测点温度应力变化较小，而中间测点的温度应力变化相对较大。说明变形不动点附近楼板受到梁柱的约束对温度的变化比较敏感。

由图 4.4-20 和图 4.4-21 可知，温度对结构柱的影响主要集中在底层，随着柱子高度的增加，底部的基础对混凝土柱子的约束越来越小，故柱子的温度应力也会变小。

由图 4.4-22 可知，中间区域梁的温度应力和端部区域的温度应力变化趋势基本一致，故可知梁的跨度对温度应力的影响不是特别明显。梁的底部出现了较大的温度拉应力，最大拉应力达到了 1.56MPa，这与构件外露表面积及结构自身温度场分布应有一定关系，故类似梁外露区域宜采取适宜的措施，如加强保温等。

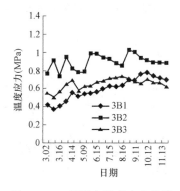

图 4.4-19　板测点温度应力曲线

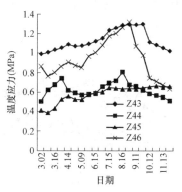

图 4.4-20　柱测点温度应力曲线

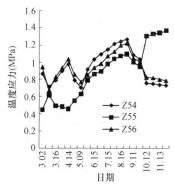

图 4.4-21　柱测点温度应力曲线

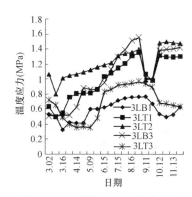

图 4.4-22　梁测点温度应力曲线

## 4.5　本章小结

由于车辆基地属于超长且四周开敞的结构，温度应力的控制是结构设计必须解决的关键问题。在深入了解基础有限刚度、混凝土长期徐变和收缩效应对结构温度应力影响规律的基础上，研究并建立基于基础有限刚度与上部结构共同作用理论的温度效应非线性分析方法；研究桩基有限刚度对超长开敞车辆基地结构温度效应的影响规律。宜选用转动刚度相对较小的基础类型，减少外部约束。考虑其真实边界条件，有利于释放上部结构收缩应力和温度效应。

非荷载效应不同于荷载效应。非荷载效应主要来自于变形约束，荷载效应主要来自于荷载自身。因此地基或桩基约束刚度无穷大的假定对荷载效应影响不大，对非荷载效应影响较大（具体见参考文献［46］）。通过对太平车辆段超长混凝土结构的温度效应分析表明：桩基对非荷载效应引起的竖向构件底端约束是有限的，桩基与竖向构件底端变形相互协调，才是桩基对竖向构件底端约束的实际刚度。基于基础无限刚假定的分析方法采取温度应力控制措施，对车辆基地上盖结构将造成极大的浪费；考虑桩基有限刚度后，仅需在1层平台板针对性地局部设置无粘结预应力筋抵抗温度应力（2层可根据实际应力分析结果，进行混凝土拉应力控制）。研究成果解决了传统温度效应分析方法造成的措施过度和浪费问题，使得温度应力裂缝控制措施更有针对性、准确性和有效性。

车辆基地上盖超长混凝土结构应考虑温度应力和混凝土收缩对结构的不利影响。应根据结构超长程度、外围护条件、工程所在地环境温差、后浇带合拢时间及入模温度、后浇带合拢后混凝土剩余收缩换算的当量温差、混凝土徐变、混凝土刚度折减等具体情况进行定量的计算分析，并结合工程经验采取有效的抗裂措施，施工中应加强养护，可采用蓄水或薄膜覆盖养护。

混凝土的收缩和徐变是混凝土材料所固有的两种相伴的时效特性，密不可分。早期收缩应变速率快，设置释放和减小收缩效应的措施十分重要。从结构施工角度，应减少混凝土收缩应变：高湿度养护、减小水灰比和水泥浆量、改善水泥和砂石骨料的质量、适当提高配筋率，可有效减少混凝土收缩应变。混凝土低温入模养护：采用混凝土低温入模、低温养护，使混凝土终凝时温度尽可能降低，收缩效应不可忽视，低温入模合龙、保持湿润十分必要，以减小叠加负温差效应是减小温度应力收缩的有效措施。合理设置后浇带，划分伸缩缝后的各独立分区，均按规范要求设置间距 30～40m、宽度 800mm 的后浇带，待各区盖板均完成施工后，要求在夜间等低温环境下，采用提高一级强度等级的微膨胀混凝土浇筑后浇带。上盖工程超长混凝土结构整体温差收缩效应的不利影响能得到有效控制。

从计算分析和现场实测的结果来看，楼板应力较大区域主要分布在：结构的中部区域、楼板边角区域、开洞的周边区域、塔楼周边等位置楼板的峰值拉应力相对较高，其主要原因有：洞口附近板单元产生的应力集中现象；塔楼附近、竖向构件密集部位，楼板约束应力相对较高。在楼板设计中，对这些部位适当提高楼板配筋率，增强结构整体性。混凝土框架结构受温差收缩效应影响产生一定的内力（应力）变化，但绝大部分框架梁、柱内力（应力）值较低，且变化幅度不大，与其他荷载效应组合时基本不起控制作用。

对于温度场按年化时间单位观测，整体呈类似正弦变化，超长结构应合理选择后浇带的施工季节，对消化结构季节温差收缩、水化热等的影响是非常有利的。如后浇带在冬末春季合拢，此时环境开始升温，结构进入正温差工况，有利于减小混凝土收缩影响，整个结构进入比较良好的工作状态，温差收缩应力大大减小。考虑实际结构施工气温变化不利影响，后浇带合拢后再多取一年气温变化及收缩数据进行计算，取其中最不利组合值作为该工况控制内力，较为适宜。

考虑到超长混凝土结构在施工后浇带合拢后，混凝土后期收缩还将在楼板中产生一定的拉应力；其次骤降温差、日照、蒸发形成的温度场效应、混凝土内外温差等不利因素发生部位不明确，工程中尚难以定量定位分析；再者上部结构二次开发的滞后也会造成结构一定程度的不均匀沉降，导致楼板中产生部分拉应力等，因此对超长上盖仍建议构造设置部分预应力钢筋以严格控制上盖楼板的应力水平，避免发生裂缝。

# 第5章

# 车辆基地上盖基础设计研究

## 5.1 上盖结构基础设计特点

车辆段上盖基础由建筑主体结构基础和轨道道床基础组成，为了使车辆运行产生的振动不传递给主体结构，上盖主体结构基础与轨道道床基础一般脱开，独立承受各自荷载。建筑基础承受全部上部建筑自重、使用荷载、地震荷载、风荷载、温度作用等，道床基础则承受列车行驶通过钢轨传来的各种荷载及振动。

上盖主体结构基础根据结构类型的不同可分为结构转换区域（库区）、落地开发区域、平台区域三种类型，不同基础类型具有各自的特点。

### 5.1.1 结构转换区域（库区）

结构转换区下方一般为停车库、检修库等，面积较大，柱网较为规则，该区域是上盖物业开发最主要的区域，结构采用框架结构、全框支剪力墙结构（本书第2章已有详细叙述）。对于基础设计而言，存在以下特点。

（1）上盖平台结构跨度大，上部开发层数多，由于车辆基地工艺需要，剪力墙一般无法落地，由此带来几乎全部竖向构件出现转换的情况，平台处通常有不小于1.5m的人工覆土，基础承受的荷载非常大，受力也比较复杂。

（2）结构转换区域底层为停车库、检修库，为了减少列车运行产生的振动对主体结构的影响，该区域下部垂直于轨道方向一般不设与主体结构相连的构件，即使为了平衡巨柱产生的弯矩需设置垂直轨道方向的拉梁时，该拉梁也需与轨道基础脱开，如图5.1-1所示，以减小轨道振动对主体结构的影响。国内也有设置地下室的上盖结构，如地下车辆段，由于振动问题的存在，对后期上盖开发的业态有较多的限制，或者需采取非常严格的减振措施来满足后期的开发要求，由此带来建设成本的大幅增加。结构转换区域下部通常无法设置地下室，一般可采取加大承台埋深来满足高层建筑基础埋深的要求，或将承台设计成阶梯形如图5.1-2所示，适当加大承台高度以提高柱底标高，减小底层柱的计算长度。

（3）结构转换区上部结构巨大的质量引起强烈的地震反应，并产生较大的水平荷载，一般情况无法设置地下室，水平荷载不能由地下室来分担，只能依靠桩基、承台来承受。桩基、承台发生位移时，一般位移较小，承台侧向土抗力效应较小；水平力作用方向的距

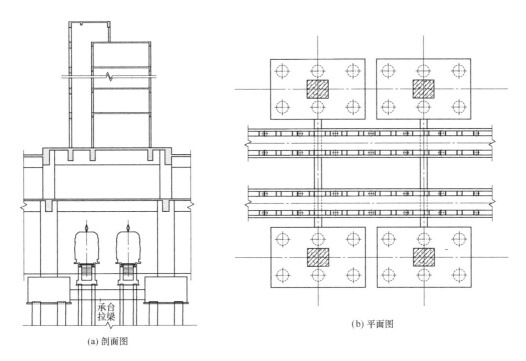

(a) 剖面图

(b) 平面图

图 5.1-1　基础拉梁与道床关系示意图

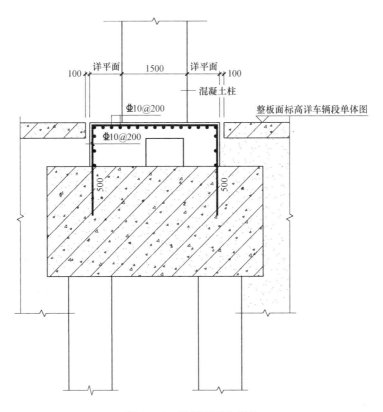

图 5.1-2　阶梯形承台做法

径比一般为 3~4.5＜6，不考虑承台底摩擦效应。因此，水平荷载大部分由桩基来承担，对桩的水平承载力提出了较高的要求，这也是不同于常规高层建筑基础设计的地方。

（4）盖上高层开发区域和平台区域存在巨大的荷载差异，而且盖上开发的施工极可能滞后，具体滞后的时间不确定，为保证车辆段部分的正常使用，一般不允许在盖上开发建设时和大底盘之间设置沉降后浇带，从而可能引起较大的后期沉降差异，如何控制差异沉降对主体结构的影响也是基础设计时需要虑的重要问题。

## 5.1.2 落地开发区域

落地开发区域一般位于车辆基地轨行区外侧，上盖开发基本不受轨道线路的影响或仅有个别轨道线穿越建筑，结构竖向构件可以全部落地或大部分构件落地。落地开发区域结构类似于常规高层建筑，一般层数较多，个别转换构件跨度不大，因此高层部分通常采用剪力墙结构、框架剪力墙结构、部分框支剪力墙结构等，周边的平台采用框架结构，两者可以相连组成一个抗震单元或通过防震缝分成多个抗震单元（图 5.1-3）。

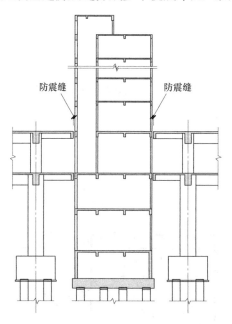

图 5.1-3　主楼与平台设缝示意图

该区域由于基本没有轨道线通过，因此可以设置地下室以满足基础埋置深度的要求，如个别轨道线穿越建筑可采取相应措施，如局部加大地下室的埋深、顶板与道床之间设置较厚的褥垫层、设置减振垫道床等减少列车运行振动对建筑的影响。

当周边平台与建筑脱开分为多个独立抗震单元时，结构基础设计时也可脱开，此类基础设计较为简单，与常规高层建筑一致；与周边平台连为一个结构抗震单元的建筑基础设计需考虑差异沉降的问题，原因与结构转换区相同。

## 5.1.3 平台区域

平台区域一般上部无物业开发，也可布置少量低层、小规模的配套设施，下部为出入场段线、试车线、咽喉区、各种面积较小的段场用房等。平台区域结构体系相对比较简单，一般采用框架结构，该区域范围广、面积大，基础设计时需考虑各种设备工艺、场段地形等相关要求。

（1）出入场段线由地下十几米到地面，根据埋置深度不同分为不同结构形式，在盖下水平长度达几百米，上盖基础与其距离较近，因此会对桩基承载力造成一定的损失，设计中可采取降低承台标高、桩基承载力折减等措施。

（2）上盖平台下场地内设备管线众多，综合管沟尺寸较大，雨水管、污水管等重力管线需按坡度设置且直径较大，很难完全避开承台或承台之间的拉结地梁，因此基础设计应充分考虑设备管线的影响。

## 5.2　水平承载力的计算与验证

### 5.2.1　水平承载力的计算方法

#### 1. 桩基破坏性状

水平荷载作用下，基桩的工作性状涉及桩身半刚体结构部件和土体之间的相互作用问题，因而极为复杂，其水平承载力不仅与桩身材料强度和截面尺寸有关，且很大程度上取决于桩侧土（包括桩侧土质条件、桩的入土深度、桩顶约束条件等）的水平抗力。

水平荷载作用下桩身产生挠曲变形，且变形随深度变化，导致桩侧土体所发挥的水平抗力也随深度变化。当桩顶未受约束时，桩顶的水平荷载首先由靠近地面处的土体承担。荷载较小时，土体虽处于弹性压缩状态，但桩身水平位移足以使部分压力传递到较深的土层。随着荷载增加，土体逐步产生塑性变形，并将所受水平荷载传递至更大深度。当变形增大到桩材不能容许或桩侧土体屈服时，桩土体系趋于破坏，桩的水平承载力丧失。

桩的材料强度和截面尺寸越大，其抗弯刚度就越大，水平力作用下桩身的挠曲变形越小；另外土体强度越大，水平抗力就越大，对桩身挠曲变形的约束作用也越大，故桩的水平受力特性受桩-土相对刚度的影响较大。

通常根据桩-土相对刚度，将桩划分为刚性桩和弹性桩。当换算深度 $\alpha h \leqslant 2.5$ 时，桩的相对刚度较大，可不考虑水平荷载作用下桩本身的挠曲变形，称为刚性桩，其水平承载力取决于桩侧土强度及其变形；当 $\alpha h > 2.5$ 时，桩的相对刚度较小，桩身挠曲变形较大，称为弹性桩，其水平承载力取决于桩抗弯刚度和桩侧土刚度，一般情况下弹性桩居多。

#### 2. 计算方法

水平荷载作用下桩的计算方法较多，一般可以分为极限平衡法、弹性地基反力法、复合地基反力法、弹性理论法等。由于上盖结构竖向荷载较大，为了提供较大的竖向承载力，桩长 $h$ 较大，即使采用较软弱土层地基土反力系数计算换算深度 $\alpha h$ 数值也大于 2.5，所以上盖结构承受水平荷载的桩一般为弹性桩。

弹性桩水平受力计算方法一般为地基反力系数法，其中根据反力系数随深度的变化假定又分为张氏法、$m$ 值法、$k$ 值法、$c$ 值法等，我国《建筑桩基技术规范》JGJ 94—2008（以下简称《桩基规范》）采用的是 $m$ 值法，即比例系数法。

对于通过水平静载试验确定承载力特征值的桩，可根据实测地面水平位移和所对应的水平承载力来计算桩的水平承载力特征值。《桩基规范》对于钢筋混凝土预制桩、钢桩、桩身配筋率较高（不小于 0.65％）的灌注桩，可根据静载试验结果取地面处水平位移为 10mm（对于位移敏感的建筑物取水平位移 6mm）所对应的荷载 75％为单桩水平承载力特征值；对于桩身配筋率小于 0.65％的灌注桩，可取单桩水平静载试验的临界荷载的 75％为单桩水平承载力特征值。

当缺少单桩水平静载试验资料时，桩身配筋率小于 0.65％的灌注桩及钢筋混凝土预制桩、钢桩、桩身配筋率不小于 0.65％的灌注桩（桩的水平承载力由水平位移控制），单桩水平承载力特征值可按《桩基规范》相关公式进行估算。

**3. $m$ 值的计算**

$m$ 值随地基土的类别、桩的材质、刚度、水平位移值及作用方式等因素而变化，当按规范采用经验查表法确定 $m$ 值时，若桩侧土层为分层地基土时，考虑到仅地表以下一定深度范围 $h_m$［一般认为是 3～4 倍桩径或 $2(d+1)$］内的土层对在水平荷载作用下桩的内力变形计算有影响，因此工程中主要对该范围内各土层的 $m_i$ 值进行加权后得出一当量 $m$ 值，再按上述单层地基土方法计算桩身内力与变形。

目前《桩基规范》附录 C 是按深度加权（换算前后地基土系数图形在深度 $h_m$ 范围内相等）的方式，当地面以下 $h_m$ 深度范围内有两个土层时，其地基土比例系数分别为 $m_1$ 和 $m_2$，土层厚度分别为 $h_1$ 和 $h_2$，则对于随深度呈线性增大的地基土系数分布模式，计算的平均比例系数 $m$ 详见式（5.2-1），三个土层的计算方法以此类推。这种按深度加权的换算方法中，厚度越大的土体，其 $m$ 值在桩身内力位移计算中所起的作用将越大。事实上桩周土对抵抗水平力所起的作用与其本身变形有关：土体压缩程度越高，其抗力发挥程度越大；而自桩顶向下，桩的水平位移逐步变小，对抵抗水平荷载的贡献越低，换算中所对应分配的权重应越低，因此，上述计算方法对 $h_m$ 深度范围下部土层较厚的情况有一定的误差。

$$m=\frac{m_1h_1^2+m_2(2h_1+h_2)h_2}{h_m^2} \tag{5.2-1}$$

## 5.2.2 水平承载力的计算与验证实例

**1. 单桩水平承载力的计算实例**

已知：某上盖建筑采用钢筋混凝土灌注桩，直径 1.0m，桩长 81m，A 桩一定深度范围 $h_m$ 的土层情况详见图 5.2-1，$h_1=3.5m$，$h_2=0.5m$，桩身混凝土强度等级 C40，桩身配 16 根 25 的纵筋。

解：

（1）计算桩身计算宽度 $b_p$

$$b_p=0.9(1.5d+0.5)=0.9(1.5×1+0.5)=1.8m$$

（2）计算桩身抗弯刚度

$\rho_g$（桩身配筋率）$=(16×490.6)/(\pi×500^2)=1\%>0.65\%$，$m$ 取低值。

$E_c=3.25×10^4 N/mm^2=3.25×10^7 kN/m^2$，

$\alpha_E$（钢筋弹性模量与混凝土弹性模量的比值）$=2×10^5/3.25×10^4=6.15$

$$W_0=\frac{\pi d}{32}[d^2+2(\alpha_E-1)\rho_g d_0^2]=\pi\times14[12+2\times(6.15-1)\times0.01\times0.92]/32=0.106\text{m}^3$$

$$EI=0.85\times3.25\times10^7\times0.106\times0.9/2=13.18\times10^5\text{kN/m}^2$$

（3）计算比例系数 $m$ 值

$\rho_g=1\%>0.65\%$，$m$ 取低值。

$$m=\frac{m_1h_1^2+m_2(2h_1+h_2)h_2}{h_m^2}$$

$$=[15\times10^3\times3.5^2+10\times10^3\times(2\times3.5+0.5)\times0.5]/4^2$$

$$=13.83\times10^3\text{kN/m}^4$$

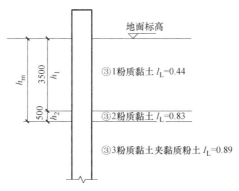

图 5.2-1 $h_m$ 深度范围土层分布

（4）计算桩的水平变形系数 $\alpha$

$$\alpha=\sqrt[5]{\frac{mb_p}{EI}}=\alpha=\sqrt[5]{\frac{13.83\times10^3\times1.8}{13.18\times10^5}}=0.452(1/\text{m})$$

（5）计算单桩水平承载力特征值

桩顶按铰接考虑，$\alpha h=0.452\times81=36.6>4.0$，取 $\alpha h=4.0$。

$v_x=2.441$

$$R_{ha}=\frac{0.75\alpha^3EI}{v_x}\chi_{oa}=0.75\times0.452^3\times13.18\times10^5\times0.01/2.441=374\text{kN}$$

B 桩一定深度范围 $h_m$ 的土层情况分布，$h_1=2.5\text{m}$，$h_2=1.5\text{m}$，计算得 $R_{ha}=343\text{kN}$。

C 桩与 A 桩一致。

**2. 水平承载力的验证实例**

单桩水平承载力检测采用单向多循环加载法，利用相邻桩作为水平推力的反力，采用顶推法加载，通过反力载荷系统对试桩进行加载。

试验极限加载预设为 1000kN，共分 10 级加载，每级加载值为极限加载值的 1/10，每级荷载施加后，恒载 4min 可测读水平位移，然后卸载至零，停 2min 测读残余水平位移，至此完成一个加卸载循环。如此循环 5 次，测完一级荷载的位移观测，试验不得中间停顿，类推循环加载至 1000kN 为止。

试验以相邻的反力桩提供试验所需反力，试验通过置于试桩与反力桩之间的卧式千斤顶，对试桩分级施加水平推力，在水平力作用平面的受检桩两侧对称安装 2 只 50mm 量程百分表进行试桩水平位移观测。

当出现下列情况之一时，可终止加载：①桩身折断；②水平位移超过 30～40mm，软土中的桩或大直径桩时可取高值；③水平位移达到设计要求的水平位移允许值。

单桩水平静载试验数据成果详见图 5.2.2～图 5.2.4。

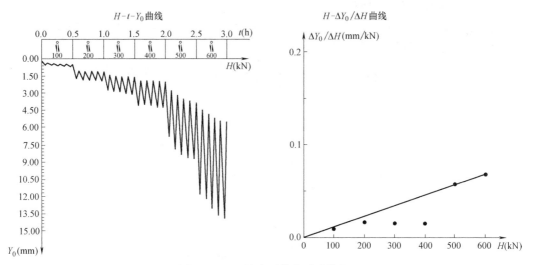

图 5.2-2　A 桩水平静载试验数据

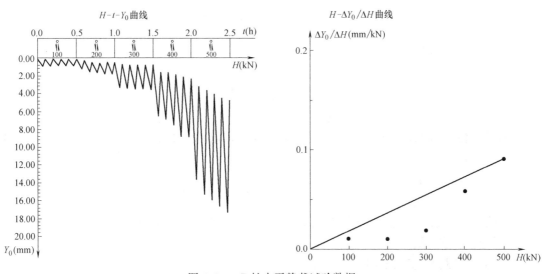

图 5.2-3　B 桩水平静载试验数据

A 桩单桩水平静载荷试验历时 180min，当加载至 600kN 时，总水平位移量为 13.90mm；水平位移 10mm 时对应荷载为 525kN，单桩水平承载力特征值为 0.75×525＝394kN。

B 桩单桩水平静载荷试验历时 150min，当加载至 500kN 时，总水平位移量为 17.36mm；水平位移 10mm 时对应荷载为 413kN，单桩水平承载力特征值为 0.75×413＝310kN。

C 桩单桩水平静载荷试验历时 180min，当加载至 600kN 时，总水平位移量为 15.26mm；水平位移 10mm 时对应荷载为 511kN，单桩水平承载力特征值为 0.75×511＝

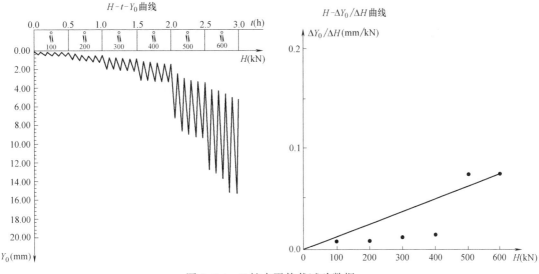

图 5.2-4　C桩水平静载试验数据

383kN。

　　试验结果表明，单桩水平承载力特征值与计算结果差值均在15%之内，试桩结果极差不超过平均值的30%，根据《建筑基桩检测技术规范》DB37/T 5044—2015可取试桩平均值作为单桩水平承载力特征值，$R_{ha}=1/3(394+310+383)=362$kN，但笔者认为如果场地较大或土层分布存在较大差异时，建议增加试桩数量或较低值作为单桩水平承载力特征值。

**3. 群桩水平承载力的计算实例**

　　已知：计算参数同单桩水平承载力计算实例，群桩布置见图 5.2-5，承台厚度 2500mm。

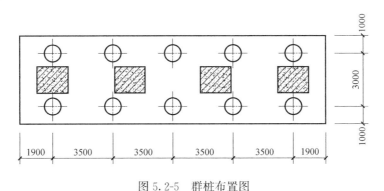

图 5.2-5　群桩布置图

1）$X$ 向群桩基础的基桩水平承载力特征值

（1）计算桩的相互影响效应系数 $\eta_i$

$n_1=5$，$n_2=2$，$S_a=3500$mm

$$\eta_i=\frac{(S_a/d)^{(0.015n_2+0.45)}}{0.15n_1+0.10n_2+1.9}=\frac{(3500/1000)^{(0.015\times2+0.45)}}{0.15\times5+0.10\times2+1.9}=0.640$$

（2）承台侧向土水平抗力系数 $\eta_l$（$B'_c$）

$$\eta_l=\frac{m\cdot x_{0a}\cdot B'_c\cdot h_c^2}{2n_1 n_2 R_{ha}}=\frac{13830\times0.01\times(5+1)\times2.5^2}{2\times5\times2\times310}=0.836$$

（3）计算群桩效应综合系数 $\eta_h$

$\eta_r$ 根据《桩规》表 5.7.3-1，$ah=36.6>4.0$，按位移控制，取 $\eta_r=2.05$。

$$\eta_h=\eta_i\cdot\eta_r+\eta_l=0.64\times2.05+0.836=2.148$$

（4）计算 $X$ 向群桩基础的基桩水平承载力特征值 $R_{hx}$

$$R_{hx}=\eta_h\cdot R_{ha}=2.148\times310=665.9\text{kN}$$

2）$Y$ 向群桩基础的基桩水平承载力特征值

（1）计算桩的相互影响效应系数 $\eta_i$

$n_1=5$，$n_2=2$，$S_b=3000\text{mm}$

$$\eta_i=\frac{(S_b/d)^{(0.015n_1+0.45)}}{0.15n_2+0.10n_1+1.9}=\frac{(3000/1000)^{(0.015\times5+0.45)}}{0.15\times2+0.10\times5+1.9}=0.659$$

（2）承台侧向土水平抗力系数 $\eta_l$

$$\eta_l=\frac{m\cdot x_{0a}\cdot B'_c\cdot h_c^2}{2n_1 n_2 R_{ha}}=\frac{13830\times0.01\times(17.8+1)\times2.5^2}{2\times5\times2\times310}=2.62$$

（3）计算群桩效应综合系数 $\eta_h$

$\eta_r$ 根据桩基规范表 5.7.3-1，$ah=36.6>4.0$，按位移控制，取 $\eta_r=2.05$。

$$\eta_h=\eta_i\cdot\eta_r+\eta_l=0.659\times2.05+2.62=3.97$$

（4）计算 $Y$ 向群桩基础的基桩水平承载力特征值 $R_{hy}$

$$R_{hy}=\eta_h\cdot R_{ha}=3.97\times310=1230.7\text{kN}$$

# 5.3　差异沉降分析与控制

## 5.3.1　差异沉降的原因

建设车辆段上盖的目的一般是进行二次开发，早期二次开发物业形态一般为住宅、办公，层数相对较少，随着上盖项目逐年增多且开发规模越来越大，开发的层数也越来越多。大面积、高强度、多层数的二次开发在基础设计时必然存在以下问题：

（1）基础荷载分布不均匀，二次开发塔楼处层数较多，荷载较大，而上盖平台一般为一层或两层，荷载相对较小，两者之间荷载差异较大。

（2）大部分荷载较大区域由于轨道的原因无法设置地下室，无法通过地下室较大的刚度来调节差异沉降。

（3）由于盖上和盖下土地性质、开发主体有可能不同，一般盖上的二次开发时间晚于下部车辆段平台的实施时间，为了保证下部车辆段的正常使用，结构中用于减少差异沉降的后浇带在平台完成后就需要封闭，而此时上盖的二次开发还未实施，对基础而言二次开发的荷载并没有完全加载完成，相应的基础也没有达到最终沉降的稳定。因此如何减少由上述问题产生的差异沉降成为基础设计时很关键的控制环节。

### 5.3.2　差异沉降的控制方法

**1. 基础、地基与上部结构协同工作**

上部结构、基础、地基三者在同时满足静力平衡条件和变形协调条件的情况下相互作用和相互制约，其中任何一项刚度的变化都将对其他两项以及整体的工作形态产生影响。在上部荷载一定的情况下，此三者的刚度分布形态将直接影响基础沉降的分布情况，据此可通过调整上部结构、基础和地基的刚度来达到减小基础差异沉降的目的。

通过共同作用分析，控制差异沉降的途径即为对上部结构、基础、地基的刚度进行调整。考虑到上部结构刚度的调整会增加自身的次生应力且受到使用功能的约束，故主要对地基土和基础的刚度进行调整。调整基础的刚度可通过增厚筏板或改变布桩方式来实现，考虑到工程造价因素的影响，一般通过改变布桩方式调整桩基支承刚度的方法来控制差异沉降。

**2. 变刚度调平设计**

《桩基规范》提出变刚度调平设计理念，其基本思路是：根据荷载分布的特点、上部结构刚度，通过调整基础刚度，刚柔并济，达到结构局部减沉或增沉，以实现沉降趋向均匀，减少差异沉降、降低承台内力和上部结构次内力，节约资源，提高建筑使用寿命，确保正常使用功能。

基础及上部结构具有较大刚度导致上部结构荷载在传至地基时向周边集中，产生了桥梁状的跨越作用，使反力呈周边大、中间小的马鞍形分布状态，而沉降变形出现内大外小的蝶形分布，当地基出现塑性变形时跨越作用将表现得不再明显。工程中增强边角桩或增厚筏板的保守设计和均匀布桩方式使地基刚度很大，承载力也很大，但此法常常使上部结构次内力和基础内力明显增大。

在基础设计中改变桩径和桩长成为增加或降低基础刚度的主要方法。采用外弱内强的布桩方法，"弱"包括减少桩数以及缩小桩径和桩长；"强"并非简单的加密，而是内部桩的数量相对外围桩较多，长度相对比外围长；通过相对的外弱内强布桩并依次调整各桩的刚度，可使筏板各点的沉降值均匀一致，以实现与荷载匹配的支承刚度分布，尽量减少上部结构的次内力。

在上盖基础设计中采用长短桩，荷载较大区域（上盖开发区域）桩基采用较长及直径较大的桩，平台部分采用相对较短和直径小的桩，按变刚度调平设计的概念进行桩基计算及沉降验算，适当拉开水平向距离，以减小各区位应力场的相互重叠对沉降较大区域有效刚度的削弱，详见图5.3-1。

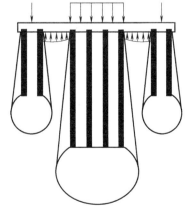

图 5.3-1　长短桩布置示意图

**3. 采用后注浆**

高层部位的桩采用后注浆技术进一步加大其承载力，控制其绝对沉降量，从而减少与平台的相对沉降差值。采用桩端注浆方式，可有效提高桩端阻及向上 12m 左右范围的侧阻（一般可提高单桩承载力 10%～15%，并有效减少沉降量，经测算单根桩注浆增加造价仅占桩体总造价的 4%～5%），并有效解决灌注桩一般存在的桩端沉渣问题。

### 5.3.3 差异沉降随时间变化的计算

由于上盖高层区域和平台区域存在巨大的荷载差异，且高层建筑的施工极可能滞后，因此沉降差异随时间变化的有效控制成为设计必须解决的问题。结构设计时可引入基础实际刚度进行施工与使用全过程仿真分析，考虑混凝土收缩徐变特性对结构长期变形的影响。

**1. 计算方法**

计算根据基桩静载荷试验结果，取基桩竖向承载力特征值与静载荷试验中加载到该值时对应的沉降量之比作为基桩的抗压刚度。将此桩基竖向刚度输入到上部结构计算模型中进行整体计算。荷载分布的不均匀以及荷载施加时间的先后而引起结构内力、变形分布不同可引入混凝土材料的收缩徐变进行分析计算。收缩徐变计算基于欧洲 CEB-FIP90 模式规范的相关规定进行。

**2. 计算实例**

基础的沉降计算点平面布置详见图 5.3-2。根据基桩静载荷试验结果，取基桩竖向承

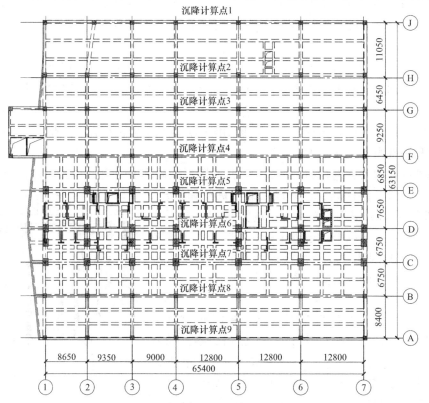

图 5.3-2　沉降计算点平面布置图

载力特征值与静载荷试验中加载到该值时对应的沉降量之比作为基桩的抗压刚度。可得直径 1000mm 桩的单桩抗压刚度为 $5.5 \times 10^5$ kN/m，直径 800mm 桩的单桩抗压刚度为 $3.5 \times 10^5$ kN/m，将此桩基竖向刚度输入到结构模型中进行计算。

对比分析不计入混凝土徐变且连续施工、计入混凝土徐变且连续施工、计入混凝土徐变且盖上高层滞后 2 年施工、计入混凝土徐变且盖上高层滞后 5 年施工这 4 种情况的结构沉降变形（图 5.3-3），得出混凝土徐变及盖上高层滞后施工对结构差异沉降影响的规律，从而确定盖上开发滞后产生的差异沉降对主体结构的影响。

图中横坐标为平台的沉降计算点编号，纵坐标为平台层处柱顶竖向变形。该计算结果中计入了基桩抗压刚度、柱轴向压缩等因素的影响。

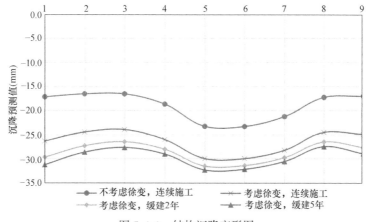

图 5.3-3　结构沉降变形图

计算结果表明：

（1）当考虑混凝土徐变、连续施工时，因上部结构荷载随施工逐层连续增加，而下部竖向构件混凝土的龄期较短，徐变变形大，竖向变形明显大于不考虑徐变变形时的情形。

（2）塔楼缓建引起主裙楼之间的差异沉降随着缓建时间的增长而加大，但增幅逐渐减小。以沉降计算点 5 为例，缓建两年沉降预测值由 30mm 增至 31.5mm，缓建五年沉降预测值增至 32.4mm，柱间沉降差的增长非常有限。

（3）为保证将来塔楼建造时大底盘主体结构正常工作，将基础沉降差的控制指标扩展到先建的各楼层，即考虑基桩刚度、混凝土徐变、塔楼缓建等因素的裙楼各层相邻柱沉降差不超过 0.002 倍相邻柱中心距离。同时对塔楼四周的裙楼框架梁按考虑 0.002 倍相邻柱距差异沉降引起的内力进行设计，此时混凝土的变形模量取为 0.85 倍的弹性模量。

## 5.4　轨道道床设计及减振降噪措施

### 5.4.1　轨道道床形设计

#### 1. 段场库外线、出入场段线

土质路基工后沉降大，如果采用整体道床，除需增加路基特殊处理费用外，整体道床本身也要进行特殊设计，费用较高，而且当出现不均匀沉降时，难以整治，目前国内轨道交通缺少成熟可靠的技术。碎石道床技术成熟、结构简单、施工容易、成本较低、养护维修的条件相对较好，如地基条件允许时一般试车线、出入线的地面线和段场库外线采用钢筋混凝土枕碎石道床，见图 5.4-1。

**2. 咽喉区**

以前咽喉区多采用木枕碎石道床，其造价低、易加工、自重轻、运输和铺设方便。但近年来随着环保意识增强，木枕价格呈上升趋势，且养护维修量较大。混凝土枕与木枕相比具有使用寿命长、稳定性好，养护维修工作量少的优点。目前基本采用混凝土枕碎石道床。

图 5.4-1　混凝土枕碎石道床

图 5.4-2　柱式和壁式整体道床

**3. 场段库内线**

场段库内线根据线路功能采用相应的道床形式，库内一般地段采用短枕式整体道床，检查坑采用柱式和壁式整体道床（图 5.4-2），轨枕铺设数量按 1440 对/km 布置。

## 5.4.2　减振降噪措施

根据目前国内地铁已建成运营的上盖项目实际情况，一般噪声振动影响较为突出，也越来越成为公众关注的焦点，上盖开发车辆段主要振动超标区域是试车线、库内整体道床，主要噪声超标区域为小半径地段、试车线、咽喉区。为了城市轨道交通可持续发展和轨道交通与环境、开发的和谐共赢，坚持"以人为本"的理念，因此需采取措施减少列车运行引起的车辆段上盖物业振动和二次噪声的影响，提高车辆段平台上建筑物的适用性。

**1. 车辆段上盖振动噪声特性**

车辆段内均为空车低速运行，列车运行产生的振动及噪声干扰主要来源于列车经过咽喉区道岔群"有害空间"及钢轨接头时产生的振动和"哐当"声、列车经过小半径曲线时产生的曲线摩擦啸叫声。由于车辆段早发车的时间比正线早，而晚收车的时间比正线晚，故振动及噪声的影响时段比正线更长。

车辆段上盖内线路主要分 3 大部分：出入线（地面段）、库外线（包括咽喉区）、各种库内线等，不同线路的主要特征详见表 5.4-1。

车辆段内不同地段线路的主要特征 表 5.4-1

| 线路 | 运行速度<br>（km/h） | 曲线半径<br>（m） | 钢轨类型<br>（kg/m） | 线路类型 | 道床类型 |
|---|---|---|---|---|---|
| 出入线（地面段） | 30 左右 | 200 | 60 | 普通线路 | 碎石道床 |
| 库外线（含咽喉区） | 10～20 | 150 | 50 | 普通线路 | 碎石道床 |
| 各种库内线 | 3～5 | 直线 | 50 | 普通线路 | 整体道床 |

**2. 车辆段上盖减振措施**

（1）车辆段库外线采用减振效果良好的碎石道床；库内线采用弹条Ⅰ型分开式扣件，其中轨下胶垫采用减振效果好、使用寿命长的热塑聚酯弹性垫板。

（2）采用减振接头夹板

减振接头夹板在中部一定长度范围内加高至钢轨轨顶以上，用在钢轨接头非工作边侧。车轮碾过钢轨接头时，同时与减振接头夹板顶部和底部接触，使轨顶面由中断变为连续，缓解了轨缝和相邻轨端错牙台阶的影响，从而减轻了轮轨冲击，也减少了钢轨端部的冲击掉块和塑性变形等病害，改善了轮轨关系，减轻了轮轨冲击噪声。

出入段线地面线、库内线、库外线等线路，无法取消钢轨接头地段均推荐采用减振接头夹板，详见图 5.4-3。

（3）铺设减振道砟垫

在碎石道床地段铺设轨道时，通过在道砟底面设置减振道砟垫来实现减振，以减轻列车运行时轮轨的振动冲击。该方案具有减振效果好，施工方便、快速，不影响过轨管线布置等特点。

深圳 2 号线蛇口车辆段、5 号线塘朗

图 5.4-3 减振接头夹板

车辆段、长沙 2 号线黄兴车辆段等配套物业开发，采用了减振道砟垫方案详见图 5.4-4。

图 5.4-4 减振道砟垫

**3. 车辆段上盖降噪措施**

（1）采用迷宫式约束阻尼钢轨

迷宫式约束阻尼钢轨是最新研制的一种阻尼钢轨，这种阻尼钢轨通过巧妙的迷宫格室设计，使阻尼面积可大大超过粘贴表面积，阻尼层变形大，约束刚度高，阻尼比远高于普通的单层约束阻尼，对阻尼材料性能的依赖性较低。迷宫式约束阻尼钢轨除抑制噪声外，还可有效地降低轮轨的振动，对小半径曲线地段的钢轨波磨也可形成有效的抑制作用，详见图5.4-5。

图5.4-5 迷宫式约束阻尼钢轨

北京地铁1号线古城车辆段对曲线段有无铺设阻尼钢轨噪声进行了测试对比，在入库速度10km/h、15km/h时的降噪效果分别达到了5dB、7～8dB。测试结果表明，在地面曲线段，由于曲线啸叫时轮轨处于共振状态，阻尼正好发挥其作用，迷宫式约束阻尼钢轨的降噪效果明显。

综上所述，鉴于迷宫式约束阻尼钢轨在曲线地段良好的减振降噪效果，推荐在出入线地面曲线段，库外线曲线地段及曲线头尾各3～5m范围等地段安装使用。

（2）对小半径曲线钢轨定期侧面涂油，不仅可减少钢轨侧面磨耗，也可减少由摩擦和不均匀磨耗引起的轮轨振动与噪声。

（3）对钢轨顶面不平顺进行打磨，使轨面平顺，保证轮轨接触良好，减少振动和噪声。

（4）车辆轮对定期检查并进行镟修，降低滚动振动和噪声。

（5）严格控制轨道设备如扣件、道岔等制造公差，为铺设高质量的轨道系统打下基础。

（6）严格控制轨道施工质量，特别是咽喉区道岔群的施工质量，并对轨道进行经常性的养护维修，使轨道结构保持在良好工作状态。

**4. 上盖结构减振降噪措施**

库区及咽喉区在早班、高峰期、收班时进出频繁，列车对轨道产生振动激励，该激励传播至平台上方物业引发平台上部结构振动，进而在结构内激起门窗、设备等的振动发出声音，产生二次辐射噪声，如图5.4-6所示。这一振动属于弱振，与地震这种强震不同，它对结构安全性没有影响，但是会影响结构中居住的人的生活质量，降低建筑的适用性。因振动产生的结构二次噪声属于低频噪声，低频噪声对人体是一种慢性损伤，会影响人的听力，容易使人烦躁、易怒，长期受袭扰的话，还可能造成神经衰弱、失眠等神经官能症。

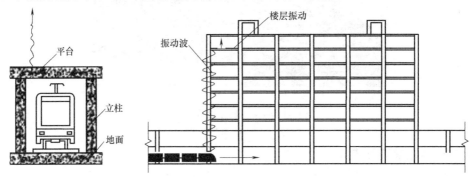

图5.4-6 列车引起上盖建筑楼板振动示意图

与一般轨道交通在站与站之间隧道运行不同，列车进出车辆基地时，运行线路直接在地面上，车辆段上盖物业在其正上方，列车产生的振动波没有经过土层的衰减而直接通过道床、立柱和平台传至上方居住小区。

目前地铁上盖物业开发项目并无国家环境标准。北京市制定了地方标准《地铁车辆段、停车场区域建设敏感建筑物项目环境噪声与振动控制规范》DB11/T 1178—2015，声环境执行《声环境质量标准》GB 3096—2008，振动环境执行《城市区域环境振动标准》GB 10070—1988，室内二次结构噪声执行《城市轨道交通引起建筑物振动与二次辐射噪声限值及其测量方法标准》JGJ/T 170—2009，室内声环境执行《民用建筑隔声设计规范》GB 50118—2010。

物业开发住宅受车辆段列车振动及二次结构噪声的影响，环境影响评价执行《城市轨道交通引起建筑物振动与二次辐射噪声限值及其测量方法标准》JGJ/T 170—2009、《住宅建筑室内振动限值及其测量方法标准》GB 50355—2018之相关标准，相应标准见表5.4-2。

振动环境影响评价执行标准　　　　　　　　　　　　　　表5.4-2

| 标准号 | 标准名称 | 标准值与等级（类别） | 标准选取说明 |
|---|---|---|---|
| JGJ/T 170—2009 | 《城市轨道交通引起建筑物振动与二次辐射噪声限值及其测量方法标准》 | 2类区室内：<br>昼间75dB，夜间72dB | 参照噪声功能区类型确定 |
| | | 室内二次结构噪声值：<br>昼间41dB，夜间38dB | |
| GB 50355—2018 | 《住宅建筑室内振动限值及其测量方法标准》 | 室内1级、2级限值要求 | |

通过实地测量振动及噪声，结合以往多个地方上盖实际减振降噪经验，给出以下建议，见表5.4-3。

拟采取的主要减振降噪措施与对策　　　　　　　　　　　　表5.4-3

| 类别 | 区域 | 拟采取措施 | 效果/措施后效果 |
|---|---|---|---|
| 管理类 | | 设备招标采购中优先选用低噪声、环保型 | — |
| | | 运营后场内定期研磨钢轨，接缝处加强保养 | |
| | | 小半径曲线地段、车辆出入频繁地段钢轨侧涂油 | |
| | | 场内禁止机车鸣笛 | |
| 工程类 | 出入段线 | 振动治理方案：<br>采用焊接长钢轨；<br>设置橡胶减振垫道床；<br>有缝钢轨接头采用减振接头夹板 | 措施后出入段线/库外线上盖住宅振动及室内二次结构噪声达标 |
| | | 噪声治理方案：<br>出入库线敞开段部分设置半封闭式声屏障或实体隔断围墙 | 措施后上盖住宅声环境噪声达标 |
| | 库内线 | 采用长钢轨、无缝线路。<br>检修地沟、整体道床与柱下承台、基础梁脱开。无直接接触，并保持一定距离 | 振动预计达标 |
| | 固定设备 | 场内固定设备采取吸、隔声处理，对于起重机等振动影响较大设备设置隔振底座或减震垫 | — |
| 业态分布 | 上盖区域 | 盖上通风天井布置位置发展垂直绿化，将人工声屏障与绿篱植物相结合 | — |

# 第6章

# 层间隔震技术应用于车辆基地上盖的研究

## 6.1 层间隔震技术

### 6.1.1 层间隔震技术原理

隔震技术解除了结构与地面运动的耦联关系，属于结构被动控制技术，其显著特点是不需要外部能量输入提供控制力，也不会向结构输入能量。从近40多年的发展来看，结构被动控制技术由于其适用性强、控制装置构造简单、被动控制元件震后易于更换或修复，及无需外部能源支持等诸多优点，是目前工程界最容易接受的振动控制技术，并已在国内外实际工程中得到广泛应用。

层间隔震技术是指在房屋建筑中间某一楼层间设置由橡胶隔震支座和阻尼装置等部件组成具有整体复位功能的隔震层，以延长整个结构的自振周期，减少输入上部结构的水平地震作用，达到预期防震减灾要求的技术。

层间隔震层构成装置通常可分成两大部分，即隔震支座和阻尼器。

隔震支座一方面要支撑上部结构的竖向重量，另一方面在水平方向提供一个较小的水平刚度，并且具有自复位的功能。隔震支座根据其特性不同可分为叠层橡胶支座和滑动支座两大类。

叠层橡胶支座包括天然橡胶支座、高阻尼橡胶支座和铅芯橡胶支座等。其中天然橡胶支座具备较好的竖向刚度，水平刚度呈线性特征，不提供阻尼，实际工程中多与阻尼器混合使用；高阻尼橡胶支座力学性能与天然橡胶支座类似，但可提供阻尼；铅芯橡胶支座主要由连接钢板、铅芯、多层橡胶、中间钢板和保护层橡胶等组成，具备较好的竖向刚度，水平刚度呈双折线特征，具备一定的初始刚度，同时能提供一定的阻尼。

滑动支座包括滑板支座、摩擦摆支座和滚动支座等。其中滑板支座具备较好的竖向刚度，滑块与滑板间摩擦系数较小，该类支座本身不具备自复位能力，通常需与橡胶隔震支座混合使用；摩擦摆支座具备较好的竖向刚度，滑块与滑动曲面间摩擦系数较小，该类支座具备自复位能力，其复位力大小与滑动曲面的曲率有关；滚动支座具备较好的竖向刚度，该类支座利用钢球在直线轨道上的滚动，摩擦系数极低，没有自复位能力。

阻尼器主要用来吸收或耗散地震能量，抑制隔震层产生较大的层间水平位移，常用的阻尼器主要有金属阻尼器与黏滞阻尼器。

## 6.1.2　层间隔震技术特点

层间隔震技术是近几年来在基础隔震技术的工程实践中逐步发展起来的一种较为新颖的隔震结构技术，是基础隔震技术的拓展和延伸。

层间隔震层可以看成是基础隔震层向建筑结构上部转移的一种形式，可以根据建筑结构自身的特点，在结构不同部位设置层间隔震层，如结构竖向刚度有突变部位 ［图 6.1-1 (a)］、结构类型有变化部位 ［图 6.1-1 (b)］ 或加层结构与原有结构之间 ［图 6.1-1 (c)］。层间隔震层的位置可以设置在结构的底部楼层 ［6.1-2 (a)］、中间楼层 ［图 6.1-2 (b)］ 和顶部楼层 ［图 6.1-2 (c)］。

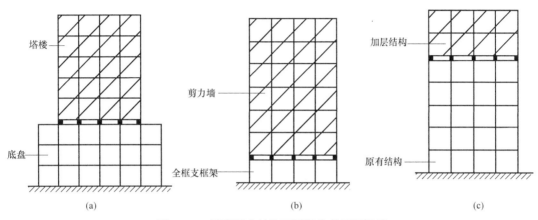

图 6.1-1　隔震层在结构不同部位的层间隔震

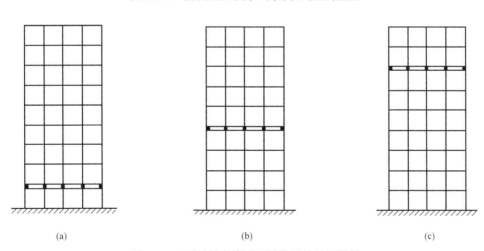

图 6.1-2　隔震层在楼层不同位置的层间隔震

当隔震层位置设置较低时，结构设计的目标是减小隔震层刚度，降低结构的自振频率，通过延长整体结构的周期，使其远离场地特征周期来减小结构的地震反应，并使地震时的变形主要集中在隔震层上，依靠隔震装置来耗散地震能量。

当隔震层位置设置较高时，延长整体结构的周期可能不够明显，结构设计的目标一方面是降低结构的自振频率，另一方面可以调整隔震装置的刚度来改变上部结构的自振频率，使其尽量接近主结构的基本频率或激振频率，采用调谐吸振的方法，使结构的振动反应衰减并受到控制。

层间隔震层隔震支座一般宜设置于同一楼层标高，如图 6.1-3 所示，当设置于不同标高时，应保证隔震支座能共同工作，如图 6.1-4 所示。在罕遇地震作用下，不同标高的相邻隔震层的层间剪切位移角不应大于 1/1000，另外，应对错高位置结构构件考虑适当的加强措施，并验算其在水平地震作用下的承载力。

当层间隔震层同一支承处采用多个隔震支座时，隔震支座之间的净距不应小于安装和更换隔震支座所需的空间尺寸。

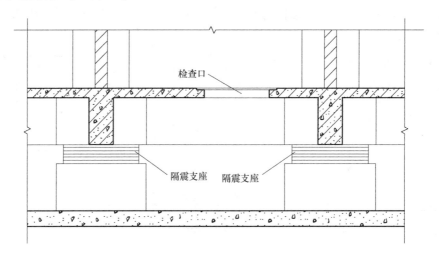

图 6.1-3　层间隔震层位于同一标高

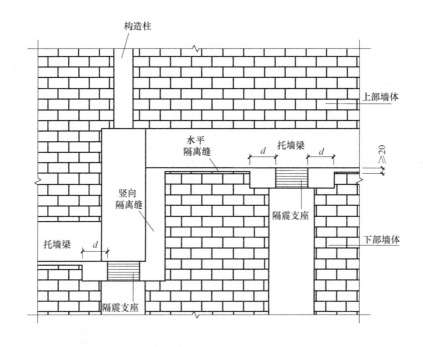

图 6.1-4　层间隔震层不在同一标高

一般来说，层间隔震技术具有以下特点：

（1）层间隔震技术突破了基础隔震结构隔震层只能布置在结构底层的限制，隔震层的设置可以根据结构自身的特点灵活布置，更好地满足建筑布置和使用功能的要求，为隔震技术更广泛地应用创造了条件。

（2）把隔震层隔震装置设置于结构中间某一楼层处，将整体结构分为上部结构、隔震层和下部结构，其上部结构和下部结构均可以是单层结构，也可以是多层结构。

（3）当层间隔震层设置于地面以上一层或更高的位置时，可以解决基础隔震经常遇到的某些问题，如较大的隔震层水平位移而要求设置的水平隔离沟及相应构造问题，近海建筑海水涨潮对橡胶隔震支座的侵蚀等。

（4）由于隔震层隔震支座上下楼层均有建筑使用功能，相应地也就带来穿越隔震层的管线需设置软接头、楼梯需设置水平缝、电梯需设置隔震缝等问题，且一般情况下隔震支座上下柱墩均没有条件设置拉梁，柱墩相当于悬臂柱，构件截面尺寸可能比较大。

（5）为满足嵌固刚度比和承载力需求，隔震层下部结构一般刚度较大，为隔震层提供足够的嵌固约束，因此对于隔震层上部结构而言，受力状态类似于基础隔震，在地震作用下主要是水平方向平动，当下部结构的刚度无穷大，且其地震反应不要求控制时，层间隔震体系转化为基础隔震体系。对于下部结构，上部的作用类似于调谐质量块，减震机理则类似于TMD调谐减震，地震作用与隔震层的位置、刚度、上部结构的重量以及下部结构的刚度有关，可能出现下部结构地震作用放大的情况，在实际结构设计中应予以充分关注并进行相应论证。

## 6.1.3 层间隔震技术适用范围

### 1. 大底盘单、多塔楼结构

大底盘单、多塔楼结构，底部一层或几层是大底盘平台结构，其上是单塔或多塔的多、高层建筑。此类结构是较为适合采用层间隔震技术的结构类型之一，在大底盘平台与上部各栋塔楼间设置隔震层，可大大改善上部塔楼的抗震性能。对大底盘层间隔震结构进行大量弹性时程分析结果表明，当设置隔震装置后，塔楼的加速度、层间位移以及层间剪力均能显著减小，但大底盘的层间位移和层间剪力可能增大；隔震层设置位置对结构的减震效果有很大影响，隔震层位置越低，减震效果越明显，随着隔震层位置提高，减震效果逐渐减弱，大底盘的位移也出现不同程度的放大。

### 2. 带转换层的高层建筑结构

在复杂高层建筑结构中，当上部楼层的部分或全部竖向构件不能直接连续贯通落地时，常常需设置结构转换层，形成带转换层高层建筑结构。此类结构同样是较为适合采用层间隔震技术的结构类型之一，在结构转换层与上部结构之间设置隔震层，一方面能调整结构的动力特性，改善转换层上下刚度突变引起的结构地震反应的突变，控制转换层的突变位移仅发生在隔震层；另一方面可通过调整隔震支座的刚度分布以减小转换结构的偏心影响，达到减小整体结构地震反应的目的。

### 3. 既有建筑结构的加层改造

为了提高土地利用率，降低工程能耗，增加原有房屋的使用功能，常常需在既有建筑上进行加层改造，通过加固延长既有建筑的使用年限。但增加层数后往往由于原结构不满足抗震设计要求，必须对其进行抗震加固。如果对既有建筑进行加层改造时采用层间隔震技术，即在新增加层与既有建筑之间设置隔震层，则可减小上部加建结构的地震作用，相对减少下部既有建筑的抗震加固量，节约材料、方便施工。

**4. 地理位置特殊的建筑结构**

对某些地理位置特殊的建筑结构，由于建筑、地形和使用要求等原因，隔震层不允许设置在基础顶面、地下室底部或顶部，如依山而建的建筑结构、基础倾斜或基础标高变化较多的建筑结构等；对位于海边或江边的建筑结构，考虑到地下水位较高或海水涨潮侵蚀对隔震支座的影响，也需考虑提高隔震层位置而采用层间隔震技术。

# 6.2 层间隔震技术计算分析基本要求

## 6.2.1 层间隔震结构设计流程

我国《抗规》规定，隔震设计采用分部设计法，将整体隔震结构的设计分为三个部分即：上部结构设计、隔震层设计、下部结构设计。通过引入水平向减震系数，上部结构可以采用传统的反应谱计算方法进行设计，从而使隔震设计的过程大为简化。整个层间隔震结构设计流程如图 6.2-1 所示。

（1）根据本地区设防烈度、场地条件及结构自身特性，初步确定隔震设计目标。

（2）根据初定的隔震设计目标对上部结构进行水平地震降度后的结构设计。

（3）基于上述上部结构进行隔震层布置与调整，计算水平向减震系数，以满足预定的隔震设计目标以及隔震层的设计要求，主要包括隔震层偏心率、重力荷载下支座长期面压、罕遇地震作用下支座短期极大面压和短期极小面压、罕遇地震作用下隔震支座的变形、隔震层抗风承载力验算以及隔震层抗倾覆验算等。

（4）下部结构设计。

隔震结构设计过程中需要用到两个计算模型：包括下部结构、隔震支座、隔震层楼面和上部结构的隔震模型；仅包括隔震支座以上部分结构（上部结构）的非隔震模型。

## 6.2.2 上部结构设计

**1. 水平向减震系数计算**

水平向减震系数用于计算隔震后上部结构采用反应谱进行水平地震作用计算时所采用的水平地震影响系数最大值，可按《抗规》相关规定计算。

水平向减震系数，对于多层建筑，为按弹性计算所得的隔震与非隔震各层层间剪力的最大比值；对于高层建筑，尚应计算隔震与非隔震各层倾覆力矩的最大比值，并与层间剪力的最大比值相比较，取二者的较大值。水平向减震系数应采用动力时程分析法计算，计算工况为设防烈度地震。

水平向减震系数的计算步骤如下：

（1）建立隔震结构和非隔震结构计算模型；

（2）选择合适的地震波；

（3）分别进行隔震结构和非隔震结构时程分析；

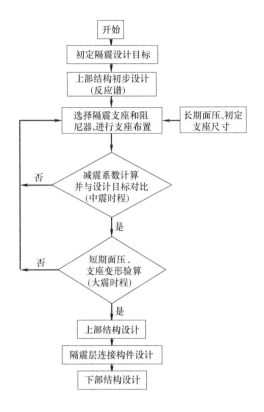

图 6.2-1 层间隔震结构设计流程

（4）计算楼层剪力和楼层倾覆力矩；

（5）对比隔震结构和非隔震结构的层间剪力与倾覆力矩，计算水平向减震系数。

**2. 地震波选择**

地震波的选择通常应考虑的因素包括地震波特性、地震波数量及地震波持时等。

（1）地震波特性

地震波选择应符合：实际强震记录地震动加速度时程曲线，应根据地震烈度、设计地震分组、场地类别进行归类，并依据相似原则进行选择；人工模拟地震动加速度时程曲线，应满足设计反应谱的基本要求。

一般情况下，多组时程曲线的平均地震影响系数曲线与振型分解反应谱法所采用的地震影响系数曲线相比，在对应于结构主要振型的周期点上应不大于 20%；在结构两个主方向上，每组时程曲线计算所得结构底部剪力不应小于振型分解反应谱法计算结果的 65%，多组时程曲线计算所得结构底部剪力的平均值不应小于振型分解反应谱法计算结果的 80%。

（2）地震波数量

地震波数量可选 3 组（2 组天然波和 1 组人工波）或 7 组（5 组天然波和 2 组人工波）。当选用 3 组地震波时，计算结果宜取包络值；当选用 7 组地震波时，计算结果可取平均值。一般情况下，建议选用 7 组地震波。

（3）地震波持时

地震波的持续时间对于考虑累积损伤效应的结构体系具有重要的影响，结构进入非线性后，其累积破坏需要一定的时间；同时，地震波的持时同样会影响非线性结构的最大反应和能量损耗积累；另外，隔震结构的周期较长，地震波持续时间过短会导致分析结果的不安全。

因此，不论是天然波还是人工波，输入的地震动加速度时程曲线的有效持续时间一般应为隔震结构基本自振周期的 5 倍到 10 倍，即结构顶点位移可按基本自振周期往复 5 次到 10 次。

**3. 上部结构设计**

上部结构设计时，依据隔震后的地震作用，按反应谱方法进行计算。计算时应注意，隔震层以上结构的总水平地震作用不得低于非隔震结构在 6 度设防时的总水平地震作用，并应进行抗震验算；各楼层的水平地震剪力尚应符合《抗规》对本地区设防烈度的最小地震剪力系数的规定。另外，考虑到橡胶隔震支座对减小水平地震作用非常明显，而对减小竖向地震作用不明显，隔震后，结构的竖向地震作用可能大于水平地震作用，对此应予以重视并做相应验算。

隔震后上部结构的抗震措施，当水平向减震系数大于 0.40（设置黏滞阻尼器为 0.38）时，不应降低非隔震时的抗震措施要求；当水平向减震系数不大于 0.40（设置黏滞阻尼器为 0.38）时，可适当降低非隔震时的抗震措施要求，但烈度降低不得超过 1 度，同时，与抵抗竖向地震作用有关的抗震构造措施不应降低。

## 6.2.3 隔震层设计

隔震层设计主要包括以下几个部分：隔震层偏心率验算、隔震层抗风承载力验算、隔震支座应力验算、隔震支座变形验算、隔震层抗倾覆验算等。

当隔震层采用隔震支座和阻尼器时，应确保隔震层在地震后恢复原位，在罕遇地震作用下总水平弹性恢复力与总水平摩阻力之比不应小于 1.2。

**1. 隔震层偏心率验算**

隔震结构的偏心率是隔震层设计中控制结构扭转效应的一个重要指标。隔震层设计时，可通过调整隔震支座的等效刚度来调整偏心率，根据《建筑隔震设计标准》GB/T 51408—2021（以下简称《隔标》）要求，隔震层刚度中心宜与质量中心重合，偏心率不宜大于 3%。

考虑到等效刚度的大小对偏心率的计算影响较大，而隔震支座又属于非线性构件，在整个地震过程中支座的刚度不断变化，偏心率的控制主要是为了控制隔震层的扭转变形及由此带来的扭转效应对隔震支座和主体结构的不利影响，地震作用越大，扭转变形越大，隔震支座和主体结构破坏的可能性也更大。小震、中震下隔震层变形还较小，因此笔者非常认同文献 [77] 的观点，偏心率计算应重点考虑大震下隔震支座的等效刚度。按照《抗规》建议，大震下小尺寸隔震支座（直径小于 600mm）等效刚度可取水平剪切变形 250% 的刚度；大尺寸隔震支座（直径不小于 600mm）等效刚度可取水平剪切变形 100% 的刚度。

**2. 隔震层抗风承载力验算**

隔震支座的减震机理是在地震作用下进入屈服，刚度减小，地震能量通过隔震支座的滞回变形耗能，从而大幅度减小输入到上部结构的地震能量。但是在风荷载作用下隔震层便发生屈服以致产生较大变形是不允许的，因此，设计时应保证隔震层的屈服承载力不小于风荷载设计值。

针对隔震层的抗风设计通常有以下两种方法：

（1）通过增加铅芯橡胶支座的数量来提高隔震层的总屈服剪力。这种方法直接有效，然而随着铅芯橡胶支座的增加，隔震层的水平刚度增大，削弱了结构减震效果。因此，对于风荷载较大的地区采用增加铅芯橡胶支座数量的方法时，应进行抗风设计和减震效果的权衡。

（2）通过单独附加抗风装置的方法来抵抗风荷载。抗风装置在正常使用条件下参与工作，提供水平抗力，满足风荷载作用下隔震层不屈服的要求；当结构遭遇中、大震时，抗风装置屈服或破坏，退出工作，不影响上部结构的减震效果。使用附加抗风装置时应进行充分论证，保证抗风装置在满足抗风需求的同时，不因额外增加隔震层的刚度而降低地震作用下的减震效果。

**3. 隔震支座应力验算**

隔震支座应力验算主要包括三个部分：长期应力、短期应力（短期极大应力和短期极小应力）。

（1）长期应力

长期应力是指隔震支座在重力荷载代表值作用下的竖向压应力，应满足《隔标》的相关规定。

（2）短期应力

在罕遇地震作用下，隔震支座将会在重力荷载代表值产生的竖向压应力基础上叠加较大的竖向拉、压应力。计算时，隔震支座的短期应力以支座的平均应力衡量，但实际上，罕遇地震作用下，支座压力最大时往往处于大变形状态，支座橡胶截面上受力并不均匀，核心区橡胶压应力可能为平均压应力的 2 倍到 3 倍。因此，罕遇地震作用下的支座压应力限值应较无剪切变形下支座的极限承载力留出足够的安全余量，隔震层橡胶隔震支座在罕遇地震作用下的最大竖向压应力（短期极大应力），应满足《隔标》的相关规定。

在罕遇地震作用下，橡胶隔震支座受拉时会有明显的屈服变形，屈服应力一般为 1.5MPa 左右。支座受拉超过屈服变形后，可能出现支座内部橡胶与钢板离析或橡胶破损，再次承受压剪荷载时其整体性能将大幅下降。因此，橡胶隔震支座虽然具有一定的受拉承载力及延伸能力，但考虑到其后受压刚度和承载力的降低，应尽可能保持支座不受拉，当不可避免受拉时，其竖向拉应力（短期极小应力）应控制小于《隔标》有关拉应力限值的要求，且出现拉应力的支座数量不宜超过支座总数的 30%。

**4. 隔震支座变形验算**

叠层橡胶支座发生水平剪切变形时，上下连接板带动支座整体错动，此时支座仍然处于竖向承压状态，一方面，水平位移过大时隔震支座可能存在失稳破坏；另一方面，由于支座上下错动，其有效承压面积将随之减小，支座受压区应力也将急剧增大。因此，《抗规》规定橡胶支座设计极限位移，不应大于支座有效直径的 0.55 倍和支座内部橡胶总厚度 3.0 倍二者的较小值。

**5. 隔震层抗倾覆验算**

隔震层整体抗倾覆验算时,应按罕遇地震作用计算倾覆力矩,并按上部结构重力代表值计算抗倾覆力矩,抗倾覆力矩与倾覆力矩之比不应小于1.2。

### 6.2.4 下部结构设计

下部结构是指位于隔震支座以下的结构部分,包括与隔震支座直接相连的支墩、支柱及其他相连构件等。

隔震支座以下结构宜在隔震支座下方直接布置竖向构件,承受隔震支座传递的竖向荷载。当无法直接在隔震支座下方布置竖向构件时,应采取可靠的结构转换措施。

**1. 构件内力计算要求**

隔震层支墩、支柱及相连构件,应采用隔震结构罕遇地震作用下隔震支座底部的竖向力、水平力和力矩进行承载力验算。

由于地震作用下隔震层变形较大,与隔震支座直接相连的支墩、支柱等构件除了承受上部结构传来的各项荷载外,还要承受竖向荷载产生的二阶效应,在竖向荷载较大的情况下,这部分效应往往占构件设计内力的比例较大不应忽视。

层间隔震层下部结构楼层数较多,其结构构件应满足隔震后设防地震的抗震承载力要求,并按罕遇地震进行抗剪承载力验算。隔震层以下地面以上的结构在罕遇地震作用下的层间位移角限值应满足《抗规》的相关规定。

**2. 下部结构构造要求**

隔震层以下结构应满足嵌固刚度比要求。对于层间隔震结构的嵌固刚度比,即隔震层下一层的楼层刚度应大于隔震层上一层楼层刚度的2倍。

## 6.3 层间隔震技术在车辆基地上盖的应用

### 6.3.1 西安某车辆基地上盖开发

**1. 工程概况**

本工程由北京城建设计发展集团股份有限公司设计。

工程位于西安市雁塔区长鸣路东侧、东月路南侧、规划月坛路北侧、规划恒通三路西侧,为车辆基地上盖物业开发项目。整个车辆基地上盖开发效果图见图6.3-1。

上盖平台为两层,无地下室,第1层为车辆基地运用库,结构层高为10.0m,第2层为住宅停车库,结构层高4.8m。盖上分别有8层、9层、10层、15层等26栋住宅,各层层高均为3.0m,住宅剪力墙均不落地,在停车库上方采用层间隔震技术转换,隔震层高度为2.4m,剪力墙通过隔震支座落在转换梁上。

住宅开发上盖大平台东西向长约366m,南北向宽约227m,根据盖上住宅分布设置4条防震缝将上盖平台分为A~E共5个抗震单元,如图6.3-2所示。

各抗震单元层间隔震转换设计过程基本一致,本书选取比较典型的E区23号楼介绍其隔震设计要点及主要分析结果。

E区盖上共4栋住宅,23号楼、24号楼、25号楼为10层住宅,26号楼为15层住

图 6.3-1　上盖开发效果图

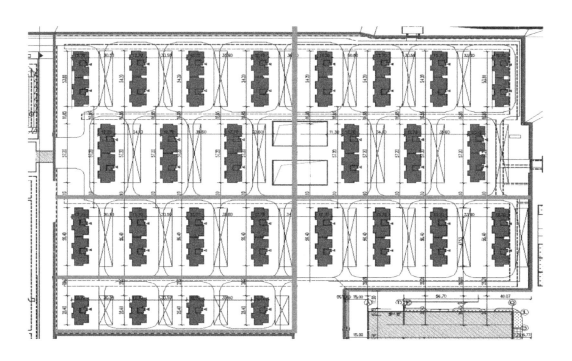

图 6.3-2　上盖平台防震缝设置及平面分区示意图

宅，其中 23 号楼建筑平面布置图见图 6.3-3，结构转换层平面布置图见图 6.3-4。

**2. 层间隔震方案设计**

（1）设计参数

E 区设计工作年限为 50 年，耐久性设计工作年限为 50 年，建筑结构安全等级为二

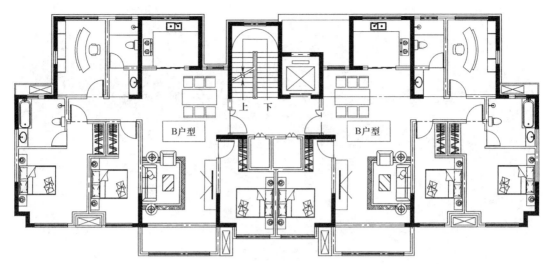

图 6.3-3　23 号楼建筑平面布置图

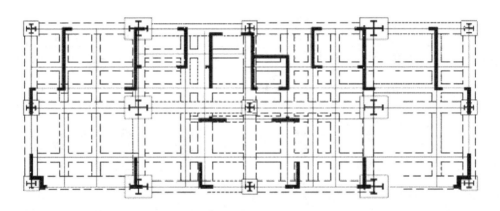

图 6.3-4　23 号楼结构转换层平面布置图

级。抗震设防烈度为 8 度，设计基本地震加速度为 0.20$g$，设计地震分组为第二组，抗震设防类别为标准设防类，建筑场地类别为Ⅱ类，场地特征周期 $T_g$ 为 0.40s。

（2）结构体系

E 区底部 2 层为框架-剪力墙结构，盖上 10 层及 15 层住宅为剪力墙结构，结构体系采用底部框架-剪力墙（梁式转换）＋隔震层＋剪力墙。底部塔楼范围内框架和剪力墙抗震等级均为特一级，相关范围内框架抗震等级为一级；隔震层抗震等级为特一级；上部住宅剪力墙抗震等级首层为二级，其余为三级。

（3）隔震层布置

23 号楼隔震层共布置隔震支座 15 个，其中 LRB800、LRB900 及 LRB1000 铅芯橡胶支座 13 个，LNR800、LNR1000 普通橡胶支座 2 个，隔震层平面布置图见图 6.3-5，隔震支座编号见图 6.3-6。

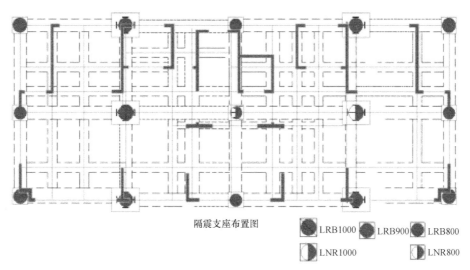

隔震支座布置图　●LRB1000 ●LRB900 ●LRB800
　◐LNR1000 ◧LNR800

图 6.3-5　23 号楼隔震层平面布置图

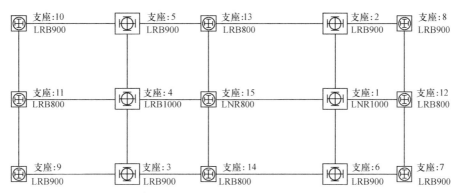

图 6.3-6　23 号楼隔震支座编号

LNR800、LNR1000 普通橡胶支座力学性能参数见表 6.3-1；LRB800、LRB900 及 LRB1000 铅芯橡胶支座力学性能参数见表 6.3-2。

普通橡胶支座力学性能参数　　　　　　　　　表 6.3-1

| 类别 | 符号 | 单位 | LNR800 | LNR1000 |
|---|---|---|---|---|
| 使用数量 | N | 套 | 1 | 1 |
| 第一形状系数 S1 | S1 | — | ≥25 | ≥15 |
| 第二形状系数 S2 | S2 | — | ≥5 | ≥5 |
| 竖向刚度 | $K_v$ | kN/mm | 3300 | 4335 |
| 等效刚度 | $K_d$ | kN/mm | 1.34 | 1.54 |
| 直径 | D | mm | 800 | 1000 |
| 支座高度 | H | mm | 302 | 422 |

**3. 层间隔震主要分析结果**

（1）结构动力特性

23 号楼通过设置隔震层，延长结构周期，从而有效降低上部结构地震作用，见表 6.3-3。

铅芯橡胶支座力学性能参数                    表 6.3-2

| 类别 | 符号 | 单位 | LRB800 | LRB900 | LRB1000 |
|------|------|------|--------|--------|---------|
| 使用数量 | N | 套 | 4 | 8 | 1 |
| 第一形状系数 $S1$ | $S1$ | — | ≥25 | ≥25 | ≥15 |
| 第二形状系数 $S2$ | $S2$ | — | ≥5 | ≥5 | ≥5 |
| 竖向刚度 | $K_v$ | kN/mm | 3750 | 4650 | 4903 |
| 屈服前刚度 | $K_{eq}$ | kN/mm | 17 | 19.6 | 20.51 |
| 屈服后刚度 | $K_u$ | kN/mm | 1.3 | 1.51 | 1.58 |
| 等效刚度 | $K_d$ | kN/mm | 2.28 | 2.6 | 3.11 |
| 水平屈服力 | $Q_d$ | kN | 151 | 183 | 303 |
| 直径 | $D$ | mm | 800 | 900 | 1000 |
| 支座高度 | $H$ | mm | 302 | 353 | 422 |

非隔震和隔震结构主要周期对比                    表 6.3-3

| 周期 | 非隔震结构 | 隔震结构 | 隔震结构/非隔震结构 |
|------|-----------|---------|---------------------|
| $T_1$ | 1.031 | 2.700 | 2.619 |
| $T_2$ | 0.849 | 2.657 | 3.130 |

（2）水平向减震系数计算

对于高层建筑结构，水平向减震系数应计算隔震结构与非隔震结构各层层间剪力的最大比值及倾覆力矩的最大比值，取二者的较大值。在 7 组 8 度（0.20g）设防烈度地震波作用下，采用非线性时程分析法进行计算，得到 23 号楼隔震层以上结构两个方向按层间剪力比值计算的水平减震系数见表 6.3-4；按倾覆力矩比值计算的水平减震系数见表 6.3-5。

按层间剪力比值计算的水平减震系数（7 组时程波平均值）    表 6.3-4

| 楼层 | 13层 | 12层 | 11层 | 10层 | 9层 | 8层 | 7层 | 6层 | 5层 | 4层 |
|------|------|------|------|------|-----|-----|-----|-----|-----|-----|
| $X$ 向 | 0.328 | 0.333 | 0.341 | 0.356 | 0.379 | 0.391 | 0.390 | 0.381 | 0.338 | 0.285 |
| $Y$ 向 | 0.213 | 0.242 | 0.283 | 0.333 | 0.386 | 0.388 | 0.347 | 0.307 | 0.264 | 0.225 |

按倾覆力矩比值计算的水平减震系数（7 组时程波平均值）    表 6.3-5

| 楼层 | 13层 | 12层 | 11层 | 10层 | 9层 | 8层 | 7层 | 6层 | 5层 | 4层 |
|------|------|------|------|------|-----|-----|-----|-----|-----|-----|
| $X$ 向 | 0.330 | 0.331 | 0.335 | 0.340 | 0.346 | 0.356 | 0.367 | 0.377 | 0.384 | 0.386 |
| $Y$ 向 | 0.209 | 0.226 | 0.249 | 0.276 | 0.306 | 0.333 | 0.360 | 0.385 | 0.389 | 0.367 |

从以上结果可见，在 8 度（0.20g）设防烈度地震作用下，按 7 组时程波平均值计算，层间剪力比值最大值 $X$ 向为 0.391，$Y$ 向为 0.388；倾覆弯矩比值最大值 $X$ 向为 0.386，$Y$ 向为 0.389。取二者的较大值，则隔震层以上结构水平向减震系数 $\beta$ 最大值为 0.391，隔震后水平地震影响系数最大值 $\alpha_{max1} = \beta\alpha_{max}/\psi = 0.391 \times 0.16/0.85 = 0.0737$。

采用层间隔震技术后，隔震层以上结构可按设防烈度降低一度即 7 度（0.10g）进行设计，但竖向地震作用及相关抗震构造措施不应降低。

（3）隔震层偏心率验算

隔震层偏心率是隔震结构设计的重要指标。23号楼隔震层偏心率验算结果见表6.3-6，可以看出 $X$、$Y$ 两个方向的偏心率均小于 3%，说明隔震层布置规则，质量中心和刚度中心基本重合，满足相关要求。

隔震层偏心率验算结果　　　　　表6.3-6

| 方向 | 质心坐标(m) | 刚心坐标(m) | 偏心距(m) | 扭转刚度(kN/m) | 回转半径(m) | 偏心率 |
|---|---|---|---|---|---|---|
| $X$ 向 | 162.93 | 163.12 | 0.19 | 45132719 | 11.211 | 2.59% |
| $Y$ 向 | 118.94 | 118.65 | 0.29 | 45132719 | 11.211 | 1.69% |

（4）隔震层抗风承载力验算

根据《抗规》相关规定，隔震结构风荷载产生的总水平力不宜超过结构总重力的 10%。23号楼隔震层以上风荷载产生的总水平力为 932.8kN，总重力为 72058.09kN，满足要求。

23号楼隔震层抗风承载力验算见表6.3-7，隔震层总屈服力与100年风荷载标准值作用下两个方向隔震层水平剪力之比均大于1.4，满足隔震层抗风承载力要求。

隔震层抗风承载力验算　　　　　表6.3-7

| 隔震层层号 | 方向 | 风荷载剪力(kN) | 隔震支座总屈服力(kN) | 验算结果 |
|---|---|---|---|---|
| 3层 | $X$ 向 | 429.9 | 2554.0 | 2554.0/429.9=5.94 |
| | $Y$ 向 | 932.8 | 2554.0 | 2554.0/932.8=2.74 |

（5）隔震支座应力验算

23号楼在重力荷载代表值1.0恒荷载＋0.5活荷载组合工况作用下，隔震支座最大竖向压应力为 13.92MPa＜15MPa，满足长期面压要求。

在罕遇地震作用下，隔震支座在 1.0 恒荷载＋0.5 活荷载±1.0 水平地震±0.65 竖向地震作用组合工况下，支座最大压应力为 19.20MPa＜30MPa，满足短期极大面压要求。

在罕遇地震作用下，隔震支座在 0.9 恒荷载±1.0 水平地震±0.5 竖向地震作用组合工况下，支座最大拉应力为 0.64MPa＜1MPa，满足短期极小面压要求。

（6）隔震支座变形验算

23号楼隔震支座在罕遇地震作用下最大水平位移为 237.2mm，小于 0.55 倍支座有效直径和 3.0 倍支座内部橡胶总厚度的较小值，23号楼采用的隔震支座最小直径为 800mm（LRB800、LNR800），其位移限值为 440mm。

## 6.3.2　徐州某车辆基地上盖开发

**1. 工程概况**

本工程由中衡设计集团股份有限公司设计。

工程位于徐州市三环西路以西，老徐萧公路南侧，华山以北，龟山以东，隶属于泉山区。总占地面积 66914m²，规划总建筑面积 189920m²，建筑总平面上为 15 栋 18 层住宅和 4 栋 4 层住宅，住宅下方为杏山子车辆基地检修库及运用库，上部住宅与下方车辆基地轴线网格斜交，角度为 32°。整个车辆基地上盖开发效果图见图6.3-7。

上盖平台为两层，无地下室，第 1 层检修库及运用库层高为 8.7m，第 2 层汽车库层高为 5m，上部为 18 层住宅，各层层高均为 2.9m，住宅剪力墙均不落地，在车库上方采用层间隔震技术转换，隔震层高度为 2m。上盖平台长 346m，宽 270m，根据盖上住宅分布设置 4 条

图 6.3-7　上盖开发效果图

防震缝将上盖划分为 A～G 共 7 个抗震单元，防震缝宽 300mm，如图 6.3-8 所示。

各抗震单元层间隔震转换设计过程基本一致，本书选取比较典型的 A 区 21 号楼和 F 区 7 号楼介绍其隔震设计要点及主要分析结果。

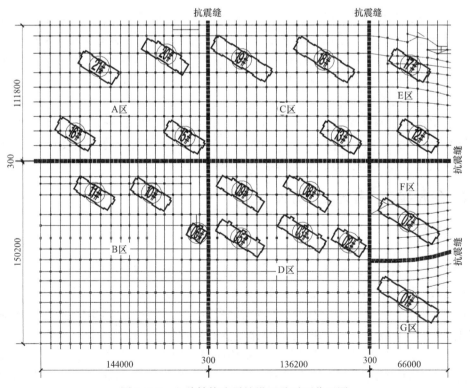

图 6.3-8　上盖结构防震缝设置及平面分区图

A区平面长144m，宽111.8m，盖上4栋18层住宅分别为15号楼、16号楼、20号楼及21号楼，其中21号楼结构平面布置图见图6.3-9。

F区平面长66m，宽75m，盖上1栋18层住宅为7号楼，7号楼结构平面布置图见图6.3-10。

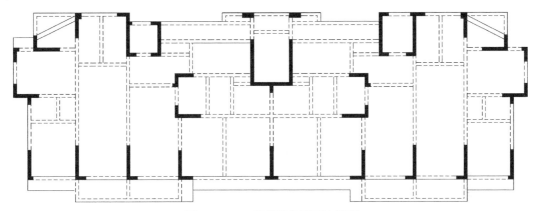

图6.3-9 21号楼结构平面布置图

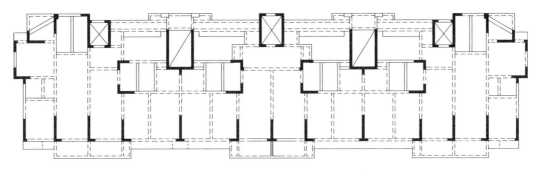

图6.3-10 7号楼结构平面布置图

### 2. 层间隔震方案设计

（1）设计参数

A区、F区设计工作年限为50年，耐久性设计工作年限为50年，建筑结构安全等级为二级。抗震设防烈度为7度，设计基本地震加速度为0.10g，设计地震分组为第三组，抗震设防类别隔震层以下为重点设防类、隔震层及以上为标准设防类，建筑场地类别为Ⅱ类，场地特征周期 $T_g$ 为0.45s。

（2）结构体系

A区、F区底部2层为框架结构，盖上18层住宅为剪力墙结构，结构体系采用底部框架（厚板转换）＋隔震层＋剪力墙。底部框架抗震等级为一级；隔震层抗震等级为二级；上部剪力墙抗震等级为三级。

（3）隔震层布置

21号楼隔震层共布置隔震支座45个（32个铅芯橡胶支座和13个普通橡胶支座），平面布置图如图6.3-11所示；7号楼隔震层共布置隔震支座68个（43个铅芯橡胶支座和25个普通橡胶支座），平面布置图如图6.3-12所示。

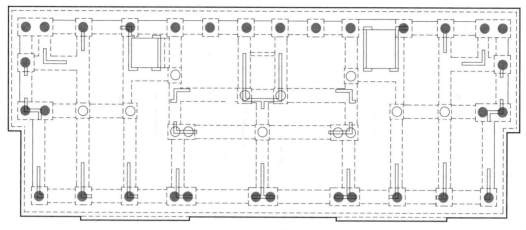

图 6.3-11　21号楼隔震层平面布置图

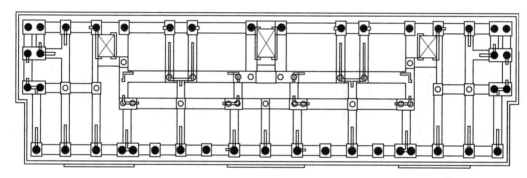

图 6.3-12　7号楼隔震层平面布置图

塔楼在外围设置较多的铅芯橡胶支座控制结构扭转（图中涂黑的圈圈为 LRB800 铅芯橡胶支座），在内部设置少量的普通橡胶支座控制结构整体变形（图中未涂黑的圈圈为 LNR700 普通橡胶支座），隔震支座力学性能参数见表 6.3-8。

隔震支座力学性能参数

表 6.3-8

| 技术参数 | | 铅芯橡胶支座 LRB800 | 普通橡胶支座 LNR700 |
|---|---|---|---|
| 橡胶直径(mm) | | 800 | 700 |
| 铅芯直径(mm) | | 145 | — |
| 橡胶总厚度(mm) | | 200 | — |
| 竖向刚度(kN/mm) | | 2000 | 2600 |
| 屈服前刚度(kN/mm) | | 12.63 | — |
| 屈服后刚度(kN/mm) | | 0.98 | — |
| 等效刚度(kN/mm) | 7%剪切变形 | 9.274 | 1.21 |
| | 50%剪切变形 | 2.124 | |
| | 100%剪切变形 | 1.595 | |
| 水平屈服力(kN) | | 125 | — |
| 等效阻尼比 | | 22.1% | <5% |

**3. 层间隔震主要分析结果**

（1）结构动力特性

7 号楼通过设置隔震层，延长结构周期，从而有效降低上部结构地震作用，见表 6.3-9。

非隔震和隔震结构主要周期对比　　　　　　表 6.3-9

| 周期 | 非隔震结构 | 隔震结构 | 隔震结构/非隔震结构 |
| --- | --- | --- | --- |
| $T_1$ | 2.11 | 2.99 | 1.42 |
| $T_2$ | 1.97 | 2.88 | 1.46 |

（2）水平向减震系数计算

在 3 组 7 度（0.10g）设防烈度地震波作用下，采用非线性时程分析法进行计算，得到 7 号楼隔震层以上结构两个方向按层间剪力比值计算的水平减震系数见表 6.3-10；按倾覆力矩比值计算的水平减震系数见表 6.3-11。

根据计算结果，按 3 组时程波包络值计算，层间剪力比值最大值 $X$ 向为 0.84，$Y$ 向为 0.73；倾覆弯矩比值最大值 $X$ 向为 0.64，$Y$ 向为 0.75。取二者的较大值，隔震层以上各层水平向减震系数最大包络值为 0.84，因水平向减震系数大于 0.4，隔震后上部结构抗震措施所对应的烈度不降低。

7 号楼由于盖上住宅 18 层，高度较大，一方面非隔震结构周期较长，隔震效果不明显；另一方面采用 3 组时程波取包络值计算也是造成水平向减震系数偏大的原因之一。

按层间剪力比值计算的水平减震系数（3 组时程波包络值）　　表 6.3-10

| 楼层 | 21 层 | 20 层 | 19 层 | 18 层 | 17 层 | 16 层 | 15 层 | 14 层 | 13 层 |
| --- | --- | --- | --- | --- | --- | --- | --- | --- | --- |
| $X$ 向 | 0.73 | 0.70 | 0.67 | 0.65 | 0.63 | 0.60 | 0.67 | 0.76 | 0.84 |
| $Y$ 向 | 0.56 | 0.55 | 0.55 | 0.55 | 0.58 | 0.61 | 0.65 | 0.67 | 0.69 |
| 楼层 | 12 层 | 11 层 | 10 层 | 9 层 | 8 层 | 7 层 | 6 层 | 5 层 | 4 层 |
| $X$ 向 | 0.79 | 0.60 | 0.53 | 0.52 | 0.52 | 0.52 | 0.52 | 0.51 | 0.44 |
| $Y$ 向 | 0.73 | 0.57 | 0.53 | 0.50 | 0.48 | 0.47 | 0.49 | 0.52 | 0.50 |

按倾覆力矩比值计算的水平减震系数（3 组时程波包络值）　　表 6.3-11

| 楼层 | 21 层 | 20 层 | 19 层 | 18 层 | 17 层 | 16 层 | 15 层 | 14 层 | 13 层 |
| --- | --- | --- | --- | --- | --- | --- | --- | --- | --- |
| $X$ 向 | 0.55 | 0.55 | 0.55 | 0.55 | 0.56 | 0.57 | 0.58 | 0.60 | 0.61 |
| $Y$ 向 | 0.72 | 0.71 | 0.69 | 0.68 | 0.67 | 0.65 | 0.64 | 0.62 | 0.60 |
| 楼层 | 12 层 | 11 层 | 10 层 | 9 层 | 8 层 | 7 层 | 6 层 | 5 层 | 4 层 |
| $X$ 向 | 0.62 | 0.63 | 0.64 | 0.64 | 0.64 | 0.64 | 0.63 | 0.62 | 0.57 |
| $Y$ 向 | 0.64 | 0.68 | 0.71 | 0.73 | 0.74 | 0.75 | 0.71 | 0.65 | 0.60 |

（3）隔震层偏心率验算

7 号楼隔震层偏心率验算结果见表 6.3-12，21 号楼隔震层偏心率验算结果见表 6.3-13，可以看出 $X$、$Y$ 两个方向的偏心率均小于 3%。

**7号楼隔震层偏心率验算结果**  表 6.3-12

| 方向 | 质心坐标(m) | 刚心坐标(m) | 偏心距(m) | 扭转刚度(kN/m) | 回转半径(m) | 偏心率 |
|---|---|---|---|---|---|---|
| X向 | 85.248 | 85.253 | 0.005 | 38958486 | 20.127 | 1.92% |
| Y向 | 10.801 | 11.187 | 0.386 | 38958486 | 20.127 | 0.02% |

**21号楼隔震层偏心率验算结果**  表 6.3-13

| 方向 | 质心坐标(m) | 刚心坐标(m) | 偏心距(m) | 扭转刚度(kN/m) | 回转半径(m) | 偏心率 |
|---|---|---|---|---|---|---|
| X向 | 36.711 | 36.732 | 0.021 | 13668283 | 12.467 | 1.75% |
| Y向 | 11.020 | 11.238 | 0.218 | 13668283 | 12.467 | 0.17% |

（4）隔震层抗风承载力验算

根据《抗规》相关规定，隔震结构风荷载产生的总水平力不宜超过结构总重力的10%。7号楼隔震层以上风荷载产生的总水平力为3711kN，总重力为154490kN；21号楼隔震层以上风荷载产生的总水平力为2255kN，总重力为100850kN，均满足要求。

7号楼隔震层总屈服力125kN×43＝5375kN大于100年风荷载标准值作用下隔震层水平剪力3711kN（两个方向的较大值）的1.4倍，满足隔震层抗风承载力要求，隔震层在风荷载标准值作用下处于不屈服工作状态，如图6.3-13所示。隔震层水平恢复力特性由铅芯橡胶支座与普通橡胶支座共同组成。

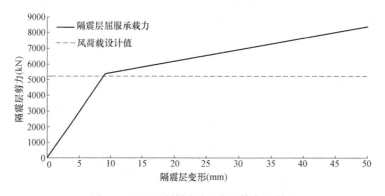

图 6.3-13 7号楼隔震层水平恢复力特性

（5）隔震支座应力验算

21号楼在重力荷载代表值1.0恒荷载＋0.5活荷载组合工况作用下，LRB800直径隔震支座最大竖向压应力10MPa，LNR700直径隔震支座最大竖向压应力9.6MPa均小于15MPa，满足长期面压要求。

在罕遇地震作用下，隔震支座在1.0恒荷载＋0.5活荷载±1.0水平地震±0.65竖向地震作用组合工况下，LRB800直径支座最大压应力为14.30MPa，LNR700直径支座最大压应力为13.30MPa均小于30MPa，满足短期极大面压要求。

在罕遇地震作用下，隔震支座在0.9恒荷载±1.0水平地震±0.5竖向地震作用组合工况下，支座最大拉应力为0.19MPa<1MPa，满足短期极小面压要求。

（6）隔震支座变形验算

21号楼 LRB800 直径隔震支座 X 向最大位移为 116.2mm，Y 向最大位移为

125.9mm；LNR700 直径隔震支座 $X$ 向最大位移为 114mm，$Y$ 向最大位移为 125.8mm，均小于 0.55 倍支座有效直径和 3.0 倍支座内部橡胶总厚度的较小值，21 号楼采用的隔震支座最小直径为 700mm（LNR700），其位移限值为 385mm。

## 6.4　本章小结

轨道交通车辆基地上盖开发一方面根据使用功能需要常常采用大底盘单、多塔结构形式，此类结构体系上下刚度突变且底盘上大面积深厚覆土的巨大质量将带来强烈的地震反应，对抗震设计极为不利；另一方面下部作为车辆基地的停放与检修区域，多为大跨度大空间结构，对下部结构竖向构件的位置和截面均有严格的限制，导致上部结构的墙、柱等竖向构件往往难以落地，造成结构上下竖向构件不连续，常常需在大底盘顶部进行局部或全部竖向构件转换，竖向严重不规则，容易形成抗震薄弱部位。

本章阐述的层间隔震技术是目前工程界最容易接受的结构被动控制技术之一，已在国内外实际工程中得到广泛应用。通过应用层间隔震技术，可以得出以下结论：

（1）对于存在上下刚度突变和竖向构件大面积转换等问题的大底盘单、多塔结构，采用层间隔震技术，不仅可以有效解决竖向严重不规则问题，同时可以调整结构动力特性，降低上部结构传递到下部结构的地震响应，有效改善下部结构的受力状态，提高车辆基地上盖开发整体结构的抗震性能。

（2）对于采用层间隔震技术的大底盘单、多塔结构，为保证结构设计的安全性，可采用带大底盘模型与不带大底盘模型、多塔模型与单塔模型等多种模型分别计算并对比分析，取包络结果进行设计。

（3）地铁上盖结构最新竖向振动台模型试验研究结果表明，通过输入实测地铁场地波，在上盖结构中合理设置叠层橡胶支座振动控制层，可以明显降低竖向自振频率，使其远离地铁竖向振动的卓越频带，有效降低上盖结构的竖向振动效应；通过设置振动控制层，使上盖结构沿竖向趋于整体运动状态，能有效抑制上部楼层对竖向振动的放大作用，有效减弱车辆运行时竖向振动对上盖结构舒适性的不利影响。

（4）对于层间隔震方案，也可与地铁振动的减振措施综合应用，即采用既隔地震作用又隔车辆振动作用的复合型隔震（振）技术，选用具有水平隔震和竖向隔振的多功能支座，如叠层天然厚橡胶支座、铅芯叠层厚橡胶支座、叠层橡胶与钢弹簧/蝶簧组合的三维隔震（振）支座等，通过合理设计支座水平刚度和竖向刚度，实现"震振双控"。对于具有震振双控的多功能支座，其罕遇地震作用下不宜出现拉应力。

# 第7章

# 车辆基地上盖分隔楼板耐火极限研究

## 7.1　研究背景

  火是一种发光发热的化学反应、温度很高，是能量释放的一种方式。火在人类的进化过程中起到了巨大的推动作用，然而若失去控制也会给人类带来巨大的灾难和损失，火灾每年要夺走成千上万人的生命和健康，造成数以亿计的经济损失。据统计，自然灾害中，火灾所造成的直接经济损失仅次于旱灾和洪涝，火灾的发生频率远高于旱灾和洪涝，给人类的生命和财产造成了巨大损失。在各种类型的火灾中，建筑火灾发生最频繁，造成的损失也最大，火灾伤害的惨痛教训极大地促进了建筑领域防火和抗火技术的快速发展。建筑火灾除了采取积极的预防措施，还要保证结构本体具有可靠的合理耐火性能，最大限度地避免火灾引发结构倒塌。

  伴随中国特色社会主义进入新时代，粗放型经济增长方式转为集约型模式，城市发展也步入了城市更新的重要阶段，由过去增量式建设逐步转向存量发展，城市由低密度、功能单一粗放型的开发建设正转变为高密度、功能复合的节约型、集成式发展，同时也迎来了轨道交通 TOD 模式的建设热潮，推进了轨道交通车辆基地的上盖综合利用，新的建设模式也给建筑防火和结构抗火提出了新的要求。

  深圳靠近香港，受香港"地铁＋物业"协同发展模式的影响，是国内较早进行车辆基地上盖物业开发的城市，车辆基地上盖开发的规划设计借鉴了香港许多成熟经验。车辆基地上盖开发后的建筑体量巨大、功能复杂，是车辆基地和其他城市功能的复合体，为提高建筑防火的安全性，降低火灾风险，上盖物业开发部分与车辆基地之间采用了耐火极限不小于 4h 的钢筋混凝土楼板进行分隔，把上盖物业开发与车辆基地的防火分成各自独立的两部分。依据香港《1996 年耐火结构守则》（文献［92］表 C），现浇钢筋混凝土楼板耐火极限不小于 4h 时，楼板厚度不应小于 170mm，连续板的钢筋保护层厚度不应小于 45mm，简支板的钢筋保护层厚度不小于 55mm，保护层内须设置钢丝网。满足耐火极限 4h 钢筋混凝土楼板的厚度较大，尤其是钢筋保护层较厚，导致楼板的截面有效高度损失较大，增加了工程建设成本。

  轨道交通车辆基地用于车辆停修和后勤保障，通常包括车辆段或停车场、综合维修中心、物资总库、培训中心和其他生产、生活、办公等配套设施，主体建筑属于工业建筑，基地上盖结构顶板上部空间建设的其他城市功能通常为民用建筑，两种不同性质的建筑垂直叠加建造，该类建筑在2018年前，国家工程建设技术标准尚无明确规定。2011年启迪设计集团股份有限公司（原苏州市建筑设计研究院有限责任公司）在苏州轨道交通2号线太平车辆段（以下简称太平车辆段）上盖开发项目中，力图精准化设计，参考香港、深圳车辆基地上盖开发的经验，依据《建筑设计防火规范》GB 50016—2014防火墙的耐火极限要求，首次采用耐火极限不低于3h钢筋混凝土梁板将盖下车辆基地与盖上开发建筑完全分隔，使其防火设计各自独立，且支撑梁板的承重柱、承重墙耐火极限不低于4h，此做法与2018年首版发行的《地铁设计防火标准》GB 51298—2018相关规定一致，验证了2011年设计的太平车辆段上盖分隔楼板耐火极限不低于3h的合理性，比香港和深圳采用的耐火极限降低1h，可明显减小楼板厚度和钢筋保护层厚度，提高板的截面有效高度，取消保护层内的附加钢筋网，有效节省工程费用。

国家工程建设技术标准中，《建筑设计防火规范》GB 50016—2014列举了各种建筑构件不同耐火极限所对应的构件厚度或截面最小尺寸。根据《建筑设计防火规范》GB 50016—2014附表1（各种建筑构件的燃烧性能等级和耐火极限）可知，钢筋混凝土承重柱截面尺寸为370mm×370mm时，耐火极限为5h，钢筋混凝土承重墙厚度为240mm时，耐火极限为5.5h，太平车辆段上盖平台的钢筋混凝土墙厚度均大于240mm，柱尺寸均大于370mm×370mm，故其耐火极限均大于4h，但现浇钢筋混凝土楼板最大耐火极限只有2.65h的构件要求，没有楼板3h耐火极限的设计措施。广东省标准《建筑混凝土结构耐火设计技术规程》DBJ/T 15-81—2011（以下简称《结构耐火规程》），满足相应耐火极限的普通混凝土板对板厚和纵向受拉钢筋的保护层厚度有相应的要求，见表7.1-1，表中板最大耐火极限只有1.5h的构件要求，没有楼板3h耐火极限的设计措施，由此，迫切需要对钢筋混凝土楼板的3h耐火极限开展研究，以满足实际工程需求。

板厚和纵向受拉钢筋保护层厚度的最小值 表7.1-1

| 耐火极限(min) | 板厚(mm) | 纵向受拉钢筋的保护层厚度(mm) | | |
|---|---|---|---|---|
| | | 单向板 | 双向板 | |
| | | | $l_y/l_x \leq 2.0$ | $2.0 < l_y/l_x \leq 3.0$ |
| 60 | 80 | 20 | 15 | 15 |
| 90 | 100 | 25 | 15 | 20 |

注：1. $l_y$和$l_x$分别为双向板的长跨和短跨，双向板适合于四边支撑情况，否则按单向板考虑；
2. 纵向受拉钢筋的保护层厚度与钢筋半径之和大于0.2倍板厚时，需计算校核裂缝宽度，必要时应配置附加钢筋。

火灾下，钢筋混凝土构件受力复杂、影响因素多，随着建筑受火频发倒塌的问题日益受到重视，极大地推动了混凝土构件抗火性能研究。国外对钢筋混凝土结构耐火性能的研究比较早，在20世纪20年代初已经注意到了钢筋混凝土结构的力学性能在温度作用下的变化，但大量研究始于20世纪50年代。波特兰水泥协会（PCA）、美国混凝土协会、美国预应力混凝土协会（PIC）、英国的建筑研究院（BRE）和欧洲国际混凝土协会先后成立混凝土结构抗火研究小组，研究了混凝土的高温材性，梁、柱和板的耐火性能与计算方法及框架的火灾反应。钢筋混凝土结构的耐火性能研究在国内起步较晚，原冶金部建筑科学研究总院、清华大学、同济大学等至20世纪80年代中后期才开始进行混凝土的材性、构件和结构的耐火性能的试验研究。

　　火灾高温对结构材料的性能特别是力学性能有显著的影响。如结构钢的屈服强度和弹性模量随温度的上升而下降，当温度超过550℃时，普通结构的钢材将丧失大部分强度和刚度。火灾时，建筑室内的空气温度在半小时内可达到800～1200℃，因此无保护的钢结构在火灾中极易受到损害。混凝土在火灾高温下会爆裂，其强度和刚度也会迅速降低。国内外对高温下混凝土的力学特性进行了大量研究；试验结果表明，高温下混凝土的力学性能总体上呈现随温度升高逐渐劣化的趋势，主要表现为随着温度的升高，混凝土的强度和弹性模量逐渐降低（其中弹性模量的降低速率通常比强度更大），混凝土的峰值应变逐渐增大，混凝土的单轴应力-应变曲线越来越扁平，钢筋和混凝土的粘结强度下降，极限滑移量增加，混凝土的徐变明显加快，在高温下会产生瞬态热应变。

　　火灾对建筑结构的危害极大，建筑结构中各构件应满足其最低耐火极限要求。混凝土楼板作为水平构件，有效承担着楼面荷载，是直接受火构件，对阻止火灾竖向蔓延和防止结构倒塌起关键作用。由于楼板厚度较小、钢筋保护层厚度较薄，是建筑整体结构中防火最薄弱部位，而且是受火面积最大、损伤最严重的构件。钢筋混凝土楼板火灾受损的主要原因是板中的钢筋因高温作用而强度降低，从而导致板抗弯承载力降低，加之板的刚度下降，挠度和裂缝增加而导致板的破坏。常温时，相同板厚情况下，保护层厚度越小，钢筋混凝土板截面有效高度越大，极限承载力越高，所以，在满足结构耐久性能和耐火性能的条件下，保护层厚度应尽可能取小值。在火灾作用下，随着保护层厚度的增加，受力钢筋升温速度减缓，钢筋强度退化速度降低，从而提高了钢筋混凝土板的耐火能力。

　　针对钢筋混凝土楼板的抗火性能，国内已开展了较多的试验研究。文献［118］、［119］，通过两块四边简支与一块四边固支钢筋混凝土双向板足尺试件在恒载-升温工况下的火灾试验，研究了双向板在受火过程中沿板厚混凝土的温度场分布规律、钢筋的温度变化、板平面外的变形、板边转角随温度的改变情况以及固支板支座反力随火灾作用的变化；试验结果表明，在荷载和温度的耦合作用下，沿板厚存在非线性温度场，板平面外变形比常温下显著增加，固支板的支座反力有显著的重分布，钢筋混凝土双向板具有与常温下不同的破坏模式，在火灾作用下，板长边方向的温度拉应力大于短边方向的温度拉应力，裂缝主要出现在长边跨中、距短边支座1/4处以及角部，四边固支板在板顶出现椭圆形盆状塑性铰线。文献［126］、［133］，利用自行研制的火灾试验炉，对三层足尺钢框架结构中钢筋混凝土双向板在火灾下的性能进行了试验研究，获得了双向板在受火过程中沿板厚的温度场分布规律，以及板平面外和平面内的变形状态；试验结果表明：整体结构中相邻未受火构件的约束对受火双向板的火灾行为影响显著，在荷载-温度的耦合作用下，在受火板顶形成圆形负塑性铰线，同时与受火板相邻的未受火楼板板顶也出现了规则裂缝；周边相邻未受火构件对受火板有较强的轴向约束作用，导致板边未产生向外膨胀的平面内位移，而是随板挠度的增长一直向内收缩；整体结构中钢筋混凝土双向板具有较好的抗火性能。文献［120］，对两块足尺钢筋混凝土平板无梁楼盖试件进行了抗火试验，测量了火灾作用下板的平面内（水平）位移和平面外（竖向）位移等，考察了板的约束反力变化，分析了混凝土板沿厚度的温度分布以及钢筋的温度变化。文献［121］，通过对钢筋混凝土板温度场进行数值模拟，研究了钢筋混凝土板的耐火极限与混凝土保护层厚度、板厚及受荷水平之间的关系；结果表明：耐火极限随混凝土保护层厚度的增大有显著的提高，而钢筋混凝土板厚对楼板的耐火极限基本没有影响，钢筋混凝土板承受的荷载水平越高，其耐火极限越低。文献［122］，通过对八块面内约束混凝土试验板进行数值模拟和对比分析，研究了几何（非）线性和混凝土膨胀应变对约束试验板变形、弯矩分布和薄膜机理影响规律；同时，开展参数分析，研究约束类型、约束水平、长宽比、配筋率和板厚等对面内约束混凝土板温度场、变形、破坏模式和耐火极限等影响；结果表明，对任一约束工况，较大混凝土膨胀应变导致约束板较大变形，且几何非线性影响不可忽略，面内约束作用倾向于降低跨中弯矩和增大板边负弯矩，且不利于板大变形阶段受拉薄膜效应发展，约束板火灾行为取决于约束类型、约束水平和长宽比等相互作用，增加板厚和配筋率有助于提高约束板抗火性能。文献［127］，基于热弹塑性本构模型编制非线性有限元分析程序，对钢筋混凝土盖板结构中的最不利楼板和主梁的瞬态温度场以及火灾下的力学行为进行数值模拟，验证了盖板结构中的梁和楼板的设计措施能够满足 3h 耐火极限的要求。这些研究虽然大多都涉及钢筋混凝土楼板的耐火极限，但都没有专门针对钢筋混凝土板的 3h 耐火极限展开研究，缺少钢筋混凝土板 3h 耐火性能的定量分析与比较。

针对不同约束条件下混凝土楼板的耐火性能，国内外已开展了许多试验研究和理论分析。1997 年美国 Issen 等通过试验发现不同大小的轴向约束都能明显提高楼板的耐火性能，基于这些试验，波特兰水泥协会（PCA）制定了相关的防火设计方法和准则。瑞典 Anderberg 等利用非线性有限元软件 CONFIRE 研究了混凝土构件的耐火性能，分析了简支混凝土楼板，并通过控制两端膨胀的大小来施加约束，分析表明楼板的耐火性能并非随着轴向约束的增大而提高。美国 Lin. T. D. 等开展了大量混凝土楼板的明火试验，试验结果表明：除了轴向约束刚度为 0 和 100％之外，轴向约束刚度对楼板的耐火性能影响并没有那么大，在约束刚度为 0 时，楼板的性能与简支板相似，甚至有时耐火极限略低，在约束刚度为 100％时，板内较大的轴力可能会导致板的压溃破坏。英国 Cook 进行了一系列混凝土约束板的耐火试验，试验结果表明：轴向约束力作用于板底时的耐火性能明显好于作用在 1/2 板厚处，轴向约束力作用于 1/2 板厚时的耐火极限甚至比无轴向约束板还要短。2004 年 Lim 等使用 SAFIR 程序研究了钢筋混凝土约束单向板的耐火性能，分析了板中轴力作用位置、轴向约束刚度比和转动约束刚度对单向板耐火性能的影响规律，研究表明：对于无转动约束简支板，轴力作用位置和轴向约束刚度对板的耐火性能有重要影响；对于施加转动约束的板，轴向约束刚度越大，板的跨中挠度越小，但当受火时间较长时，由于混凝土强度和刚度的降低，轴向约束刚度越大，板的耐火极限越短。2008 年 P. J. Moss 等利用 SAFIR 对多层多跨的整体结构中的双向板进行了高温下的数值模拟，且进行了升温和降温的比较；研究发现：板内较大的温度梯度试图引起板产生弯曲变形，但由于整体结构中约束的存在，导致板内发生剧烈的弯矩重分布，当板底钢筋温度超过 300℃，钢筋屈服强度降低，跨中截面的承载力开始下降，板底钢筋温度达到 400℃时，板内弯矩达到峰值；板内的受拉薄膜力受限于板底钢筋温度（钢筋强度受温度影响）和板不断增加的挠度，因此升温楼板的受拉薄膜力在后期开始缓慢降低，而降温楼板的受拉薄膜力由于钢筋强度的恢复和板的收缩变形，在降温阶段持续增长；因此结构设计时，应当确保板内钢筋锚固可靠，尤其是上部钢筋。文献［128］，对足尺钢筋混凝土简支板、三跨连续板进行了恒载下的受火试验研究，给出了钢筋混凝土简支板和连续板在高温下的变形、构件截面温度分布规律，分析了连续板的内力重分布和破坏机构的特点；试验结果指出：火灾下板的塑性铰均出现在板的负筋截断处，从变形的角度看，中跨受火试件耐火性能最好，边跨受火时次之，两邻边跨受火试件耐火性能最差。文献［125］，表明了受火板裂缝特征取决于其自身边界条件：对于角区格板，裂缝沿对角线对称分布，且贯穿板厚的裂缝在板格中间区域形成；对于边区格板，裂缝多集中于板格边（板顶钢筋截断处）；对中间区格板，沿板周边出现环形裂缝，板中部基本没有裂缝，相比其他区格，该板裂缝相对较少，原因在于其具有较强边界约束作用。文献［126］，对钢筋混凝土双向板的角区格板进行了耐火试验研究，发现在靠近两个固支板边的1/4跨度处，出现主裂缝，其产生是由板向下变形过程中两个固支板边处较强的转动约束导致较大的板边负弯矩引起的，裂缝的位置大约在板顶负弯矩钢筋截断处，因此在火灾条件下，角区格板的负弯矩钢筋不应按常温下设计全部截断，应有部分钢筋通长布置以避免板顶主裂缝的产生。以上研究成果表明：不同边界条件钢筋混凝土板的抗火性能有明显差异，然而，缺少不同边界条件下混凝土楼板的抗火性能的定量分析与比较。

为使混凝土楼板耐火极限的研究成果具有较强的实用性，本次结合太平车辆段上盖开发实际工程对车辆基地上盖分隔楼板耐火极限进行研究。太平车辆段上盖开发项目是在车辆段上部距地面8.7m高建造1层钢筋混凝土平台，为上盖开发的汽车库，面积18万$m^2$，在汽车库上建第2层钢筋混凝土平台，作为上盖建筑的上盖地坪，面积17.3万$m^2$，在上盖地坪上建18~24层住宅和配套设施，建筑面积24.4万$m^2$，1层平台下车辆段房屋面积9万$m^2$，为停车列检库、联合车库、丁类物资仓库、工程车库、变电所、动调试验间、受电弓轮对检测间、洗车镟轮库、污水处理和丁类材料棚等房间。将车辆段、汽车库和住宅叠加建造，是车辆基地上盖开发的典型模式，见图7.1-1。图中1层上盖平台（也称板地）是车辆段与上盖开发的防火分隔楼板，根据防火设计要求，其耐火极限不应低于3h。工程进度：2011年底完成车辆段和上盖平台设计，2013年底盖下车辆段竣工，并开通试运行，2014年底完成上盖开发设计，2015年6月盖上一期住宅开盘，2017年6月住宅交付使用，是国内较早建成投入使用的车辆基地上盖开发项目，已获得良好的社会效益和经济效益，为同类项目积累了经验，极大促进了我国车辆基地上盖开发项目的建设。图7.1-2为太平车辆段上盖开发实景图，图7.1-3为盖下太平车辆段实景图。

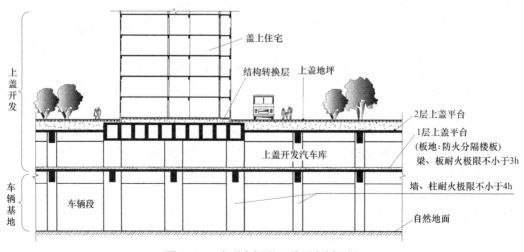

图7.1-1　太平车辆段上盖开发剖面图

图 7.1-2　太平车辆段上盖开发实景图

图 7.1-3　盖下太平车辆段实景图

1 层平台是太平车辆段上盖开发的防火分隔楼板，面积 18 万 $m^2$，形状呈"刀柄"形，见图 7.5-1，平台长度超过 1100m，宽度由 80m 到 320m 不等，根据车辆段工艺和上盖开发汽车库布置要求，柱网开间为 9m，柱网跨度主要为 9~15m，平台被分成 16 个结构抗震单元，平台楼板的边界约束分为中间跨板、边跨板和角跨板三种形式，结构平面主要为 9m×(9~15)m 的双向板和 3m×(9~15)m 的单向板两种类型，见图 7.1-4 楼板平面布置图。

楼板厚度和钢筋保护层厚度是影响楼板耐火极限的重要因素，对满足耐火极限 3h 的混凝土楼板，确定合适的楼板厚度和钢筋保护层厚度，是建筑防火设计、降低工程造价、实现精细化设计的关键，也是体现用较少的材料建设安全的房子，经济合理地进行建筑结构耐火设计，符合我国以"双碳"目标为引领，加快建筑行业的绿色低碳转型的总方针。

钢筋混凝土保护层的最小厚度取决于构件的受力钢筋粘结锚固性能、耐久性和防火要求。保护层的最小厚度应满足：①保证钢筋与其周围混凝土能共同工作，使钢筋充分发挥

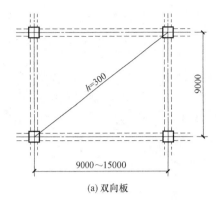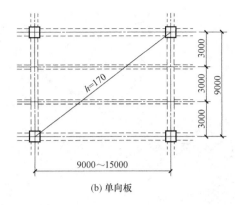

(a) 双向板                              (b) 单向板

图 7.1-4 楼板平面布置图

计算所需的强度；②在设计使用年限内保证构件的钢筋不发生危及结构安全的锈蚀；③保证构件在火灾中按建筑防火设计确定的耐火极限的这段时间里，不会失去承载能力。《地铁设计规范》GB 50157—2013 要求地铁的主体结构工程设计使用年限不低于 100 年，车辆基地上盖平台属于地铁的主体结构工程，为满足使用年限不低于 100 年的耐久性，板的钢筋保护层的厚度不应小于 21mm（《混规》表 8.2.1 中数值的 1.4 倍），依据表 7.1-1，耐火极限 1.5h 单向板的保护层最小厚度为 25mm，确定板的钢筋保护层厚度为 25mm。

楼板厚度除应满足承载能力、刚度和裂缝的要求，还应考虑使用、防火要求和经济方面的因素。太平车辆段 1 层平台楼板上设置 300mm 厚 C20 混凝土垫层，功能为机动车停车库，正常使用荷载：恒荷载 $7.5kN/m^2$、活荷载 $5.0kN/m^2$，板上荷载较大。根据文献 [134] 表 2.2.1 双向板按 $L/45$（$L$ 为板计算跨度）计算厚度为 190mm，同时要求板跨大于 4m 时板厚应适当加大，且荷载较大时板厚应另行考虑。由于板的跨度和板上荷载都比较大，计算厚度提高 50%，确定双向板的厚度为 300mm。根据文献 [134] 表 2.2.2，板上荷载为 $10.0kN/m^2$ 时，单向板厚度不小于 100mm，由于板上荷载比 $10.0kN/m^2$ 大得较多，应提高板厚，参考香港《1996 年耐火结构守则》4h 耐火极限的钢筋混凝土楼板最小厚度为 170mm，确定单向板的厚度为 170mm。文献 [127] 通过回归分析和试算，得到拟合曲线方程 $y = 30000x^{-2}$，可用于预测不同厚度的构件受火 3h 后背火面的温升情况，研究表明，楼板厚度对背火面温升影响十分显著，尤其当楼板厚度小于 170mm 以后，随着厚度减小，背火面温升几乎呈直线增长，由于数值模型建立时未考虑受火面混凝土发生剥落、爆裂、钢筋外露等加速达到耐火极限的因素，为了保证结构的安全，建议楼板厚度最小取值为 170mm，其与 2011 年设计的太平车辆段上盖分隔楼板的单向板厚度一致。

国内车辆基地上盖开发项目防火分隔楼板设计             表 7.1-2

| 项目名称 | 楼板形式 | 恒荷载<br>（kN/m²） | 活荷载<br>（kN/m²） | 板跨<br>（mm） | 板厚<br>（mm） | 保护层厚度<br>（mm） | 耐火极限<br>（h） |
|---|---|---|---|---|---|---|---|
| 苏州 2 号线太平车辆段 | 双向板 | 7.5 | 5.0 | 9000 | 300 | 25 | 3 |
| | 单向板 | 7.5 | 5.0 | 3000 | 170 | 25 | 3 |
| 苏州 5 号线胥口车辆段 | 单向板 | 7.5 | 5.0 | 3000 | 200 | 30 | 3 |

续表

| 项目名称 | 楼板形式 | 恒荷载 (kN/m²) | 活荷载 (kN/m²) | 板跨 (mm) | 板厚 (mm) | 保护层厚度 (mm) | 耐火极限 (h) |
|---|---|---|---|---|---|---|---|
| 苏州 6 号线桑田岛停车场 | 单向板 | 10 | 5.0 | 3300 | 200 | 45 | 3 |
| 苏州 8 号线镬底潭车辆段 | 双向板 | 8 | 10 | 6000 | 250 | 45 | 3 |
|  | 单向板 | 8 | 10 | 3250 | 250 | 45 | 3 |
| 无锡 4 号线具区路车辆段 | 单向板 | 7.5 | 5.0 | 3900 | 200 | 30 | 3 |
| 南通 2 号线幸福车辆段 | 单向板 | 7.5 | 5.0 | 3000 | 200 | 30 | 3 |
| 徐州 1 号线杏山子车辆段 | 单向板 | 5.0 | 5.0 | 3000 | 200 | 45 | 4 |
| 杭州 5 号线五常车辆段 | 双向板 | 7.5 | 5.0 | 4500 | 200 | 45 | 3 |
| 杭州 1 号线七堡车辆段 | 双向板 | 7.9 | 5.0 | 9000 | 250 | 50 | 4 |
| 无锡 1 号线雪浪停车场 | 双向板 |  |  | 4200 |  | 45 | 4 |
| 武汉 2 号线常青花园车辆段 |  |  |  |  | 200 | 20 | 3 |
| 厦门 1 号线厦门北车辆基地 |  |  |  |  | 300 | 25 | 3 |
| 福州 1 号线新店车辆段 |  |  |  |  | 300 | 20 | 3 |
| 佛山新交通环岛车辆基地 |  |  |  |  | 170 | 45 | 3 |

注：表中保护层厚度大于等于 45mm 的项目，保护层内都配置了防裂钢筋网。

从表 7.1-2 可以看出，车辆基地防火分隔楼板有以下特点。楼板单向板时，板跨主要为 3～3.5m，跨度差异较小，楼板为双向板时，板跨主要为 4.2～9m，跨度差异较大；楼板荷载比较接近，板上恒荷载多为 7.5kN/m² （300mm 厚混凝土面层），活荷载基本为 5.0kN/m²（使用功能均为汽车库）；楼板耐火极限多数项目为 3h，少数项目为 4h；楼板厚度多数项目为 200～250mm，最小的楼板厚度为 170mm，最大的楼板厚度为 300mm；保护层厚度多数项目为 25mm、30mm 和 45mm，少数项目为 20mm 和 50mm。《混规》第 8.2.3 条：墙、板钢筋保护层厚度大于 50mm 时，宜采取有效的构造措施，如配置防裂、防剥落的钢筋网，香港《1996 年耐火结构守则》：楼板钢筋保护层厚度大于等于 45mm 时，应在保护层内布置钢丝网，且距板表面距离不超过 20mm。表中项目保护层 45mm 及以上时都配置了防裂钢筋网，个别项目保护层厚度为 20mm，难以满足楼板设计使用年限 100 年耐久性的要求。上海为我国经济发达城市，在 2018 年颁布的上海市地方标准《城市轨道交通上盖建筑设计标准》DG/TJ08—2263—2018 中明确：楼板厚度不宜小于 250mm，钢筋保护层厚度不宜小于 45mm，设计标准中对构件抗火性能要求较高。

《建筑设计防火规范》GB 50016—2014 附表 1，分别列出钢筋保护层厚度为 10mm 和 20mm 的楼板，不同板厚所对应的耐火极限，由表 7.1-3 可看出，钢筋保护层厚度不变时，楼板厚度每增加 10mm，楼板耐火极限都提高 10% 以上，以此规律，钢筋保护层厚度 20mm，120mm 厚的楼板，其耐火极限为 2.65h，楼板厚度为 130mm 时，耐火极限可提高 10% 以上，楼板耐火极限不小于 2.915h，楼板厚度为 140mm 时，耐火极限再提高 10% 以上，楼板耐火极限不小于 3.2h，由此，保护层厚度为 25mm，楼板厚度为 170mm，理论上板耐火极限不小于 3h，但仅此推理、论证不足，测定建筑构件耐火极限最为可靠的方法是根据国家标准开展相关试验研究。

楼板耐火极限　　　　　　　　　　　　　　　　　　表 7.1-3

| 保护层厚度<br>(mm) | 板厚度<br>(mm) | 耐火极限<br>(h) | 耐火极限增长率<br>(%) | 保护层厚度<br>(mm) | 板厚度<br>(mm) | 耐火极限<br>(h) | 耐火极限增长率<br>(%) |
|---|---|---|---|---|---|---|---|
| 10 | 80 | 1.40 | | 20 | 80 | 1.50 | |
| | 90 | 1.75 | 25.0% | | 90 | 1.85 | 23.3% |
| | 100 | 2.00 | 14.3% | | 100 | 2.10 | 13.5% |
| | 110 | 2.25 | 12.5% | | 110 | 2.35 | 11.9% |
| | 120 | 2.50 | 11.1% | | 120 | 2.65 | 12.7% |

# 7.2 研究方案及模型参数

## 7.2.1 研究方案

实际火灾下构件之间存在一定的空间协同作用，相邻梁、板由于构件形式、受力模式和受火方式等不同，其各自的高温行为之间存在相互的协同效应。由于火灾下构件的协同效应极其复杂，本次楼板耐火研究仅考虑板端约束情况，不考虑构件之间的协同作用。

我国做建筑构件耐火试验的机构主要有两大类，一类是以国家应急管理部天津消防研究所检测中心（国家固定灭火系统和耐火构件质量检验检测中心）和四川消防研究所检测中心（国家防火建筑材料质量检验检测中心）为代表的消防产品 3C 认证指定实验室，是经原国家标准局和公安部批准建立，具有第三方公正地位的国家消防产品质量监督检验机构，重点是检测构件的耐火性能指标，其检测结果在消防主管部门和行业内的认可度较高，但检测周期长、费用高、控制难度大，对试验的构件限制条件多，采集的试验数据有限，实际工程中使用的消防产品或耐火构件大多在此检测；另一类是高校科研实验室，侧重构件耐火性能的试验研究，试验周期短、费用小，构件制作方便，根据试验需求方便调整实验条件，采集的试验数据较全面，通常结合科研课题进行耐火试验。太平车辆段上盖分隔楼板既是实际工程构件，又是楼板耐火性能试验研究构件，综合考虑以上因素，确定试验方案：双向板尺寸较大，拟在天津消防研究所检测中心做 1 块双向板的耐火试验，重点检测钢筋混凝土双向板的 3h 耐火性能；在东南大学土木交通实验平台进行多块单向板的耐火试验，重点研究在不同荷载、不同约束条件下，钢筋混凝土单向板的 3h 耐火性能。双向板和单向板在不同机构的实验平台上进行耐火试验，可获取更多、更全的试验数据。

足尺构件的耐火性能试验是研究火灾下构件性能的基本方法，其得到的试验结果直观、准确，能够避免缩尺试验中普遍存在的尺寸效应的影响，可以为构件的火灾下数值模拟及进一步的抗火设计提供精准的数据支持，但由于足尺构件耐火试验较为复杂，受试验设备条件限制，耐火试验周期长，控制难度较大，实施较为困难，对于较大的耐火构件难以满足要求，耐火试验往往只能针对特定工况进行。大量的试验需要投入高昂的成本，利用一定的基础试验数据进行数值模拟，取得与试验数据良好吻合的分析结果，也可以有效弥补试验研究的不足，拓展楼板耐火研究的深度和广度。

天津消防研究所检测中心的水平试验炉口最大尺寸为 4.5m×5m，东南大学火灾实验室的水平试验炉最大尺寸为 4m×3m，与实际工程 9m×9m 以上的连续梁板存在较大差异，无法完全按照实际工程情况进行足尺耐火试验。双向板平面尺寸、板厚及板上荷载均按实际工程 1/2 的比例进行缩尺试验；单向板平面尺寸 1.2m×3.8m，长边为板跨方向，板净跨 3.4m，板厚及板上荷载均按实际工程进行试验；通过试验与数值模拟相结合的方案进行工程板的耐火极限研究。制定"在试验数据基础上进行数值模拟"的总体技术路线，即首先通过双向板与单向板模型的 3h 耐火试验获取数据，建立数值模型，并与试验数据对比后进行参数修正，取得与试验数据比较吻合的分析结果后，再通过数值模型对实际工程板的 3h 耐火性能做出验证。

钢筋混凝土楼板耐火试验可为结构抗火设计提供重要的数据支持和理论基础，但是单个构件与实际整体工程结构中构件的受力情况、边界条件并不完全相同，整体结构中构件之间相互约束、相互作用，且随外部环境因素的变化，其约束和作用也在时时变化，对构件的火灾行为也会产生不同的影响。

文献［98］论文中，以结构火灾试验为基础，对 ABAQUS 和 SAFIR 两款火灾数值模拟软件进行了全面分析比较，验证了结构抗火分析软件 SAFIR 进行结构火灾数值模拟的优势和有效性。

ABAQUS 是功能十分强大的大型有限元分析软件，可以完成各种复杂模型的建模，有强大的后台和技术支持，使用有限元软件 ABAQUS 对结构的火灾行为进行数值模拟具有一定有效性，但三维实体建模工作量大，十分繁琐，计算时间长，对扭转较大的转角处的位移模拟误差较大。

SAFIR 是由比利时列日大学（University of Liege，Belgium）开发的结构抗火分析软件，是专门用来进行常温和高温（火灾）下结构的有限元分析，包括热分析和结构分析两个模块。热分析模块用来确定受火构件的内部温度场，结构分析模块可以进行钢构件、钢筋混凝土构件、钢与混凝土组合构件的非线性的二维或三维受火分析，分析过程考虑了几何非线性和材料非线性的耦合影响。SAFIR 提供了梁、柱、板、桁架等一系列的有限单元模型，与有限元软件 ABAQUS 相比，用于梁、板等简单结构的火灾模拟，能较好地模拟板的薄膜效应，且薄膜效应对板的抗火性能影响较大，与实际试验结果更吻合，对转角处的位移计算更准确，其有效性已得到了较好的验证。

采用 SAFIR 软件进行数值模拟，研究太平车辆段上盖分隔楼板不同边界条件下 3h 耐火性能，并对楼板受火 3h 内力学性状的演化规律进行分析，研究成果可为我国建筑行业 3h 耐火极限的钢筋混凝土楼板设计提供参考依据。

建筑结构耐火性能计算有三种方法：整体结构计算模型、子结构计算模型和单一构件计算模型，车辆基地上盖分隔楼板 3h 耐火性能研究可仅对楼板单一构件进行耐火计算，根据常温下外荷载分布、平面尺寸、板厚和板的边界条件等资料，按照最不利原则、选取内力较大的构件进行计算。

## 7.2.2 模型单元及参数

结合耐火试验，采用结构火灾分析软件 SAFIR 对构件进行数值模拟，对结构性能与抗火性能做出分析，同时进行三维热分析与结构分析。

采用 Shell 单元进行建模，这是一种
四边形单元，由四个按 1~4 次序命名的
节点所定义，见图 7.2-1，并有恒定的板
厚 $h$。板的四边中心节点分别为 a、b、c、
d，并且局部坐标系的原点即在 a-c 与 b-d
的交点上，其中 $Z$ 轴垂直于板面。板单
元的属性是基于离散基尔霍夫单元（Dis-
crete Kirchhoff Quadrilateral，DKQ）。
其有以下主要特征：

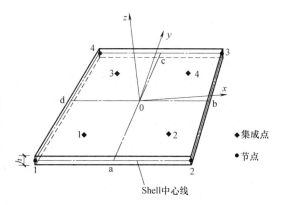

图 7.2-1　Shell 单元基本参数

（1）平面外的位移与旋转是沿各边
呈抛物线状；

（2）板内剪应变能忽略不计；

（3）沿边界的旋转呈线性变化；

（4）单元外的剪应变假设为恒值。

Shell 单元采用欧盟 EN 1992—1—2（2004）标准中的基本规定：钢筋的应力应变曲
线由线弹性上升段、曲线上升段、水平段以及线性下降段组成；混凝土的应力应变曲线则
由线弹性上升段、曲线上升段、线性下降段或者抛物线下降段所组成。

在 Shell 单元中，钢筋按照分布式模型进行考虑，即钢筋的单位面积被假设为在每个
板单元里的薄钢板，钢筋横截面积被计入单元截面中。板单元中的钢筋在局部坐标系中方
向可以随模型任意设置。钢筋层在板中位置由纵坐标确定，方向由横坐标确定。板单元中
可以设置多层钢筋。对于钢筋有以下假设：

（1）钢筋横截面面积计入单元截面中。则在钢筋混凝土板中，在钢筋的位置上会同时
出现钢筋与混凝土两种材料；

（2）钢筋不能单独承受剪应力，其作用方向与钢筋的排布方向一致。

Shell 单元的每个节点位移量同时包括三个平动分量与三个转动分量，程序根据静力
分析与热分析结果，计算出各节点位移量后，根据线性函数换算出单元中间层的三个应变
分量与三个曲率分量，并计算出沿板厚方向任意高度位置的三个应变分量与三个曲率分
量，进而可计算出钢筋与混凝土的分布应力，将应力沿板厚直接积分可获得单元的薄膜
力，将应力乘以所在高度后再沿截面积分则可以获得绕该侧面转动的弯矩。

计算模型采用以下基本假设：

（1）不考虑混凝土在高温下的爆裂；

（2）混凝土与钢筋之间完全啮合，不存在材料间相互滑动；

（3）在热分析中不考虑混凝土中水分的蒸发，但在混凝土的热物理参数中已反映水分
对温度场分布的影响效应；

（4）楼板钢筋在四周约束梁内始终具有可靠的锚固。

### 7.2.3　火灾升温曲线

建筑火灾的温度变化规律是进行结构耐火试验、抗火研究和结构抗火设计的基本条
件，实际的建筑火灾中，火灾温度的发展从室温开始，经过初期增长阶段、充分发展阶段

和衰减熄灭三个阶段。在火灾发展的第一与第二阶段之间，存在着一个温度迅速增长的轰燃阶段，其为火灾发展的重要转折阶段。火灾升温曲线是火灾过程中温度与持续时间之间的关系曲线，其与许多因素有关，如火荷载（可燃物）的密度、燃烧性能及其分布，房间的构造、尺寸、形状及其通风条件，室内表面的热物理性能等，因此实际建筑中的火灾温度曲线具有多样性，给研究人员造成一定的麻烦。

火灾试验采用恒载升温的方式进行，为模拟真实火灾的发展变化，许多国家和组织对自然火灾条件下室内平均温度与持续时间的关系进行了大量的研究，给出了各自升温曲线的计算公式。美国土木工程师协会给出了 ASTM-E119 标准升温曲线，1990 年国际标准化组织制定了 ISO 834 标准升温曲线，欧洲标准委员会 EC1 给出了室内火灾升温的经验公式。我国采用最典型的、使用最广泛的 ISO 834 标准升温曲线作为试验用标准火灾曲线，见图 7.2-2，其温度表达式为：

$$T = T_0 + 345 \times \lg(8t+1) \tag{7.2-1}$$

式中　$t$——升温时间（min）；

　$T$——火灾温度或试验炉内平均温度（℃）；

　$T_0$——试验前炉体内温度（℃）。

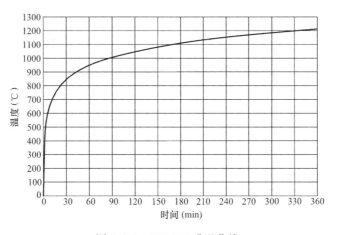

图 7.2-2　ISO 834 升温曲线

SAFIR 软件中混凝土板热加载方式为板底受火并按照 ISO 834 升温曲线升温，而板面由于板体热传导而逐步升温，因此在 3h 过火时间内，导致板底、板面及板截面中心的温度变化会存在差异。

### 7.2.4 破坏准则

耐火性以结构物丧失其应有性能所经过受火时间长短来表示，这就需要建立结构丧失其应有性能的破坏标准。

**1. 强度破坏准则**

火灾时，结构所设计的承载能力随着温度的升高逐渐损失，当设计承载能力低于外施荷载所需要的承载能力时，结构就会发生破坏，所以从强度破坏角度分析可规定：

$$M > M_{nt}(t) \tag{7.2-2}$$

式中  $M$——外荷载所需的承载能力；

$M_{nt}(t)$——钢筋混凝土板随温度变化的承载能力。

**2. 使用条件下的破坏准则**

在使用条件下，挠度值超过某个规定容许极限所经历的火灾延续时间定义为耐火时间。

混凝土板在升温曲线下的挠度达到极限挠度值 $(L_0 \times L_0)/400d$ 即被视为破坏，其中 $L_0$ 为试件净跨，$d$ 为试件截面上抗压点与抗拉点之间的距离。

**3. 耐火极限判定准则**

按照《建筑构件耐火试验方法 第 5 部分：承重水平分隔构件的特殊要求》GB/T 9978.5—2008，同时从承载能力、完整性与隔热性等三个方面进行判定。在标准耐火试验条件下，建筑构件、配件或结构从受到火的作用时起，至失去承载能力、完整性或隔热性时止所用时间，三个判定准则达到一项即认为达到耐火极限。

（1）失去承载能力：构件在受火过程中失去支承能力或抗变形能力，适用于梁、柱、屋架等承重构件；

（2）失去隔热性：试件背火面测温点平均温升达 140℃；或者试件背火面任一点温升达 220℃，适用于分隔构件；

（3）失去完整性：受火过程中出现穿透性裂缝或穿火孔隙，适用于分隔构件。

对于轨道交通车辆基地上盖分隔楼板，其耐火极限需符合国家标准针对梁和承重水平分隔构件的要求，达到耐火极限的判定依据为失去承载能力或者隔热性。

**4. 构件耐火设计**

《结构耐火规程》规定，基于承载能力极限状态，承重构件或结构的耐火设计应满足下列要求之一：

（1）在规定的耐火极限内，承重构件或结构的承载能力 $R_{dT}$ 不小于按第（3）条确定的作用效应组合 $S_{mT}$，即：$R_{dT} \geqslant S_{mT}$。

（2）在按第（3）条确定的作用效应组合下，承重构件或结构的耐火极限 $R_T$ 不小于规定的耐火极限 $[R_T]$，即：$R_T \geqslant [R_T]$。

（3）耐火设计时采用偶然设计状况的作用效应组合，即采用下面较不利的表达式：

$$S_{mT} = \gamma_{OT}(S_{Gk} + S_{Tk} + \psi_f S_{Qk}) \tag{7.2-3}$$

$$S_{mT} = \gamma_{OT}(S_{Gk} + S_{Tk} + \psi_q S_{Qk} + 0.4 S_{wk}) \tag{7.2-4}$$

式中  $S_{mT}$——作用效应组合的设计值；

$S_{Gk}$——永久荷载（含预应力引起的次内力）标准值的效应；

$S_{Tk}$——火灾下结构或构件的标准温度作用效应，对于一般的单层和多高层建筑结构，可不考虑此效应；

$S_{Qk}$——楼面或屋面活荷载标准值的效应；

$S_{wk}$——风荷载标准值的效应；

$\psi_f$——楼面或屋面活荷载的频遇值系数，按《荷规》确定；

$\psi_q$——楼面或屋面活荷载的准永久值系数，按《荷规》确定；

$\gamma_{OT}$——结构耐火安全性系数，耐火等级为一级的建筑取 1.15，其他建筑取 1.05。

高温下普通混凝土构件的承载力计算可采用常温下普通混凝土构件的计算原则和方

法，但钢筋和混凝土的力学性能需依据截面温度场进行相应的修正。构件高温承载力计算过程中，钢筋和混凝土的常温强度采用标准值，高温下普通混凝土构件的截面以缩减后的有效截面进行计算。

## 7.2.5　构件温度场

在高温作用下，混凝土和钢筋的力学性能会发生很大的变化，当温度达到500℃时，混凝土的抗压强度降为原来的60%，钢筋的抗拉强度为原来的78%，而距受火面25mm处在受火120min后温度就已接近500℃。实际工程结构体系均为超静定结构，在温度作用下，会在结构内引起很大的内力，此外也会引起显著的变形和承载力的降低，因此确定混凝土结构的温度场也是构件耐火研究的重要方面。

火灾下混凝土结构截面的温度分布随时间而变化，而混凝土的导热系数、热容和密度等热工参数都是温度的非线性函数，使得温度场分析成为一个非线性的瞬态热传导问题，加上混凝土组成材料的成分复杂且离散性大，热工参数很难准确地确定，使得温度场的确定需通过试验和理论相结合的方式。

目前国内已进行了许多这方面的研究工作，如：文献［116］，给出了解决钢筋混凝土结构非线性瞬态问题的简单计算方法，混凝土结构截面厚度方向的温度分布呈非线性，在火灾温度场均匀的情况下，沿构件的跨度方向温度场分布基本一致。《结构耐火规程》明确了梁、柱等杆系构件的温度场可简化为横截面上的二维温度场，墙、板等平面构件的温度场可简化为沿厚度方向的一维温度场。

构件温度场宜采用热传导方程并结合相应的初始条件和边界条件进行计算，当构件表面设置有非燃饰面层时，将该饰面层厚度折算成混凝土厚度，再按上述规则确定构件温度场，折算厚度按式（7.2-5）计算：

$$d_0 = d_1 \times \sqrt{\frac{7.365 \times (10^{-7})}{\lambda_1 / (\rho_1 c_1)}} \tag{7.2-5}$$

式中　　$d_0$——非燃饰面层折算成混凝土的厚度（mm）；

$d_1$——非燃饰面层的实际厚度（mm）；

$\rho_1$、$c_1$、$\lambda_1$——非燃饰面层的密度、比热容和导热系数，对于常用非燃饰面层可按《民用建筑热工设计规范》GB 50176—2016确定。

构件的截面温度场计算采用如下假设和条件：构件截面由匀质连续的混凝土材料组成，不考虑截面上钢筋面积的影响，也不计混凝土开裂或表层崩脱后截面局部变化所引起的温度重分布。

高温下普通混凝土的导热系数、比热容和密度的计算公式：

$$\lambda_{cT} = 1.68 - 0.19\frac{T}{100} + 0.82 \times 10^{-2}\left(\frac{T}{100}\right)^2 \quad (20℃ < T \leqslant 1000℃) \tag{7.2-6}$$

$$c_{cT} \begin{cases} 900 & 20℃ < T \leqslant 100℃ \\ 900 + (T-100) & 100℃ < T \leqslant 200℃ \\ 1000 + (T-200)/2 & 200℃ < T \leqslant 400℃ \\ 1100 & 400℃ < T \leqslant 1000℃ \end{cases} \tag{7.2-7}$$

$$\rho_{cT} = \begin{cases} \rho_c & 20℃ < T \leqslant 115℃ \\ [1-0.02(T-115)/85]\rho_c & 115℃ < T \leqslant 200℃ \\ [0.98-0.03(T-200)/200]\rho_c & 200℃ < T \leqslant 400℃ \\ [0.95-0.07(T-400)/800]\rho_c & 400℃ < T \leqslant 1000℃ \end{cases} \tag{7.2-8}$$

式中 $T$——材料温度（℃）；

$\lambda_{cT}$——高温下普通混凝土的导热系数 $[W/(m \cdot ℃)]$；

$c_{cT}$——高温下普通混凝土的比热容 $[J/(kg \cdot ℃)]$；

$\rho_{cT}$——高温下普通混凝土的密度（$kg/m^3$）；

$\rho_c$——常温下普通混凝土的密度（$kg/m^3$）。

《结构耐火规程》附录 B 给出了标准火灾升温条件下，受火时间为 30、60、90、150、180（min）六档的构件截面温度场；单面受火情况下，分别给出 80、100、120、140、180、200、250、300（mm）八种板厚的截面温度场。

### 7.2.6 混凝土的高温性能

高温下混凝土的热工性能和力学性能是进行混凝土构件耐火性能研究的基础，随温度升高混凝土的力学性能会逐渐劣化。

混凝土的抗压强度是其力学性能中最基本、最重要的一项，常常作为基本参数确定混凝土的强度等级和质量标准，并决定其他力学性能指标。高温下的混凝土抗拉强度离散大，损失幅度比抗压强度更大，国内外研究给出了高温下混凝土的抗压和抗拉强度的计算公式。

文献 [130] 给出的高温下混凝土的抗压强度 $f_c^T$ 和抗拉强度 $f_t^T$ 与温度关系的公式分别为式（7.2-9）和式（7.2-10）：

$$f_c^T = \frac{f_c}{1+2.4(T-20)^6 \times 10^{-17}} \tag{7.2-9}$$

$$f_t^T = \begin{cases} f_t & 20℃ < T \leqslant 100℃ \\ [1-(T-100)/500]f_t & 100℃ < T \leqslant 600℃ \end{cases} \tag{7.2-10}$$

欧洲标准委员会 EC2 给出的高温下混凝土的抗压强度 $f_c^T$ 和抗拉强度 $f_t^T$ 与温度关系的公式分别为式（7.2-11）和式（7.2-12）：

$$f_c^T = k_c(T)f_c \tag{7.2-11}$$

$$f_t^T = (1-0.001T)f_t \tag{7.2-12}$$
$$20℃ < T \leqslant 1000℃$$

式中 $f_c$——常温下混凝土的立方体抗压强度；

$f_t$——常温下混凝土的立方体抗拉强度；

$T$——混凝土的温度（℃）；

$k_c(T)$——混凝土抗压强度的折减系数，其随温度的变化如图 7.2-3 所示。

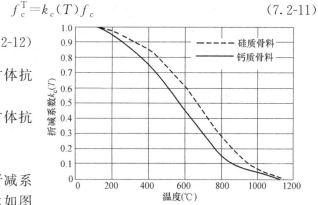

图 7.2-3 高温下混凝土抗压强度折减系数

## 7.3　双向板耐火试验与数值模拟

通过对四边固支的钢筋混凝土双向板耐火试验，检测双向板的 3h 耐火性能，并用结构火灾分析软件 SAFIR 对试验板进行了数值模拟，分析模拟值与实测值的吻合性，验证了使用 SAFIR 软件进行数值模拟的有效性，对比双向板中心点竖向挠度随时间变化的模拟值曲线与实测值曲线，并对板进行薄膜效应分析。

### 7.3.1　双向板耐火试验

**1. 试件的设计与制作**

在应急管理部天津消防研究所检测中心的水平火灾试验炉上进行双向板的耐火试验，火灾试验炉的平面尺寸为 4.5m×5.0m。由于试验条件的限制，无法进行楼板［平面尺寸 9.0m×(9.0~15)m、板厚 300mm］足尺构件试验，平面尺寸及板厚按 1/2 比例进行缩尺试验，确定试验双向板的平面尺寸为 4.5m×5.0m，板厚 150mm，钢筋保护层厚度 25mm，构件数量为 1 块。板端约束边梁截面尺寸为 300mm×450mm。配筋情况：长跨方向板底 $\Phi$10@170，板面 $\Phi$12@140，支座附加钢筋 $\Phi$10@200；短跨方向板底 $\Phi$10@170，板面 $\Phi$12@120，支座附加钢筋 $\Phi$10@200，见图 7.3-1。纵筋采用直径 10mm 和 12mm 的 HRB400 螺纹钢筋，直径 10mm 钢筋的实测屈服强度和极限强度分别为 365.1MPa 和 532.0MPa，直径 12mm 钢筋的实测屈服强度和极限强度分别为 381.5MPa 和 554.6MPa；混凝土采用硅质骨料的 C30 混凝土（每 m³ 混凝土的材料用量为：水泥 360kg、砂 686kg、石子 1132kg、水 161kg、减水剂 7.2kg）。在天津市建筑构件公司制作、养护试验构件，试验双向板浇筑见图 7.3-2。标准养护 28d 后，实测混凝土立方体抗压强度 34.8MPa，达到设计强度等级标准值的 116%。

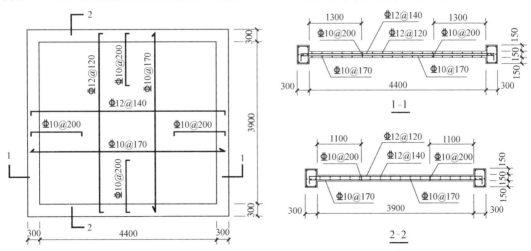

图 7.3-1　双向板尺寸与配筋图

由于本耐火试验的主要目的是检验该双向板的 3h 耐火极限，因此仅在板面布置了温度测点，并在板面中心点布置了挠度测点。

**2. 约束装置**

由于火灾试验炉仅能模拟支座为简支的状态，为了模拟实际楼板四周固支的边界条件，

图 7.3-2　双向板浇筑

设计了板端约束系统。该约束系统在试验板每边分别用两根竖向钢立柱对板端位移进行约束，两对边的梁立柱由横向钢梁连接，以保证板四周具有足够的转动约束刚度，钢柱通过预埋在板端约束梁内的螺栓与楼板连接，见图 7.3-3 双向板约束系统。竖向钢柱做成箱形，底部用钢板封堵，只留一个泄水孔，钢柱内注满冷水用以冷却耐火试验中由预埋件传递来的热量，使其在试验中保持常温。整体装置在炉上布置好后的情况如图 7.3-4 所示。

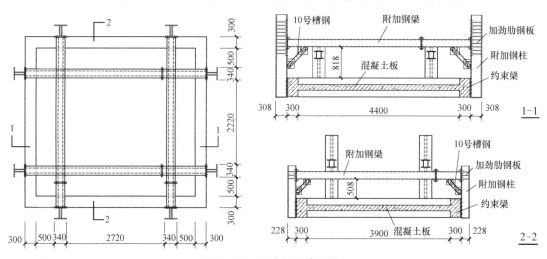

图 7.3-3　双向板约束系统

图 7.3-4　双向板试验装置

**3. 试验加载**

火灾试验炉炉口尺寸 4.5m×5m，炉体在长边方向两侧各布置 6 个燃气喷嘴。板面竖向荷载通过在板面均匀布设 105kN 铸铁块来施加均布荷载，实际加载值为 6.1kN/m²，见图 7.3-5。

图 7.3-5 双向板加载图

正式试验前施加 50％的预定荷载以压实缝隙，并检查各量测系统是否正常，随后卸载。试验分 40％、80％、100％三级加载。试验采用恒载升温方式进行，在加载完毕后，按照 ISO834 标准升温曲线对试件进行升温。待 6.1kN/m² 荷载施加完毕稳定后，开始点火升温，当出现以下任意一个情况时即可终止试验：①威胁人员安全或可能损坏仪器设备；②达到选定的判定标准；③达到 3h 耐火极限。

**4. 试验现象**

试验点火 5min 后约束钢架开始受力，并发出"吱吱"的声响，持续受火 30min 后，声响逐渐消失，表明钢架受力趋于稳定。此后水蒸气开始从板面冒出，并持续到试验结束，见图 7.3-6。试验结束后，板面中心仍有不少积水，板面裂缝集中在四个角落，并且已相互连接，整体形成环状，试验熄火降温并卸载，板面裂缝分布状况见图 7.3-7，板面四角出现较多裂缝，沿板中心呈环形分布。板端约束梁与钢柱连结处有不同程度的开裂损伤，但板端锚固钢筋并未发生断裂，这表明约束梁和钢柱的钢梁系统始终提供了良好的水平约束，见图 7.3-8。板底混凝土出现剥落，钢筋有露出，见图 7.3-9，但尚未达到楼板破坏的标准。

图 7.3-6 板内水分蒸发　　　　　　　　　图 7.3-7 板面裂缝分布

图 7.3-8　板端约束梁开裂

图 7.3-9　板底混凝土剥落

图 7.3-10 为试验过程中板中心点挠度变化曲线。试验板受火 3h 后，经检验未失去完整性，背火面最高平均温升为 85.0℃，小于 140℃，最高单点温升为 96℃，小于 220℃，未失去隔热性；最大挠度为 97mm，远小于极限挠度值 316.9mm［$(L_0 \times L_0)/400d$，短边净跨 $L_0 = 3900mm$］，未失去承载能力，见表 7.3-1 检验报告。最大挠度超过了正常使用状态限值 23.5mm（$L/200$，$L = 4.7m < 7m$，$L$ 为计算跨度），构件处于大变形状态。

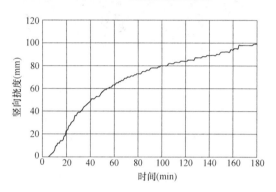

图 7.3-10　双向板中心点挠度曲线

国家固定灭火系统和耐火构件质量监督检验中心检验报告　　表 7.3-1

| 产品名称 | 钢筋混凝土双向楼板 | 型号规格 | 空白 |
|---|---|---|---|
| 委托单位 | 东南大学 | 生产单位 | 天津市建筑构件工程公司 |
| 送检单位 | 东南大学 | 样品编号 | 201208993 |
| 样品数量 | 5000mm×4500mm×440mm | 到样日期 | 2012-11-26 |
| 检验类别 | 委托检验 | 样品等级 | 空白 |
| 检验日期 | 2012-12-04 至 2013-01-25 | 检验地点 | 本中心 |
| 检验依据 | GB/T 9978.5—2008 | | |
| 检验结论 | 东南大学送检的钢筋混凝土双向楼板，经按《建筑构件耐火试验方法 第 5 部分：承重水平分隔构件的特殊要求》GB/T 9978.5—2008 检验，承载能力、完整性和隔热性均大于等于 3.00h。（以下空白）<br><br><br>（检验业务专用章）<br>签发日期：2013 年 1 月 30 日 |

续表

| 检验项目名称 | 标准要求及标准条款号 | 实测结果 | 本项结论 |
|---|---|---|---|
| 耐火性能 | 按照《建筑构件耐火试验方法 第 1 部分：通用要求》GB/T 9978.1—2008 中的相关规定，对试件的承载能力、耐火完整性和隔热性进行判定。(10) | 均布加载设计荷载 6.1kN/m²。耐火试验进行到 180min 时：未失去完整性；背火面最高平均温升为 85.0℃，最高单点温升为 96.0℃，未失去隔热性；试件未垮塌，最大挠度为 97mm，未失去承载能力。（计算跨度为 4210mm） | 承载能力≥3.00h；<br>完整性≥3.00h；<br>隔热性≥3.00h |

**5. 试验结论**

（1）试验构件：钢筋混凝土双向楼板 1 块，平面尺寸 4.5m×5.0m，板厚 150mm，钢筋保护层厚度 25mm，板端约束边梁截面尺寸 300mm×450m。

（2）检验结论：经按《建筑构件耐火试验方法 第 5 部分：承重水平分隔构件的特处要求》GB/T 9978.5—2008 检验，承载能力、完整性和隔热性均大于等于 3.00h。

（3）耐火性能：均布加载设计荷载 6.1kN/m²，耐火试验进行到 180min 时，未失去完整性；背火面最高平均温升为 85.0℃，最高点温升为 96.0℃，未失去隔热性；试件未垮塌，最大挠度为 97mm，未失去承载能力。

## 7.3.2 双向板数值模拟

使用 SAFIR 软件，建立试验双向板数值模型，在模型中配筋、材料属性、荷载均是按照试验所采用的数据。模型采用了 10×10 共 100 个矩形单元等分网格对试验板划分有限元单元，试验过程表明约束梁、钢柱和钢梁系统能够提供良好的约束作用，板的四边考虑为固支，模拟板的实际约束情况。

结构受火时，构件表面温度快速升高，热量通过热传导逐渐深入构件的内部，但由于混凝土的热惰性，截面内部的温度增长缓慢，结构内部会形成不均匀的温度分布，并随受火时间的延续而发生动态变化，形成瞬态温度场。决定构件温度场的主要因素是火灾温度和持续时间，以及构件的形状、尺寸和混凝土材料的热工性能等。温度场对结构的内力、变形和承载力等有很大影响，而结构的内力状态、变形和细微裂缝等对其温度场的影响较小，因此温度场分析时，可以不考虑结构应力与变形的影响。

试验开始前测定混凝土表面温度为 19.3℃，将其设定为数值模型的初始温度。图 7.3-11 为受火不同时刻沿板厚方向的温度场分布。图中可见，最终板底受火面的模拟温度值达到 1087℃，而板顶最高温度为 141.9℃，略大于板顶实测最高温度 115.3℃（初始温度 19.3℃＋最高温升 96.0℃），其原因可能是水蒸气持续蒸发带走热量，而软件

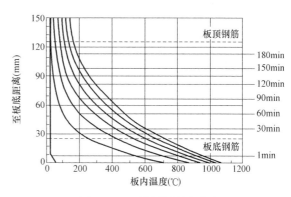

图 7.3-11 沿板厚温度分布

中对此现象的考虑不足。图中还可以发现，受火面在受火的前 30min 升温速率较大，板底迅速升温至 700℃以上，而后时间升温速率逐步降低，而越趋近板面位置的绝对温升量越小，这是由于，在同一时刻从受火面到板顶的温升梯度逐步减小，并趋近于零。

在 3h 的受火时间内，热量由板底向板面传导，导致板底、板中心及板面的温度曲线有所差异，图 7.3-12 为试验双向板的板底、板中心和板顶三点温度曲线，图中可见，板底前 30min 升温速率较大，而后时间升温速率逐渐降低；板中心和板顶升温趋势相似，板中心前 30min 和板顶前 40min 升温都很缓慢，而后时间温度逐渐上升，升温速率基本保持不变。

板的变形是整体围绕板中心点呈盆状下沉，板在中心点具有最大的竖向挠度，沿板中心向四边约束梁竖向变形逐渐变小，至板端四根约束梁位置的竖向变形为零。图 7.3-13 为板中心点竖向挠度随时间变化的模拟值曲线和实测值曲线，3h 后板的最大挠度实测值为 97mm、模拟值为 116mm，均小于极限挠度值 316.9mm。图中可见，两条曲线趋势相近，但在同一时刻，板竖向挠度的模拟值始终略大于实测值，实测曲线在受火的开始 5min 内挠度基本没有变化，可能是由于炉内点火后温升延迟所导致的，受火 180min 时挠度模拟值比实测挠度大 19.6%，略微大于试验误差 15%，在可接受范围。偏差原因分析：利用传统塑性铰线理论对板的极限承载力计算时对薄膜效应的影响考虑不足，计算值偏保守，混凝土板在高温时产生的张拉薄膜效应对耐火性能有较大提高，混凝土板的薄膜效应对防止结构的倒塌破坏起着重要作用，尤其是大变形下产生的受拉薄膜效应对维持火灾状况下板的承载力起到了关键作用。模拟值与实测值整体趋势一致，验证了双向板数值模拟结果的有效性。

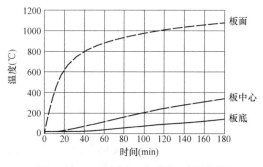

图 7.3-12　双向板三点温度-时间曲线

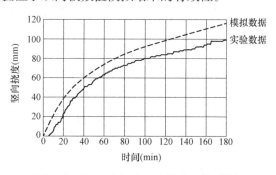

图 7.3-13　双向板中心点挠度-时间曲线

### 7.3.3　薄膜效应分析

混凝土板的实际承载力比塑性铰线屈服理论的计算值大得多，这种作用被称作为"薄膜效应"。薄膜效应分为受压薄膜效应与受拉薄膜效应，其中，受压薄膜效应通常对应于钢筋混凝土板的小挠度状态，而受拉薄膜效应则对应于钢筋混凝土板发生大挠度的情况，钢筋混凝土板受拉薄膜效应主要来源于塑性铰线位置钢筋的伸长耗能。

图 7.3-14 为不同时刻双向板中心条带沿长跨方向与短跨方向的薄膜力分布，图中可见，受火 60min 前，板受热膨胀，由于四边水平约束作用而产生受压薄膜力，并逐步增大。但从受火 60min 到 90min 开始，受压薄膜力开始减小，并从 120min 以后直至 180min 的阶段，在条带的中心区域出现了受拉薄膜力，受拉薄膜力的最大值在此阶段逐步增大，并且出现受拉薄膜力的区域也有所扩大。90min 后，两个方向上薄膜力变化趋势

存在着一定差异，短跨方向的薄膜力在靠近约束梁的位置始终保持受压薄膜力且变化较小，而条带中间段的受压薄膜力逐渐减小，并最终转变为逐渐增长的受拉薄膜力；而长跨方向的薄膜力则有所不同，包括两侧支座位置的受压薄膜力表现出整体减小的趋势。在受火 180min 时，条带中间大约 3/5 的长度内已分布着受拉薄膜力，虽然这时两侧支座的薄膜力仍然保持着受压薄膜力，但是其幅值已经很小。这说明，受火 180min 后，在板中心区域分布着受拉薄膜力，而在靠近四边约束梁的位置则分布着受压薄膜力，并且以短跨受压为主。

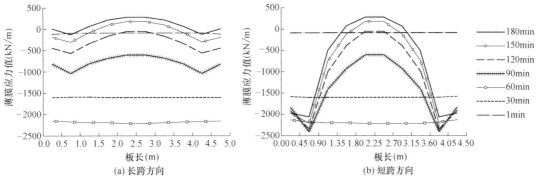

图 7.3-14 双向板中心条带薄膜力分布

国内外对约束构件的耐火研究中均发现，薄膜效应在一定程度上提高了约束板的抗火性能，如：文献 [124] 研究表明，楼板在大变形下产生的薄膜效应，使楼板在火灾下的承载力比小挠度破坏的承载力高出许多，在结构防火设计中正确考虑薄膜效应的影响，对发挥楼板的抗火潜能，降低结构抗火成本，具有重要意义。

## 7.4 单向板耐火试验及数值模拟

通过 5 块钢筋混凝土单向板（1 块验证板和 4 块试验板）耐火试验，对试验结果的温度及竖向挠度进行分析，研究不同荷载、不同约束条件下，单向板的 3h 耐火性能。用结构火灾分析软件 SAFIR 对验证板进行了数值模拟，分析模拟值与实测值的吻合性，验证了使用 SAFIR 软件进行数值模拟的有效性，对比验证板中点竖向挠度随时间变化的模拟值曲线与实测值曲线。

### 7.4.1 单向板耐火试验

#### 1. 试件的设计与制作

在东南大学土木交通试验平台的火灾实验室进行单向板的耐火试验，水平试验炉尺寸为 4m×3m×1.5m，受试验条件的限制，无法进行单向板（平面尺寸 3.0m×9.0m，板厚 170mm）足尺构件的试验，根据实际的试验条件，确定单向板的具体尺寸为 3.8m×1.2m，长边为板跨方向，楼板厚 170mm，钢筋保护层厚度 25mm，试件数量为 5 块，其中验证板 1 块，试验板 4 块，短边板端设置约束边梁，边梁截面尺寸为 200mm×450m，长边板端为自由边。验证板配筋：长跨方向板底⏀12@100，板面⏀12@100，支座附加钢筋⏀10@170；短跨方向板底⏀12@150，板面⏀12@150，见图 7.4-1。试验板与验证板尺寸相同、配筋不同，试验板配筋：长跨方向板底⊕10@170，板面⊕10@120；短跨方向板底⊕10@200，板面⊕10@200，见图7.4-2。纵筋采用直径 10mm 和 12mm 的 HRB400 螺纹钢筋，混凝土采用硅质骨料的 C30 混凝土（每 $m^3$ 混凝土的材料用量为：水泥 327.2kg、砂 678.2kg、石子 1106.5kg、水 170kg、减水剂 1.64kg），在东南大学土木工程学院的实验室内制作试验构件，见图7.4-3 单向板浇筑。

构件耐火试验需布置测量温度的热电偶，热电偶固定在 PVC 管内，然后在 PVC 管内灌注高强砂浆，之后将制作好的装有热电偶的 PVC 管通过铁丝缠绕于钢筋上固定其位置，钢筋温度测试热电偶直接固定在钢筋上。

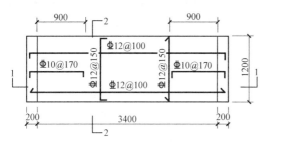
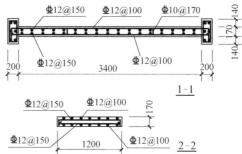

图 7.4-1　验证板尺寸及配筋图

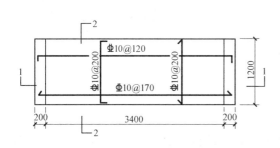
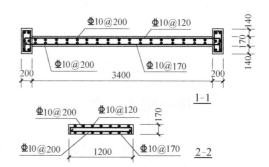

图 7.4-2　试验板尺寸及配筋图

图 7.4-3　单向板浇筑

**2. 约束装置**

由于火灾试验炉仅能模拟支座为简支的状态,为了模拟实际楼板受力时连续支座处的边界条件,设计了单向板的板端约束系统。板端约束装置由四根竖向钢柱,以及联结它们的横向钢梁组成,见图7.4-4和图7.4-5。通过调整横向钢梁的上下位置以及数量,可获得不同的板端轴向和转动约束刚度,钢柱通过预埋在板端约束梁内的螺栓与楼板连接。竖向钢柱做成箱形,底部用钢板封堵,只留一个泄水孔,钢柱内注满冷水用以冷却由预埋件传递的热量,使其在试验中保持常温。

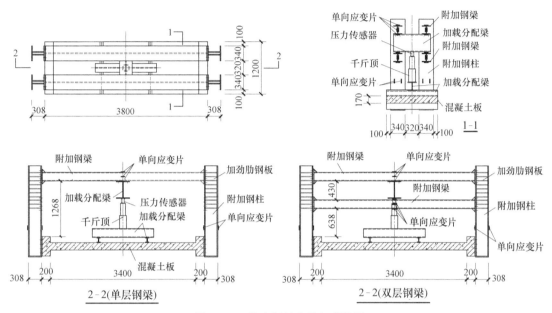

图 7.4-4 单向板约束及加载装置

图 7.4-5 单向板试验装置

**3. 试验加载**

东南大学土木交通试验平台的水平试验炉尺寸为4m×3m×1.5m,炉体上共设8个热电偶插孔,在长向每边各布置4个燃气喷嘴,试验炉配有数据采集系统。由于板端约束梁将楼板下部架空，为实现楼板单面受火，试验开始前在水平炉的钢梁上用耐火砖砌一圈墙，使其与楼板等高。

竖向荷载使用千斤顶施加，通过分配梁施加在三分点上，因为高温试验下试件的挠度较大，故使用最大位移为 300mm、吨位为 50t 的千斤顶，实际加载值：验证板为 38.88kN（即板面荷载 12kN/m²），试验板为 26.73kN（即板面荷载 8.25kN/m²），加载装置见图 7.4-4。

本试验采用恒载升温的加载方式，在给定的荷载作用下，按照 ISO834 标准升温曲线对试件进行升温。当出现以下任意一种情况时即可终止试验：①威胁人员安全或可能损坏仪器设备；②达到选定的判定标准；③达到 3h 耐火极限。

本试验的判定标准为，试件丧失其承载能力、完整性或隔热性，考虑到本试件的设计破坏状态，可能出现变形过大而失效，因此应重点监测其承载能力。

各试验构件加载、升温参数和达到预定升温时间的最大挠度见表 7.4-1。

构件试验信息　　　　　　　　　　表 7.4-1

| 板编号 | 约束情况 | 板面荷载（kN/m²） | 升温时间（min） | 最大挠度（mm） | 降温时间（min） |
|---|---|---|---|---|---|
| S1 | 单层钢梁，约束小 | 12 | 180 | 32.9 | 30 |
| S2 | 双层钢梁，约束大 | 8.25 | 180 | 24.1 | 180 |
| S3 | 单层钢梁，约束小 | 8.25 | 180 | 25.9 | 120 |
| S4 | 双层钢梁，约束大 | 8.25 | 90 | 19.2 | 90 |
| S5 | 单层钢梁，约束小 | 8.25 | 90 | 22.9 | 90 |

注：板 S1 为验证板，受火 3h 后增加荷载直至破坏，破坏后卸载并降温 30min；S2～S5 为试验板。

**4. 测试方案及内容**

（1）温度

对试件温度的测试主要包括三个方面：钢筋温度、混凝土温度和炉内温度。试件内部的温度测量采用直径为 0.5mm 的 K 型镍铬-镍硅热电偶丝。每个试件上安装 15 个混凝土温度测点和 6 个钢筋温度测点，分布于跨中截面、1/4 跨截面和端部截面处。炉内温度主要通过水平炉内安装的铠式热电偶测量，采用水平炉数据采集系统进行数据采集，同时监测钢柱、钢梁在试验过程中的温度变化情况，温度采用 PT100 传感器进行测量。

（2）竖向位移和轴向位移

本试验的楼板宽度 1200mm，在支座、1/4 跨和跨中处各需 2 个位移计，此外两端轴向同时各需要 1 个位移计，共 8 个位移计。通过数据传输线传至数据采集仪上测量试验过程中楼板的变形情况。支座、1/4 跨和跨中处的位移计采用拉线式位移计，型号为 NS-WY06，量程为 500mm，轴向位移采用顶推式位移计，型号为 YHD-50 型。

（3）应变

在板端附加约束装置的每根竖向钢柱和钢梁上布置应变测点，具体位置见图 7.4-4，由应变采集仪 TDS303 采集数据，根据其读数和材料力学理论即可获得试验过程中板的轴力以及板端弯矩的变化情况。

**5. 试验过程**

（1）将钢柱、钢梁与楼板拼装起来，形成有效的约束系统。钢柱与楼板联结处用耐火棉隔绝，减少板端传递的热量对约束系统的影响，同时拧紧螺栓。

（2）将楼板吊装到水平火灾试验炉上，吊装前炉子四周需铺1～2层的耐火棉，吊装好后将水平炉炉盖封好，再用耐火棉将一些缝隙密封好。

（3）将钢柱、钢梁上的应变测点和温度测点连接到相应的应变采集仪和温度采集仪上，楼板内的温度测点连接到水平炉数据采集系统上。

（4）将千斤顶及加载分配梁安装就位，并安装固定拉线式位移计及端部顶推式位移计。

（5）在钢柱、钢梁的应变测点处用耐火棉包裹，避免楼板受火时冒出的水蒸气的影响，同时可以减少人为因素的干扰。

（6）调试完仪器记录初始数据即可开始加载，正式试验前施加预定荷载的50%以压实缝隙，并检查各量测系统是否正常，随后卸载。然后逐级加载（分40%、80%、100%三级加载）至预定荷载并持荷10min，待荷载、位移和应变稳定后即可开始点火升温。

（7）在试验过程中时刻注意并记录试验现象，检查炉子密封情况，控制油压使千斤顶施加的荷载恒定，并时刻监控试件挠度、裂缝开裂情况及温度变化情况，当达到前述的破坏标准时，立刻停止千斤顶加载并停火。

（8）验证板S1受火180min后若未达到前述的破坏标准，继续加载，检测板的高温下承载力，荷载分多级施加，每次增加10kN，加载时应变采集仪继续采集数据，并随时记录下达到预定荷载时的时间，直到达到前述破坏标准，或停止加载时挠度仍在不断增加也判定为破坏，可停火并卸载。试验板S2～S5达到预定受火时间后停火降温，并继续采集降温阶段的数据，待第二天炉温冷却下来后做高温后静载承载力试验，加载过程与验证板相同，只是每级荷载间至少稳定5min方能采集数据，破坏标准同验证板。

**6. 试验现象**

（1）验证板S1：加载值38.88kN，即板面荷载12kN/$m^2$，约束装置为单层两根钢梁，见图7.4-4（单层钢梁），板端为较小约束。点火18min后，钢架出现较大声音，第31min板面开始有水分渗出，第60min（图7.4-6）开始有水蒸气从裂缝中冒出，第108min板面呈现出一系列裂纹；受火180min后，最大挠度为32.9mm，小于极限挠度值206mm [$(L_0 \times L_0)/400d$，净跨$L_0 = 3400$mm]，未失去承载能力，超过了正常使用状态限值18mm（$L/200$，$L=3.6$m<7m，$L$为计算跨度），构件处于大变形状态，板面出现不少裂缝，在板顶靠近板边1/4跨处（板顶负弯矩钢筋截断处）出现较大的主裂缝，见图7.4-7。

高温下加载时，每级加载下挠度都会增加，且增长的挠度也越来越大，裂缝进一步开展，在板端约束梁处有新裂缝出现；加载至190kN时，即使停止加载，跨中挠度仍在不断增加，千斤顶读数下降，楼板即告破坏。破坏时板端裂缝较大，板端与约束梁的根部开裂严重，裂缝宽度达到5～7mm，见图7.4-8；楼板1/3加载点处的上部混凝土被压碎，相应板底钢筋露出并有两根钢筋断裂，板端底部混凝土剥落严重，见图7.4-9。楼板破坏前后的形态见图7.4-10，楼板破坏后产生较大弯曲变形。

（2）试验板S2：加载值26.73kN，即板面荷载8.25kN/$m^2$，约束装置为双层四根钢梁，见图7.4-4（双层钢梁），板端为较大约束。点火12min后，楼板根部开裂，第18min进入开裂高峰期，第30min跨中挠度已比较明显，第41min裂缝基本开裂完全，进入稳定状态；受火 180min 后，跨中最大挠度 24.1mm，未达到破坏标准，但已达到预定耐火时间，停火但不卸载，风机仍开动让炉温降低，降温 156min 后，炉温已下降至 100℃ 左右，打开炉盖自然冷却。

图 7.4-6　板内水分蒸发

图 7.4-7　板面裂缝分布

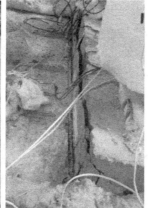

图 7.4-8　板端根部严重开裂

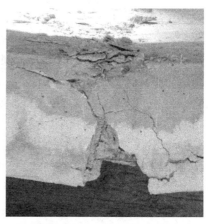

图 7.4-9　跨中板底开裂

图 7.4-10　楼板 S1 破坏前后的形态

待炉温冷却后进行楼板高温后的承载力试验，分级加载，每级增加 20kN，接近破坏时每级增加 10kN。在最初的几级荷载下，受火产生的旧裂缝开展、延伸并连通，加载至 80kN 时，开始有新裂缝开展；加载至 180kN 时，挠度突然增加许多，原先根部的一条裂缝开展宽度已达 5mm 之多，但停止加载时挠度也随之稳定；在加载至 190kN 的过程中，板右侧 1/3 跨加载点处破坏，板底严重开裂且上部混凝土被压碎，根部裂缝宽度达 7～8mm，底部钢筋受挤压变弯。楼板破坏前后的形态，见图 7.4-11，楼板破坏后产生较大弯曲变形。

图 7.4-11　楼板 S2 破坏前后的形态

试验板 S3：加载值 26.73kN，即板面荷载 8.25kN/m²，约束装置为单层两根钢梁，板端为较小约束。点火 10min 后，两端角部出现开裂情形，第 58min 楼板跨中挠度明显，受火 180min 后，跨中最大挠度 25.9mm，未达到楼板破坏标准，但已达到预定耐火时间，停火但不卸载，风机仍开动让炉温降低。降温 120min 后，炉温已下降至 150℃ 左右，打开炉盖自然冷却。待炉温冷却后进行楼板高温后的承载力试验，分级加载至 170kN 时，跨中挠度已增长很多，根部裂缝 4mm 宽；加载至 190kN 时，挠度继续增大，接近破坏；加载至 200kN 时，跨中挠度达到 151mm，底部有多条贯通板宽的裂缝。

试验板 S4：加载值为 26.73kN，即板面荷载 8.25kN/m²，约束装置为双层四根钢梁，板端为较大约束。受火 20min 后板端出现第一条裂缝，受火 90min 后，跨中最大挠度 19.2mm，未达到破坏标准，但已达到预定耐火时间，停火但不卸载，风机仍开动让炉温降低。待炉温冷却后进行楼板高温后的承载力试验，分级加载至 160kN 时，板端根部裂缝开裂严重；加载至 220kN 时，跨中挠度达到 19.2mm，但在卸载后挠度也有较大恢复，跨中上部混凝土被压碎，底部裂缝较明显，板端根部及约束梁开裂较轻，此块楼板刚度及承载力明显均高于其他同类板。

试验板 S5：加载值 26.73kN，即板面荷载 8.25kN/m²，约束装置为单层两根钢梁，板端为较小约束。点火 25min 后，板端出现第一条裂缝，受火 90min 后，跨中最大挠度 22.9mm，未达到楼板破坏标准，但已达到预定耐火时间，停火但不卸载，风机仍开动让炉温降低。待炉温冷却后进行楼板高温后的承载力试验，分级加载至 140kN 时，约束梁开裂；加载至 180kN 时，板端根部开裂，挠度突然增大；加载至 200kN 时，板端约束梁已严重开裂。

（3）试验现象小结：各试件的试验过程大体一致，受火后楼板很快就受到约束装置的约束作用，首先在楼板的两端开裂，并伴有混凝土开裂的声音，偶尔钢架也会出现较大的声响，说明约束系统开始发挥作用，并进行一定的内力调整。裂缝开裂后很快就有水分从中渗出，大约15min就能覆盖整个板面，并向跨中汇聚；第20min左右，开始有水蒸气从板侧面密封位置冒出，在40~50min间还会有水蒸气从裂缝处冒出，随着试验进行，水蒸气会越来越多并弥漫整个板面，至后期板面水分减少，水蒸气也随之减少；楼板在受火前期有一个混凝土开裂高峰期，并伴有混凝土开裂声响，期间钢架内也会出现较大声音，板端裂缝集中分布在根部及距离根部900mm的区域内，且多为贯穿板宽的裂缝。受火后期，板面水分蒸干后会在板面裂缝呈现出一系列条纹。达到预定受火时间后，虽然楼板有明显挠曲，但跨中挠度很小，远未达到破坏标准，说明施加的约束装置发挥了很好的作用，提高了楼板的耐火极限。

试验结束并冷却后，试件表面均出现龟裂、疏松等现象，从侧面可看出底部混凝土呈现灰白色，局部略显暗红色，用手可轻易捻碎。底部混凝土剥落现象严重，且集中在两端，呈现出斑斑点点的现象，跨中只有局部剥落或未剥落，且两端底部钢筋露出。

无论是验证板高温下的静载试验，还是试验板高温后的静载试验，在每级荷载下挠度都会逐渐增加，且在初期呈现线性增加，后期挠度增长幅度逐渐增大。在最初的几级荷载下，受火产生的裂缝会继续开展并延伸或连通，荷载较大时可能会有新裂缝出现，并伴有混凝土开裂的声音。在楼板破坏时，跨中挠度会持续增长，千斤顶读数也会开始下降，有时会听到混凝土被压碎的声音，板端根部一般开裂比较严重，尤其是约束刚度比较大时。静载试验时，板端底部混凝土受压，经过高温后的混凝土比较酥，会很容易被挤碎掉落，所以剥落区一般集中在底部，偶尔跨中会有局部剥落。

### 7. 试验结果分析

1）温度分析

（1）炉温

试验中高温炉内部升温情况，根据要求，规定炉温偏差允许值为：

$$5\text{min}<t\leqslant10\text{min}, \quad d_\text{e}\leqslant15\%;$$
$$10\text{min}<t\leqslant30\text{min}, \quad d_\text{e}\leqslant[15-0.5(t-10)]\%;$$
$$30\text{min}<t\leqslant60\text{min}, \quad d_\text{e}\leqslant[5-0.083(t-30)]\%;$$
$$t>60\text{min}, \quad d_\text{e}\leqslant2.5\%.$$

其中：$t$为升温时间（min），$d_\text{e}$为同一时刻实际炉温与标准升温曲线的偏差。

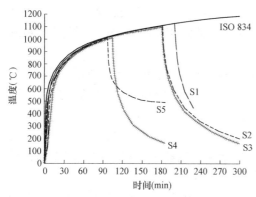

图7.4-12 各试件试验炉温情况

图7.4-12为各试件试验炉温情况，由图可以看出，在试件的升温过程中，炉温与ISO 834标准值相差较小，满足要求。

（2）试件内部温度

通过预先埋设在板截面内的热电偶测得的数据结果来分析楼板截面在火灾条件下的温度分布情况。根据实测温度可以看出，跨中截面和1/4跨截面对应位置处的测点温度变化情况非常接近，这说明构件的温度场分布沿跨度方向几乎保持不变。

根据实测温度还可看出，各试件的升降

温曲线是相似的，随着与受火面距离的增加，测点温度逐渐降低。升降温曲线主要分为三个阶段：第一阶段是升温的初期，此阶段温度增长较快，随着与受火面距离的增加，测点的温度增长斜率减小；第二阶段是升温的后期，此阶段内温度增长平缓，尤其是距受火面较远的点；第三阶段是停火降温的过程，在此阶段内温度降低，但降低的速率取决于距受火面的远近，距受火面较近的点刚开始降低得比较快，后面渐趋平缓，距受火面较远的点在整个降温过程中温度降低得都比较平缓。

图 7.4-13 为板 1/4 跨和跨中测点位置，图 7.4-14 为验证板跨中测点温度-时间曲线，受火 3h 后，板底主筋处（距受火面距离 25mm）温度为 572℃，板顶主筋处（距背火面距离 35mm）温度为 121℃，板背火面最高平均温升小于 140℃，最高单点温升小于 220℃，未失去隔热性。

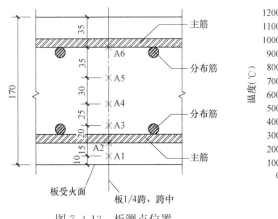

图 7.4-13 板测点位置

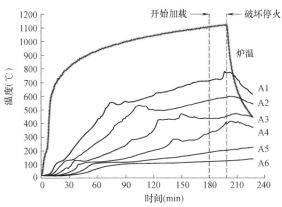

图 7.4-14 验证板跨中测点温度-时间曲线

从同一试件内不同截面处相同测点的温度变化曲线可以看出：①同一试件内不同截面处相同的测点温度具有较好的一致性，距受火面越远一致性越强；②部分测点温度在升温后期出现一平台，这里出现温度平台现象的主要原因是混凝土内部的自由水在温度达到 100℃ 左右开始蒸发，消耗大量热量，使混凝土升温速度放缓，与受火面距离较近的温度测点就没有平台现象或不是很明显，这是由于这些测点在短时间内经受高温作用，混凝土内的自由水很容易在瞬间得到蒸发，所以温度可以持续上升。

从不同试件跨中截面和 1/4 跨截面处相同测点的温度变化曲线可以看出：①相同测点在相同升温时间内温度非常接近，降温过程中的区别主要来源于风机的速率、炉子密封情况以及炉盖的起吊时间等，说明试件内温度场分布受约束大小影响较小；②距受火面较近的点在升温初期温度增长较快，后期增长平缓，距受火面较远的点则在整个升温过程中几乎保持相同的增长速率；③受火时间越长，测点最高温度越高，距受火面越近此差异体现的越明显；④在升温过程中，钢筋温度有上下起伏，且差异较大。

2）高温下竖向挠度分析

图 7.4-15 为验证板 S1 在升降温阶段跨中、1/4 跨和支座处挠度随时间的变化曲线，图 7.4-16 为验证板 S1 和试验板 S2～S5 在升降温阶段跨中挠度随时间的变化曲线，为便于比较各试件挠度，将点火前挠度值记为 0，为相对位移，该挠度值已扣除支座位移。从图中可以看出：①在受火升温初期，试件挠度增长较快，升温后期缓慢增长；②在升温时

间相同的情况下，约束刚度越大跨中挠度就越小，此趋势在升温时间较短时更为明显；③在降温阶段，挠度受约束大小和受火时间的影响比较大，但挠度变化都比较平缓；④从板 S2 和板 S3 可以看出，试件在降温阶段挠度仍在增长，表明楼板刚度基本已经完全丧失，虽然已经停火但在荷载作用下挠度依然在缓慢增长，说明楼板已达到它的耐火极限，但由于约束系统的作用并没有破坏；⑤比较 S4 和 S5 曲线可以看出，在受火时间较短，即楼板刚度损失不大的情况下，约束刚度越大楼板挠度越小；⑥比较 S4 和 S5 曲线可以看出，在降温阶段楼板刚度有所恢复，但恢复程度取决于最大挠度。

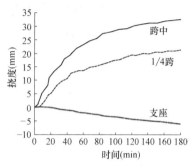

图 7.4-15　验证板 S1 挠度-时间曲线

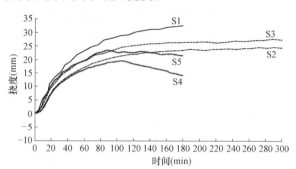

图 7.4-16　各构件跨中挠度-时间曲线

3）高温后楼板静载试验变形形态

根据试验板在高温后静载试验的变形形态可以看出：①随着荷载的增加，位移迅速增加且趋势越来越大，最后一级荷载为破坏荷载，但相应的位移为卸载稳定后的位移；②升温时间相同的情况下，约束刚度越大跨中挠度越小，在升温时间较短时更为明显；③在约束刚度相同的情况下，升温时间越长的试件其位移也越大，此趋势在约束刚度较大时尤为明显。

4）轴向变形分析

图 7.4-17 为各试件的实测轴向变形（以伸长为正）随时间变化曲线，表 7.4-2 给出了各试件的轴向变形最大值。从图和表中可以看出：①在升温过程中，各试件的轴向变形先呈现较快增长而后缓慢增长，在降温过程中轴向变形逐渐减小并渐趋平缓，降温结束后仍存在明显的残余变形；②升温时间越长，试件的轴向变形峰值及其降温后的残余变形都越大，此趋势在约束刚度比较小时更为显著；③在升温时间相同的情况下，约束刚度越大，试件的轴向变形峰值就越小，这一趋势在升温时间较长时更为显著；④在降温过程中，约束刚度越大，轴向变形减少的越少，即更难恢复，这一趋势在升温时间较长时尤为明显；⑤验证板在高温下加载破坏卸载后，轴向变形突然增大，与挠度突然减小相符合。

试件轴向变形最大值                                              表 7.4-2

| 试件 | S1 | S2 | S3 | S4 | S5 |
| --- | --- | --- | --- | --- | --- |
| 轴向变形最大值（mm） | 6.58 | 10.23 | 15.41 | 9.22 | 12.47 |

5）轴向力

图 7.4-18 为各试件的实测轴力（以受压为正）随时间变化曲线，表 7.4-3 给出了各试件轴力的最大值。从图和表可以看出：①整个升降温过程中，试件的轴力呈现出先较快增长后逐渐减缓的趋势，降温结束后仍存在较大的残余轴力，施加最强约束的试件甚至在

降温后轴力仍在增长；②在受火时间较短时，约束刚度对轴力的影响比较明显；③在升温时间相同的情况下，轴向约束刚度越大试件的轴压力峰值也就越大；④从验证板与试验板的比较可以看出，试验板在降温阶段轴力或者增加或者缓慢降低一点，而验证板在高温下加载使板内轴力迅速减小。

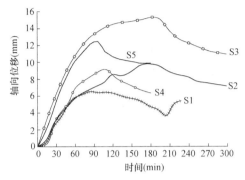

图 7.4-17　试件的实测轴向变形-时间曲线

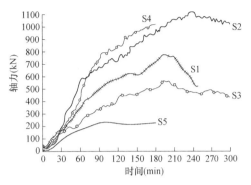

图 7.4-18　试件的实测轴力-时间曲线

**试件轴力最大值**　　　　　　　　　　　　　　　　　　表 7.4-3

| 试件 | S1 | S2 | S3 | S4 | S5 |
|---|---|---|---|---|---|
| 轴力的最大值(kN) | 780.9 | 1121.6 | 560.7 | 1021.1 | 228.6 |
| 最大轴力比 | 0.1904 | 0.2735 | 0.1367 | 0.2490 | 0.0558 |

6）板端弯矩

图 7.4-19 为各试件板端的实测弯矩随时间变化曲线，从图可以看出：①整个升降温过程中，试件板端的弯矩呈现出先逐渐增大后逐渐减小甚至反向的趋势，这是因为升温前期板底面相对于板顶面有更明显的膨胀趋势（板顶面未受火），以及板端约束系统的制约作用，使得板横截面产生不均匀分布的附加压应力，横截面下部压应力较大，沿截面向上逐渐减小，此不均匀分布的附加压应力

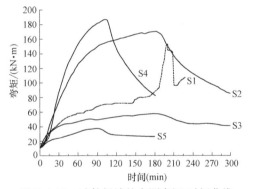

图 7.4-19　试件板端的实测弯矩-时间曲线

的合力可分解为一个沿板中轴线的附加轴力，以及一个使板下部受压、上部受拉的附加弯矩；②升温时间对试件板端弯矩最大值的平均值影响有限；③升温时间相同，约束刚度越大板端附加弯矩最大值的平均值就越大；④验证板经过 3h 高温后再加载，板端弯矩仍迅速增加，说明在约束系统的作用下仍具有较高的承载力，弯矩急剧减小由卸载引起。

**8. 试验结论**

试验主要研究了板端约束大小、板上荷载以及受火时间对混凝土楼板耐火性能的影响，对试验结果的分析可以得出以下结论：

（1）单向验证板在约束钢架的作用下，加载 38.88kN（即板面荷载 12kN/m²），构件经过 3h 的升温后均未达到《建筑构件耐火试验方法 第 5 部分：承重水平分隔构件的特殊要求》GB/T 9978.5—2008 中规定的破坏标准。构件在升温达到 3h 后，高温下继续加载，荷载达到 190kN（即板面荷载 58.64kN/m²）时，构件才破坏，说明构件具有很好的耐火性能。

（2）构件的温度场分布沿跨度方向几乎保持不变，随着与受火面距离的增加，测点温度逐渐降低，测点温度增长及降低的速率受距受火面的距离影响较大。

（3）在受火升温初期，试件挠度增长较快，升温后期缓慢增长；在降温阶段，挠度受约束大小和受火时间的影响比较大，但挠度变化都比较平缓。

（4）在升温过程中，试件的轴向变形先呈现较快增长而后缓慢增长，在降温过程中轴向变形逐渐减小并渐趋平缓，降温结束后仍存在明显的残余变形。试件轴向变形峰值及其降温后的残余变形均呈现出随升温时间增加而增大的趋势。

（5）整个升降温过程中，试件的轴力呈现出先较快增长后逐渐减缓的趋势，降温结束后仍存在较大的残余轴力。

（6）整个升降温过程中，试件两端的弯矩随时间变化的曲线呈现出先逐渐增大后逐渐减小甚至反向的趋势。

## 7.4.2 单向板数值模拟

使用 SAFIR 软件，建立验证板 S1 数值模型，在模型中配筋、材料属性、荷载均是按照实际试验所采用的数据。模型采用了 10×30 共 300 个矩形单元等分网格对验证板划分有限元单元，试验过程表明约束梁和钢柱钢梁系统能够提供良好的约束条件，验证板的两个短边考虑为固支，两个长边为自由边，模拟单向板的实际约束情况。

楼板为平面构件，其温度场可简化为沿厚度方向的一维温度场。试验开始前测定混凝土表面温度为 20.0℃，将其设定为数值模型的初始温度。根据《结构耐火规程》附录 B，可得到 180mm 厚板受火时间 30、60、90、150、180min 的截面温度场，见图 7.4-20。图 7.4-21 为过火 3h 后 170mm 厚板的横截面温度场分布，图中可见，随着距受火面距离的减小，温度快速升高，越靠近受火面，温度增加的速率越大，与试验板实测温升情况比较吻合。板底受火面模拟温度值达到 1077℃，而板顶模拟温度值为 106.1℃。

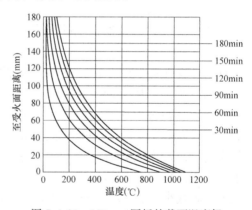

图 7.4-20　180mm 厚板的截面温度场

板的变形是围绕板跨中呈弧状下沉，在板跨中竖向挠度最大，沿板跨中向两边约束梁竖向变形逐渐变小，至板端约束梁位置的竖向变形为零。图 7.4-22 为验证板跨中竖向挠度随时间变化的模拟值曲线和实测值曲线，3h 耐火后板的最大挠度实测值为 32.9mm、模拟值为 36.8mm，均小于极限挠度值 206mm。图中可见，两条曲线趋势相近，但在同一时刻，板竖向挠度的模拟值始终略大于实测值。可以观察到实测曲线在受火的开始 5min 内挠度基本没有变化，可能是由于炉内点火后温升延迟所导致的，受火 180min 时挠度模拟值仅比实测挠度大 11.9%左右，小于试验误差 15%的可接受范围。偏差原因分析：利用传统塑性铰线理论对板的极限承载力计算时对薄膜效应的影响考虑不足，计算值偏保守，混凝土板在高温时产生的张拉薄膜效应对耐火性能有较大提高，混凝土板的薄膜效应对防止结构的倒塌破坏起着重要作用，尤其是大变形下产生的受拉薄膜效应对维持火灾下板的承载力起到了关键作用。模拟值与实测值整体趋势一致，验证了单向板数值模拟结果的有效性。

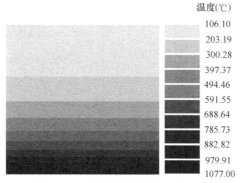

图 7.4-21 验证板截面温度场分布

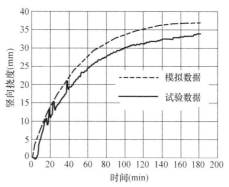

图 7.4-22 验证板跨中挠度-时间曲线

## 7.5 工程板数值模拟

苏州太平车辆段 1 层上盖平台呈"刀"柄形，为车辆段上盖开发项目的防火分隔楼板，见图 7.5-1，平台面积 18 万 $m^2$，长度超过 1100m，南侧宽度 83m，北侧宽度 320m。平台尺寸巨大，被分成 16 个抗震单元，抗震单元最大长度近 200m，且抗震单元内部开设较多的洞口，楼板存在三种不同边界条件：四边固支（中间跨）、三边固支一边简支（单边跨）和两邻边固支两邻边简支（角板跨）。平台楼板主要为 9m×（9~15）m 的双向板和 3m×（9~15）m 的单向板两种类型，楼板上设置 300mm 厚 C20 混凝土面层（内配 $\phi10@200$ 双向钢筋网片），使用功能为机动车库，正常使用荷载：恒荷载 7.5kN/$m^2$、活荷载 5.0kN/$m^2$。

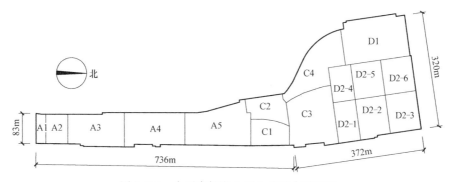

图 7.5-1 太平车辆段 1 层上盖平台平面图

使用 SAFIR 软件分别对 9m×9m、9m×15m 钢筋混凝土工程双向板和 3m×15m 钢筋混凝土工程单向板，在不同边界条件下的抗火性能进行定量分析和比较。根据楼板的实际约束情况，改变数值模型的边界条件，太平车辆段上盖分隔楼板有四种不同的计算简图，见图 7.5-2。①板 1——中间跨，四边固支，位于平台抗震单元的中间格；②板 2——短边简支的边跨，三边固支一短边简支，位于平台抗震单元的边格，一个短边为抗震单元的外边；③板 3——长边简支的边跨，三边固支一长边简支，位于平台抗震单元的边格，一个长边为抗震单元的外边；④板 4——角跨，两邻边固支两邻边简支，位于平台抗震单元的角格，板的两相邻简支边为抗震单元的外边。

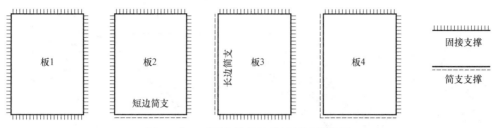

图 7.5-2　不同边界条件的楼板计算简图

### 7.5.1　工程双向板数值模拟

**1. 工程双向板尺寸及配筋**

工程双向板平面尺寸主要为 9m×(9～15)m 的矩形板，板厚 300mm，钢筋保护层厚度 25mm。配筋情况：板底双向 Φ10@100，板面双向 Φ14@150，支座附加钢筋双向 Φ12@150，见图 7.5-3。

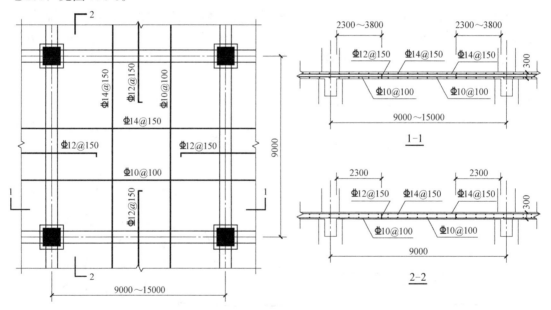

图 7.5-3　工程双向板尺寸及配筋图

**2. 工程双向板数值模拟**

使用 SAFIR 软件，建立平面尺寸为 9m×9m 和 9m×15m 工程双向板的数值模型，模型中配筋、材料属性、荷载均按照实际工程的数据。楼板为平面构件，其温度场可简化为沿厚度方向的一维温度场，边界条件变化对沿板厚方向上的温度场的变化影响很小，因此上述不同边界条件的计算模型沿板厚的温度分布基本相同。试验开始前测定混凝土表面温度为 20.0℃，将其设定为数值模型的初始温度。根据《结构耐火规程》附录 B，可得出 300mm 厚板受火时间 30、60、90、150、180min 的截面温度场，见图 7.5-4。图 7.5-5为数值分析过火 3h 后，300mm 厚工程双向板横截面温度场分布图，板底最高温度达到

1077℃，板顶最高温度 27.9℃，板顶最大温升仅 7.9℃，说明 300mm 厚混凝土板有良好的隔热性。板背火面最高平均温升小于 140℃，最高单点温升小于 220℃，未失去隔热性。

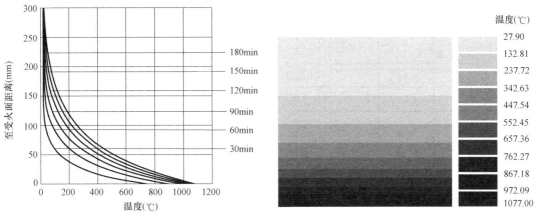

图 7.5-4 300mm 厚板的截面温度场      图 7.5-5 板截面温度场分布图

计算模型采用 10×10 的网格划分，模拟实际情况中双向板的约束进行数值分析，图 7.5-6 为在受火 3h 内 9m×9m 工程双向板最大挠度随时间变化的曲线，过火 3h 后，中间跨最大挠度为 176mm，位于板中心点，边跨最大挠度为 268mm，位于板中心点与简支边中点的连线上且靠近板中心点，角跨最大挠度为 336mm，位于板中心点与两邻边简支角的连线上且靠近板中心点；图 7.5-7 为在受火 3h 内 9m×15m 工程双向板最大挠度随时间变化的曲线，过火 3h 后，中间跨最大挠度为 442mm，位于板中心点，短边简支的边跨最大挠度为 491mm，长边简支的边跨最大挠度为 536mm，位于板中心点与简支边中点的连线上且靠近板中心点，角跨最大挠度为 558mm，位于板中心点与两邻边简支角的连线上且靠近板中心点。上述不同边界条件中，角跨的挠度最大，仍小于耐火极限挠度 641mm $[(L_0 \times L_0)/400d$，短边净跨 $L_0=8400\text{mm}]$，未失去承载能力，但超过了正常使用状态限值 36.0mm（$L/250$，7m<$L$=9.0m≤9m，$L$ 为计算跨度），构件处于大变形状态。

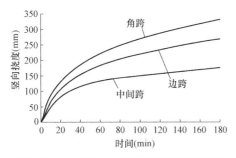      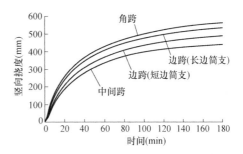

图 7.5-6 9m×9m 工程板挠度-时间曲线      图 7.5-7 9m×15m 工程板挠度-时间曲线

### 7.5.2 工程单向板数值模拟

#### 1. 工程单向板尺寸及配筋

工程单向板平面尺寸主要为 3m×(9~15)m 的矩形板，板厚 170mm，钢筋保护层厚度 25mm。配筋情况：板底双向⌀12@150，板面双向⌀12@150，见图 7.5-8。

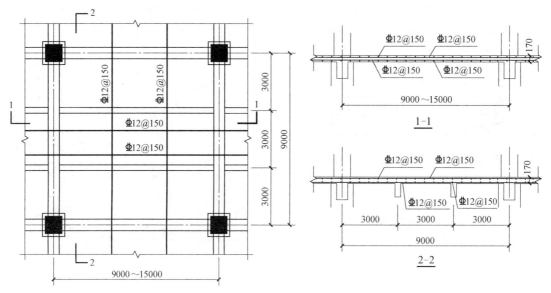

图 7.5-8　工程单向板尺寸及配筋图

**2. 工程单向板数值模拟**

使用 SAFIR 软件，建立平面尺寸为 3m×15m 工程单向板的数值模型，模型中配筋、材料属性、荷载均按照实际工程的数据。工程单向板厚度与单向试验板相同，数值分析过火 3h 后，工程单向板的横截面温度场分布与单向试验板一致，见图 7.4-20。板底最高温度达到 1077℃，板顶温度达到 106.1℃，板背火面最高平均温升小于 140℃，最高单点温升小于 220℃，未失去隔热性。

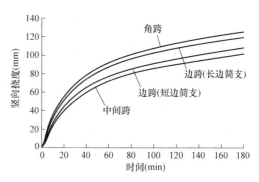

图 7.5-9　3m×15m 工程板挠度-时间曲线

计算模型采用 10×10 的网格划分，模拟实际情况中单向板的约束进行数值分析，图 7.5-9 为在受火 3h 内 3m×15m 工程单向板最大挠度随时间变化的曲线，过火 3h 后，中间跨最大挠度为 102mm，位于板中心点，短边简支边跨最大挠度为 109mm，长边简支边跨最大挠度为 119mm，最大挠度点位于板中心点与简支边中点的连线上且靠近板中心点，角跨最大挠度为 126mm，最大挠度点位于板中心点与两邻边简支角的连线上且靠近板中心点。上述不同边界条件中，角跨的挠度最大，仍小于耐火极限挠度 130mm[$(L_0×L_0)/400d$，短边净跨 $L_0=2700mm$]，未失去承载能力，但超过了正常使用状态限值 15.0mm（$L/200$，$L=3.0m<7m$，$L$ 为计算跨度），构件处于大变形状态。

### 7.5.3　数值模拟分析

**1. 挠度-时间曲线**

图 7.5-6、图 7.5-7 和图 7.5-9 绘出了双向板和单向板四种计算模型在受火 180min 内板的最大挠度-时间曲线。从图中可见，不同边界条件下四种钢筋混凝土板的挠度曲线都具有相同的变化趋势，即受火的前 20min，板的挠度-时间曲线呈线性增大趋势，且四种

板挠度-时间曲线的斜率接近；受火 20min 至 120min 阶段，四种板的挠度均出现非线性增大，且各自斜率变化与幅值变化程度不相同；120min 至 180min 阶段，四种楼板的挠度-时间曲线重新又表现为线性增大趋势，并且具有不同的斜率。180min 时，四边固支的中间跨板具有最小的中心点挠度，其次是三边固支—短边简支的边跨板，再次是三边固支—长边简支的边跨板，两邻边固支两邻边简支的角跨板有最大的挠度值，但角跨板的最大挠度值仍然小于耐火极限挠度，板未发生破坏。

**2. 力学行为分析**

文献［124］研究表明，混凝土板在小挠度下以受弯承载为主，当板内钢筋在温度应力作用下逐步屈服进入大变形阶段后，板内的传力机制发生了改变，不再仅仅依靠截面的弯曲刚度来承载，在板底混凝土裂缝贯穿板截面的区域的荷载，将完全由锚固在约束梁上的钢筋网片的受拉薄膜作用承受；此后，板的承载能力随着板的变形的增大而增大，直至板内钢筋发生受拉断裂而引起板体崩塌破坏。根据该理论对上述四种边界楼板的抗火性能分析，受火 3h 后，中间跨板和边跨板中心均出现了一个椭圆形受拉区域，在此区域内的荷载，将由原来小挠度下的抗弯承载转变为大挠度下的受拉薄膜力承载，在该受拉区域以外的压力环则可为受拉薄膜力提供有效的约束；对角跨板而言，其受拉薄膜力出现在简支边相交的角部，周围没有成环的受压薄膜力为其提供有效约束，受压薄膜力集中出现另一侧固支边相交的角部，产生较大的局部变形，角跨板后期承载力增长的幅度会小于其他三类板，这是因为没有充足的受压薄膜力为受拉薄膜力承载提供支撑。不同边界条件下楼板抗火承载能力从大到小依次排序为：中间跨板（四边固支板）＞边跨板（三边固支—短边简支板）＞边跨板（三边固支—长边简支板）＞角跨板（两邻边固支两邻边简支板）。板的最终抗火承载力取决于板的耐火极限，角跨板由于受拉薄膜力的局部化，可能在构件发生整体破坏前，在两相邻简支边相交的角部首先出现局部破坏，在四种不同边界条件板中具有最弱的抗火承载力。

**3. 数值模拟结论**

用结构火灾分析软件 SAFIR，对工程双向板和单向板在不同边界条件下的 3h 耐火试验模拟分析，研究结果为楼板均未破坏，验证了太平车辆段上盖分隔楼板的耐火极限不低于 3h。

# 7.6 研究结论

## 7.6.1 钢筋混凝土板耐火试验及数值模拟结论

通过对钢筋混凝土板的耐火试验和数值分析，以及实际工程板在不同边界条件下受火 3h 的耐火数值模拟，得到以下结论：

（1）对平面尺寸 4.5m×5.0m，厚 150mm 的四边固支双向板进行了 3h 耐火试验，实验结果表明，过火 3h 后，板背火面最高温度为 115.3℃，板最大挠度为 97mm。采用 SAFIR 软件对上述双向板模型进行了 3h 耐火试验数值模拟，过火 3h 后，板底最高温度为 1087℃，而板顶温度为 141.9℃，板最大挠度为 116mm。背火面最高平均温升均小于 140℃，最高单点温升小于 220℃，板未失去隔热性，最大挠度小于极限挠度值

316.9mm，板未达到破坏。

（2）对平面尺寸 3.8m×1.2m，厚 170mm 的单向板进行了 3h 耐火试验，实验结果表明，过火 3h 后，板底主筋处温度为 572℃，板顶主筋处温度为 121℃，板最大挠度为 32.9mm。采用 SAFIR 软件对上述单向板模型进行了 3h 耐火试验数值模拟，过火 3h 后，板底最高温度为 1077℃，板顶温度为 106.1℃，板最大挠度为 36.8mm。板未失去隔热性，最大挠度均小于极限挠度值 206mm，板未破坏。

（3）数值模拟与试验数据比较：双向板最大挠度偏差 19.6%，单向板最大挠度偏差 11.9%，模拟结果均略大于实验数据，偏差在可接受范围内，采用 SAFIR 软件计算所得的温度场与挠度曲线与试验测试值吻合程度较好，验证了数值模拟结果具有合理性。

（4）采用 SAFIR 软件对板厚 300mm、平面尺寸 9m×9m 和 9m×15m 的工程双向板进行了 3h 耐火试验数值模拟，过火 3h 后，板底最高温度为 1077℃，板顶最高温度为 27.9℃，9m×9m 板的最大挠度：中间跨为 176mm、边跨为 268mm、角跨为 336mm，9m×15m 板的最大挠度：中间跨为 442mm、短边简支的边跨为 491mm、长边简支的边跨为 536mm、角跨为 558mm，均小于破坏挠度限值 641mm，板未破坏。

（5）采用 SAFIR 软件对板厚 170mm、平面尺寸 3m×15m 的工程单向板进行 3h 耐火试验数值模拟，过火 3h 后，板底最高温度为 1077℃，板顶最高温度为 106.1℃，板最大挠度：中间跨为 102mm、短边简支边跨为 109mm、长边简支边跨为 119mm、角跨为 126mm，均小于极限挠度值 130mm，板未破坏。

（6）上述（4）、（4）条验证了太平车辆段上盖分隔楼板的耐火极限不低于 3h。

## 7.6.2 提高钢筋混凝土板耐火性能的有效措施

影响钢筋混凝土楼板耐火极限的因素较多，板的厚度和跨度、钢筋保护层、荷载、配筋率和板约束都是影响楼板耐火极限的重要因素，控制荷载、提高配筋率、适当加大保护层厚度、减小板跨和优化板的布置是提高钢筋混凝土板耐火性能的有效措施。

（1）增加楼板厚度可显著提高板的耐火性能。楼板厚度增加，使板底高温损伤混凝土在截面高度方向所占比例减小，截面抗弯刚度的降低速率下降，板的跨中挠度的增加更为缓慢，提高了板的耐火极限。但增加板厚会提高工程成本，楼板厚度过大会造成较大浪费，应综合考虑板跨、荷载和板类型合理取值板厚。

（2）增加钢筋混凝土保护层厚度可提高板的耐火性能。构件的温度场分布随着与受火面距离的增加，温度逐渐降低，加大保护层厚度对减缓板底钢筋温度升高极为有效，使跨中的挠度增加变缓，从而提高了板的耐火极限。若保护层厚度过大，且未采取有效抗裂措施时，常温下构件表面易产生大量混凝土收缩裂缝，影响常温下的使用性能。此外，在板厚不变的情况下，当增加保护层厚度会降低板的截面有效高度，明显降低板在常温下的承载能力。保护层厚度大于 45mm 时，需在保护层内增设防裂的钢丝网片，会较大增加结构成本。所以，钢筋保护层对结构的抗火性能影响方面较多，不建议通过过度增加混凝土保护层厚度来提高钢筋混凝土板的耐火极限，对 3h 耐火极限的楼板钢筋混凝土保护层厚度宜为 20～30mm。钢筋保护层的厚度还应考虑建筑的耐久性、使用年限和建筑所处的环境类别，可详见《混规》。

（3）减小结构板面荷载可提高板的耐火性能。在高温与荷载共同作用下，较大的荷载会降低混凝土与钢筋的力学性能，挠度及变形量会增大，导致耐火时间变短。车辆基地防火分隔楼板上通常设置 300mm 厚 C20 混凝土面层（内配双向钢筋网），恒荷载较大，可优化设计，减小面层厚度或采用轻质材料做垫层，降低板上面层恒荷载。

（4）减小板的跨度可显著提高板的耐火性能。在高温下，跨度较大的楼板会使混凝土与钢筋的力学性能降低，挠度及变形量增大，耐火极限迅速降低。减小板跨，可减小板的内力，有效降低板竖向挠度，显著提高板耐火极限，可优先考虑采用此措施，通过增设次梁减小板跨。

（5）增大负弯矩钢筋配筋率可提高板的耐火性能。在火灾过程中，负弯矩钢筋由于距火焰较远，会比正弯矩钢筋温度低，负弯矩钢筋的力学性能降低明显较小，从而正弯矩相应减小、负弯矩相应增加引起板的内力重分布，一般情况下，这种重新分布足以引起负弯矩钢筋的屈服，同时，正弯矩钢筋可以在失效前被加热到较高的温度。对筋混凝土连续板增大负弯矩钢筋配筋率可有效提高板的耐火时间，且板厚越大、板跨越小效果越明显。负弯矩钢筋不应按常温下设计全部截断，应有部分钢筋通长布置，以避免板顶主裂缝集中产生在靠近固支板边的 1/4 跨度处（板顶负弯矩钢筋截断处）。

（6）优化梁板平面布置。板的耐火时间：双向板优于单向板，连续板优于简支板；中间跨板＞边跨板（一短边临外边）＞边跨板（一长边临外边）＞角跨板。其他条件相同的情况下，楼板平面布置：角跨板、边跨板的跨度不宜大于中间跨；角跨板宜为双向板，边跨板为单向板布置时，宜短边临外边。

# 第8章

# 工程应用案例

## 8.1 箱形转换应用案例

### 8.1.1 苏州轨道交通 2 号线太平车辆段上盖开发

#### 1. 工程概况

苏州轨道交通 2 号线太平车辆段上盖位于 2 号线北延线以东，澄阳路以西，太东路以南，京沪高铁苏州站以北，车辆段上盖开发实景图见图 7.1-2，建筑效果图及各区编号见图 8.1-1。项目南北向长约 1100m，东西向长约 330m。底层为车辆段功能，包括动调试验间、受电弓轮对检测间、洗车镟轮库、污水处理、物资仓库、变电所、材料棚、工程车库、联合车库、停车列检库和车辆段综合楼，一层平台主要为机动车停车和非机动车停车库，二层平台以上为上盖综合开发，主要为高层住宅、配套公建及小区景观，在中部为车辆段综合楼。

图 8.1-1　建筑效果图

#### 2. 分析单元

根据车辆基地情况物业开发分五个区：A 区为车辆段进入段区，住宅剪力墙直接落地，住宅为 24～27 层；B 区为西侧白地区，与地铁站相邻，不在设计范围；C 区为车辆段咽喉区，平台上为开发小区中心景观；D 区为车辆段停车列检库和联合车库区，列检库平台上为 18 层住宅，剪力墙均不落地，联合车库平台上为体育馆；E 区为北侧白地区，与太东路相邻，不在设计范围。项目基本信息详见表8.1-1。

项目基本信息 表8.1-1

| | | |
|---|---|---|
| 建设地点 | 苏州市 | |
| 建设单位 | 苏州轨道交通2号线有限公司 | |
| 设计单位 | 苏州设计研究院股份有限公司(现启迪设计集团股份有限公司) | |
| 设计时间 | 2011年 | |
| 建筑面积 | 约35万m²(不包括上盖开发面积) | |
| 建筑高度/层数 | A区 | 99.520m/29层 |
| | C区 | 14.200m/2层 |
| | D区 | 69.500m/20层 |
| 设计工作年限 | 50年 | |
| 耐久性设计工作年限 | 盖下平台100年,盖上住宅50年 | |
| 安全等级 | 二级 | |
| 地基基础设计等级 | 甲级 | |
| 桩基设计等级 | 甲级 | |
| 抗震设防烈度 | 7度 | |
| 设计地震分组 | 第一组 | |
| 场地类别 | Ⅲ类场地 | |
| 水平地震影响系数最大值 | 小震0.08,中震0.23,大震0.50 | |
| 竖向地震影响系数最大值 | 水平地震影响系数最大值65% | |
| 特征周期 | 小震、中震0.45s,大震0.50s | |
| 阻尼比 | 小震0.05,中震0.06,大震0.07 | |
| 地震加速度时程曲线最大值 | 小震35cm/s²,中震100cm/s²,大震220cm/s² | |
| 基础 | 桩基础 | |

根据该项目建筑平面形状，盖上和盖下建筑的使用功能，结合平面转折、层数变化等设置防震-伸缩缝，将平台结构分成16个抗震单元，见图8.1-2，缝宽200mm。箱形转换应用实例选取D2-3区。

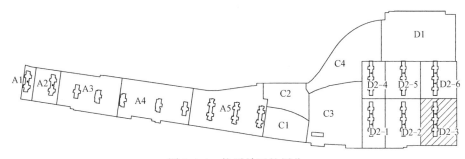

图8.1-2 抗震单元的划分

1) 建筑布置

本项目建筑布置见图8.1-3～图8.1-6。

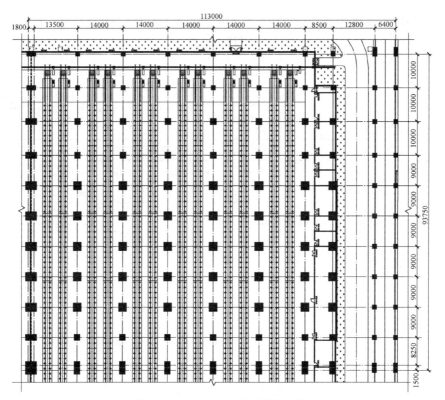

图 8.1-3　D2-3 区底层建筑平面图

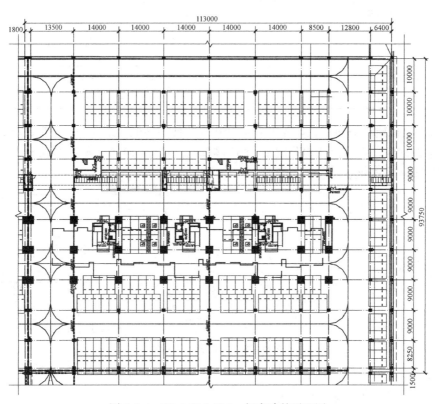

图 8.1-4　D2-3 区 8.700m 标高建筑平面图

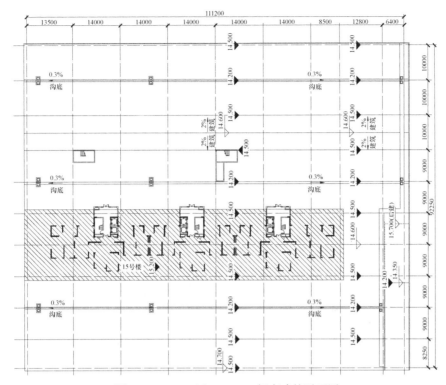

图 8.1-5 D2-3 区 14.200m 标高建筑平面图

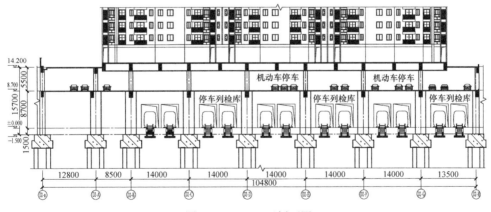

图 8.1-6 D2-3 区剖面图

2）结构方案

（1）项目特点：

本项目盖下为车辆段停车列检库，盖上为住宅，盖上住宅朝向与轨道线方向相平行。盖下轨道采用双线柱网，垂直于轨道方向柱网为 14m，盖下两层结构层高分别为 10.20m、5.50m，盖上住宅首层层高 3.65m，标准层层高均为 2.90m。

为了满足工艺要求，盖下采用框架结构，上部住宅为剪力墙结构，剪力墙均不落地，竖向构件全部需要转换，综合考虑最终采用底部全框支框架＋箱形转换＋剪力墙结构体系。

盖上结构设有两条防震缝，将上部住宅分成 3 个塔楼，缝宽 200mm。

（2）结构布置

本项目结构布置见图 8.1-7～图 8.1-10。

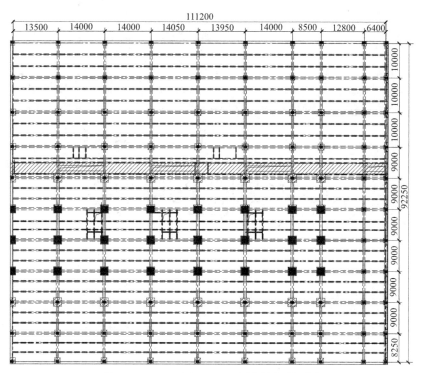

图 8.1-7　D2-3 区 8.700m 标高结构平面图

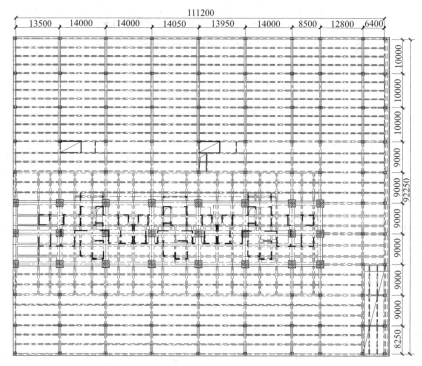

图 8.1-8　D2-3 区 14.200m 标高结构平面图

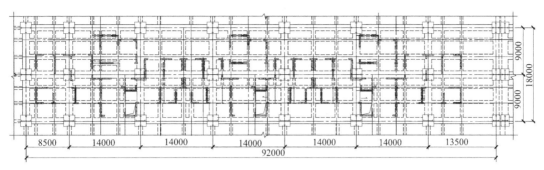

图 8.1-9 箱形转换上盖板结构布置图

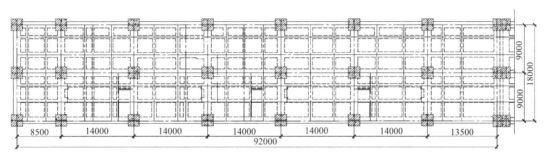

图 8.1-10 箱形转换下盖板结构布置图

### 3. 基本参数

（1）结构设计参数

本项目结构设计参数见表 8.1-2。

结构设计参数    表 8.1-2

| 建筑抗震设防类别 | 标准设防类 |
| --- | --- |
| 结构体系 | 底部全框支框架＋箱形转换＋剪力墙结构 |
| 抗震等级 | 框支框架二级；剪力墙底部加强部位(盖上两层墙体)为二级；剪力墙一般部位为三级 |
| 风荷载 | 0.45kN/m² |

（2）保护层厚度

本项目耐久性设计工作年限为 100 年，根据《混规》并结合建筑耐火时间的要求，上盖平台保护层厚度见表 8.1-3。

混凝土构件保护层厚度    表 8.1-3

| 构件 | 柱(mm) | 梁侧、梁底(mm) | 板底(mm) |
| --- | --- | --- | --- |
| 1 层盖板 | 28 | 30 | 25 |
| 2 层盖板 | 28(框支柱、车辆段顶盖部分) | 30(框支梁、防火墙下) | 车辆段顶盖:25<br>其余:21 |

（3）构件尺寸

框架柱、框支柱、框架梁、框支梁、剪力墙材料均为钢筋混凝土，具体截面尺寸与材质见表 8.1-4。

主要构件尺寸　　　　　　　　　　　　　　　　　　　　　表 8.1-4

| 层号 | 柱(mm) | | 梁(mm) | | 楼板(mm) | | 剪力墙(mm) | |
|---|---|---|---|---|---|---|---|---|
| | 截面 | 强度 | 截面 | 强度 | 板厚 | 强度 | 截面 | 强度 |
| 1层 | 2500×2500 (构造型钢: 1000×250× 12×28) | C50/C40 | 800×1600 600×1600 | C50 | 170 | C40 | — | — |
| 2层 | 2200×2200 1000×800 (构造型钢: 1000×250× 25×36) | C50 (箱体范围)/ C40 (其他范围) | 1400×2400 (内置型钢: H2000×350× 25×36) 1200×1600 | C50(箱体范围)/ C40(其他范围) | 200(上盖板)+ 200(下盖板) [箱体范围]、 180(其他范围) | C50 (箱体范围)/ C40(其他范围) | — | — |
| 3、4层 | — | C50 | 200×500 | C40 | 150 | C40 | 200 | C50 |
| 5、6层 | — | C40 | 200×500 | C35 | 100 | C35 | 200 | C40 |
| 7、8层 | — | C35 | 200×500 | C30 | 100 | C30 | 200 | C35 |
| 9层~屋面 | — | C30 | 200×500 | C30 | 100 | C30 | 200 | C30 |

### 4. 结构超限情况

1）结构超限判定

结构高度超限判定　　　　　　　　　　　　　　　　表 8.1-5

| 内容 | 判断依据 | 超限判断 |
|---|---|---|
| 高度 | 7度(0.1g)部分框支-抗震墙结构最大适用高度100m | 结构高度69.5m 高度不超限 |

结构类型超限判定　　　　　　　　　　　　　　　　表 8.1-6

| 结构种类 | 结构体系 | 超限判断 |
|---|---|---|
| 钢筋混凝土结构 | 框架,框架-抗震墙,全部落地剪力墙,部分框支剪力墙, 框架-核心筒,筒中筒,板柱-抗震墙 | 剪力墙均不落地 结构类型超限 |

三项及以上不规则高层建筑判定　　　　　　　　　　表 8.1-7

| 序号 | 不规则类型 | 含义 | 判定 |
|---|---|---|---|
| 1a | 扭转不规则 | 考虑偶然偏心的扭转位移比大于1.2 | 是 |
| 1b | 偏心布置 | 偏心率大于0.15或相邻层质心相差大于相应边长15% | 否 |
| 2a | 凹凸不规则 | 平面凹凸尺寸大于相应边长30%等 | 否 |
| 2b | 组合平面 | 细腰形或角部重叠形 | 否 |
| 3 | 楼板不连续 | 有效宽度小于50%,开洞面积大于30%,错层大于梁高 | 否 |
| 4a | 刚度突变 | 相邻层刚度变化大于70%或连续三层变化大于80% | 是 |
| 4b | 尺寸突变 | 竖向构件收进位置高于结构高度20%,且收进大于25%, 或外挑大于10%和4m,多塔 | 是 |
| 5 | 构件不连续 | 上下墙、柱、支撑不连续,含加强层、连体类 | 是 |
| 6 | 承载力突变 | 相邻层受剪承载力变化大于80% | 否 |
| 7 | 其他不规则 | 如局部穿层柱、斜柱、夹层、单跨框架 个别构件错层或转换,已计入1~6项者除外 | 否 |

从表8.1-5～表8.1-7可知，本项目结构类型超限，存在扭转不规则、刚度突变、尺寸突变、竖向构件不连续三项不规则（4a、4b不重复计算），判定为特别不规则的超限高层建筑。

2）抗震性能目标

结合超限情况，针对结构不同部位的重要程度，采用的抗震性能目标见表8.1-8。

结构抗震性能目标　　表8.1-8

| | 抗震烈度水准 | 小震 | 中震 | 大震 |
|---|---|---|---|---|
| 整体目标 | 整体结构性能水准的定性描述 | 不损坏 | 损坏可修复 | 不倒塌 |
| | 盖上结构层间位移角限值 | 1/1000 | — | 1/120 |
| | 盖下全框支框架层间位移角限值 | 1/1000 | — | 1/120 |
| 关键构件 | 盖上结构底部加强部位竖向构件 | 弹性 | 弹性 | 满足截面控制条件 |
| | 水平箱形转换构件 | 弹性 | 弹性 | 满足截面控制条件 |
| | 盖下框支柱 | 弹性 | 弹性(包含相关范围) | 满足截面控制条件 |

3）主要抗震措施

（1）针对结构不规则情况，采用了ETABS、SATWE两个不同力学模型的三维空间分析软件进行整体内力位移计算（鉴于计算软件的功能制约，采用偏于安全的不考虑箱体部分下板的计算模型），并对计算主要结果进行对比分析。

（2）采用弹性时程分析法进行多遇地震作用下的补充计算。

（3）罕遇地震作用下结构弹塑性动力分析，以保证结构大震不倒的抗震性能目标。

（4）采用通用有限元软件对箱形结构进行有限元应力分析，按应力校核配筋。

（5）考虑基础有限刚度，对超长结构进行温度效应分析。

（6）对偏心支承上部剪力墙的水平转换构件，计算模型应考虑偏心荷载的影响，在转换构件侧面设置"牛腿"作为墙肢底部支承，并对转换构件采取相应的抗扭加强措施。

（7）剪力墙底部加强部位的高度从基础顶面算起至盖上两层。

（8）除各类转换构件外，位于塔楼相关范围内的其他盖下结构竖向构件的纵向钢筋最小配筋率比规范规定限值提高0.1%。

**5. 主要分析结果**

1）弹性反应谱分析

在多遇地震作用下，用SATWE和ETABS两种软件对结构进行计算，计算结果基本一致，多塔及单塔整体模型计算结果表明，结构各项指标如周期比、有效质量系数、层间位移角、剪重比、刚度比、受剪承载力比、位移比等均满足规范要求，具体计算结果见表8.1-9。

多遇地震整体指标计算结果　　表8.1-9

| 序号 | 科目 | 计算软件 | |
|---|---|---|---|
| | | SATWE | ETABS |
| 1 | 结构总质量(t) | 106149.258 | 106267.485 |
| 2 | 周期 $T_1/T_2$(s) | 1.617/1.581 | 1.491/1.468 |
| 3 | 周期 $T_3$(s) | 1.093 | 1.058 |
| 4 | $T_3/T_1$ | 0.676 | 0.710 |

续表

| 序号 | 科目 | | | 计算软件 | |
|---|---|---|---|---|---|
| | | | | SATWE | ETABS |
| 5 | 侧向刚度比 Rat1 | | X 向 | 1.3385 | 1.256 |
| | | | Y 向 | 1.3451 | 1.219 |
| 6 | 侧向刚度比 Rat2 | | X 向 | 1.1432 | 1.073 |
| | | | Y 向 | 1.1488 | 1.041 |
| 7 | 底层地震剪力(kN) | | X 向 | 46298.12 | 41687.34 |
| | | | Y 向 | 49436.02 | 45059.25 |
| 8 | 剪重比 | | X 向 | 4.36% | 4.20% |
| | | | Y 向 | 4.66% | 4.60% |
| 9 | 有效质量系数 | | X 向 | 96.06% | 96% |
| | | | Y 向 | 95.81% | 96% |
| 10 | 刚重比 | | X 向 | 15.68 | 5.289 |
| | | | Y 向 | 13.72 | 4.974 |
| 11 | 层间位移角 | 地震作用 | X 向 | 1/1309 | 1/1255 |
| | | | Y 向 | 1/1080 | 1/1103 |
| | | 风荷载 | X 向 | 1/2990 | 1/3263 |
| | | | Y 向 | 1/1584 | 1/2311 |
| 12 | 最大位移与层平均位移比值 | | X 向 | 1.21 | 1.181 |
| | | | Y 向 | 1.24 | 1.184 |
| 13 | 楼层抗剪承载力比最小值及所在层数 | | X 向 | 0.84 | — |
| | | | Y 向 | 0.81 | — |
| 14 | 底层柱轴压比最大值 | | | 0.37 | 0.38 |

2) 弹性时程分析

多遇地震下的弹性时程分析采用 SATWE 软件计算，地震波选取 2 组人工模拟加速度时程曲线和 5 组实际强震记录加速度时程曲线进行弹性时程分析，规范反应谱与地震波平均谱的对比详见图 8.1-11，弹性时程计算结果详见表 8.1-10。

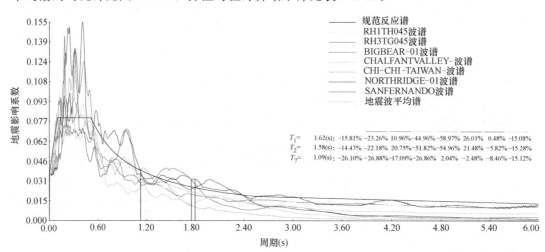

图 8.1-11　规范反应谱与地震波平均谱对比

弹性时程分析基底剪力对比
表 8.1-10

| 波名称 | 时程法基底剪力(kN) | | CQC 法基底剪力(kN) | | 比值 | |
|---|---|---|---|---|---|---|
| | X 向 | Y 向 | X 向 | Y 向 | X 向 | Y 向 |
| RH1TG045 | 45172 | 40070 | | | 0.98 | 0.81 |
| RH3TG045 | 46203 | 49435 | | | 1.00 | 1.00 |
| BIGBEAR-01 | 51025 | 60796 | | | 1.10 | 1.23 |
| CHALFANTVALLEY | 36691 | 37265 | 46298 | 49436 | 0.79 | 0.75 |
| CHI-CHI, TAIWAN | 48010 | 48952 | | | 1.04 | 0.99 |
| NORTHRIDGE-01 | 52022 | 54360 | | | 1.12 | 1.10 |
| SANFERNANDO | 38154 | 36567 | | | 0.82 | 0.74 |
| 平均剪力 | 45235 | 46778 | | | 0.98 | 0.95 |

计算结果表明，每条时程曲线计算所得的结构底部剪力在振型分解反应谱法求得的底部剪力的 65%～135% 范围内，7 条时程曲线计算所得的结构底部剪力平均值在振型分解反应谱法求得的底部剪力的 80%～120% 范围内，满足规范对弹性时程分析的要求。

图 8.1-12、图 8.1-13 为 7 条地震波作用下最大楼层剪力曲线的平均值曲线、最大楼层位移平均值曲线与振型分解反应谱法（CQC）计算结果的对比。

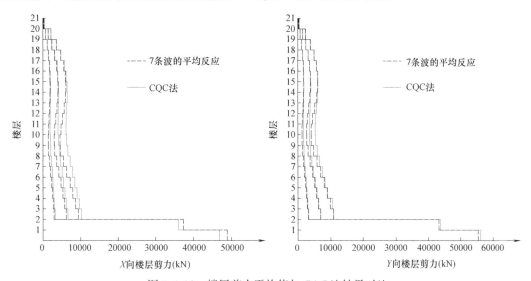

图 8.1-12　楼层剪力平均值与 CQC 法结果对比

计算结果表明，3 个塔楼各层的楼层剪力，CQC 法结果基本上大于 7 条地震波的平均值；而大平台 7 条地震波的平均值超过 CQC 法结果较多。根据对比结果按二者的较大值提高地震作用，放大上部结构各层的楼层剪力。

3）罕遇地震作用下弹塑性动力分析

按《高规》第 3.7.4 条和第 3.11.4 条规定，笔者在编写本书时采用新一代建筑结构弹塑性分析软件 SSG 对本项目补充了弹塑性动力分析。

（1）地震波的选取

根据本项目地勘报告以及《抗规》《高规》的相关规定，选取罕遇地震水准下的两组

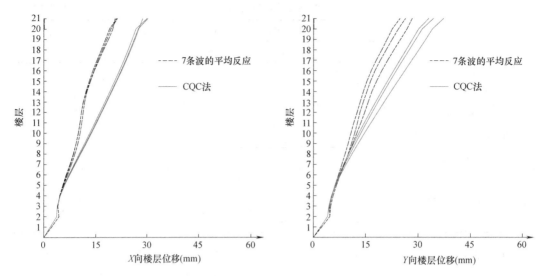

图 8.1-13　最大楼层位移平均值与 CQC 法结果对比

实际强震记录加速度时程曲线和一组人工模拟加速度时程曲线。根据规范规定，将地震波加速度峰值调整为 220gal。选取的地震波参数详见表 8.1-11。周期及质量对比详见表 8.1-12。选取的地震波主方向拟合的反应谱曲线与大震规范反应谱曲线对比如图 8.1-14。

地震波参数　　　　　　　　　　　　　表 8.1-11

| 工况 | 起始时间(s) | 终止时间(s) | 主方向加速度(cm/s$^2$) | 次方向加速度(cm/s$^2$) |
|---|---|---|---|---|
| RH3TG055 | 0.0 | 30.0 | 220.0 | 187.0 |
| BigBear-01-932 | 0.0 | 60.0 | 220.0 | 187.0 |
| Chi-Chi-03-2483 | 0.0 | 46.0 | 220.0 | 187.0 |

选取的地震波有效持续时间均大于 15s 或结构基本周期的 5 倍，满足《高规》第 4.3.5-2 条的要求。

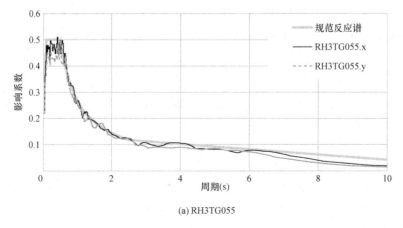

(a) RH3TG055

图 8.1-14　各地震波反应谱与规范反应谱对比

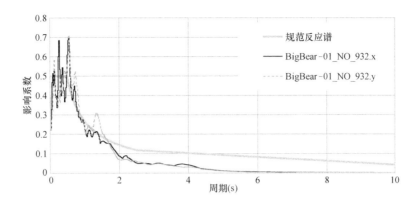

(b) BigBear-01-932

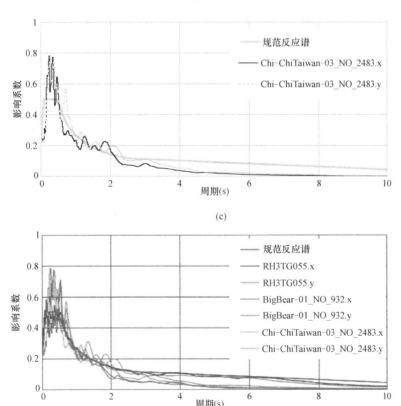

(c)

(d)

图 8.1-14 各地震波反应谱与规范反应谱对比（续）

SSG 与 SATWE 周期及质量对比

表 8.1-12

| 周期 | $T_1(s)$ | $T_2(s)$ | $T_7(s)$ | 总质量(t) |
|---|---|---|---|---|
| SATWE | 1.62 | 1.58 | 1.09 | 106149 |
| SSG | 1.59 | 1.55 | 1.08 | 112800 |

通过上表可以看出，SSG 的计算周期及总质量与 SATWE 计算结果基本一致，说明两个计算模型基本接近，具有可比性。

（2）计算结果及分析

① 楼层剪力

表 8.1-13 为各地震波作用下，大震弹塑性结构基底剪力与小震 CQC 弹性结构基底剪力对比。

地震波作用下结构基底剪力与小震 CQC 剪力对比 　　　　　表 8.1-13

| 主方向 | 地震波 | 底层剪力($10^3$)(kN) | | |
|---|---|---|---|---|
| | | 大震弹塑性时程分析 | 小震 CQC | 比值 |
| X | RH3TG055 | 207.8 | 46.3 | 4.49 |
| | BigBear-01 | 249.1 | | 5.38 |
| | Chi-Chi-03 | 188.3 | | 4.07 |
| Y | RH3TG055 | 255.5 | 49.4 | 5.17 |
| | BigBear-01 | 287.6 | | 5.82 |
| | Chi-Chi-03 | 246.1 | | 4.98 |

② 层间位移角分析

表 8.1-14 为各地震波作用下，结构最大层间位移角。相应曲线为三组地震波作用下的最大层间位移角曲线。

各组地震波作用下结构最大层间位移角 　　　　　表 8.1-14

| 时程曲线名称 | X 向位移角 | Y 向位移角 |
|---|---|---|
| RH3TG055 | 1/210（15 层） | 1/209（21 层） |
| BigBear-01 | 1/164（17 层） | 1/177（21 层） |
| Chi-Chi-03 | 1/176（11 层） | 1/188（15 层） |

由上表可以看出结构在罕遇地震作用下，以 X 方向为主向输入地震波，结构最大层间位移角包络值 1/164，以 Y 方向为主向输入地震波，结构最大层间位移角包络值 1/177，两个方向最大层间位移角均小于 1/120 的规范限值。

③ 结构损伤情况

以下损伤云图均为所有地震波两个方向的包络图。

混凝土受压损伤见图 8.1-15。

钢筋塑性应变见图 8.1-16。

钢材塑性应变见图 8.1-17。

④ 动力弹塑性分析小结

由上述计算结果表明，结构在三条地震波作用后，具有较好的抗震性能，满足"大震不倒"的设防要求，具体结论下：

三条地震波作用下，结构的最大层间弹塑性位移角 X 向为 1/164，Y 向为 1/177，满足规范限制 1/120；

结构主受力构件未出现明显损伤，损伤比较严重的部位主要在连梁，起到了耗能效果；

型钢混凝土未出现明显损伤，钢材亦未出现明显损伤，材料应变基本未达到屈服应变；

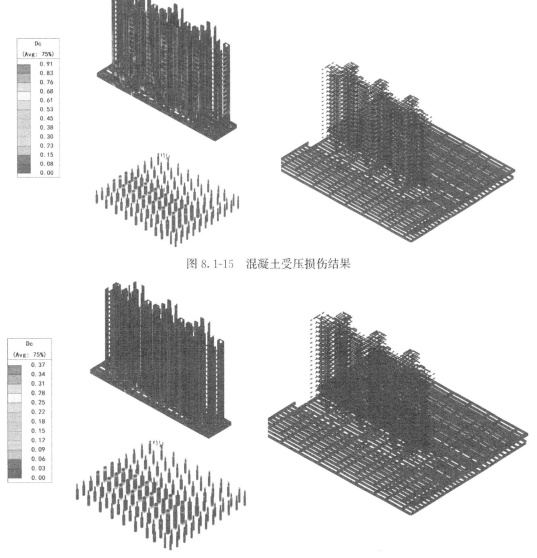

图 8.1-15　混凝土受压损伤结果

图 8.1-16　钢筋应变结果

　　结构损伤的发展：连梁首先出现损伤，达到一定程度，局部柱底部出现损伤，转换梁及墙体底部未发生明显损伤。

　　**6. 结构专项分析**

　　1）箱形转换结构分析

　　采用通用有限元软件进行箱形转换结构的整体分析，转换层及以下标高范围梁、柱均采用具有 20 节点的三维等参单元 Solid95；对转换层以上剪力墙及各层楼板采用壳单元 Shell181；转换层以上框架梁采用三维梁单元 Beam189。计算中考虑恒荷载，活荷载、风荷载和地震对结构的作用。

　　（1）箱形转换框支梁分析

　　取 D2-3 区箱形框支梁梁高 2400mm，其上下盖板均为 200mm 厚，为了保证框支梁的延性，框支梁内设置了型钢，其截面示意见图 8.1-18。配筋设计时，取 SATWE 和有限元软件计算结果的包络值，并验算裂缝控制要求，满足中震弹性、大震抗剪截面控制条件等抗震性能目标。表 8.1-15 和表 8.1-16 是典型框支梁在控制工况为 1.2 恒＋0.6 活＋0.28 风（$Y$ 向）＋1.3 地震（$Y$ 向）下的弯矩和剪力计算结果，图 8.1-19 为选取的典型框支梁跨所在位置示意图。

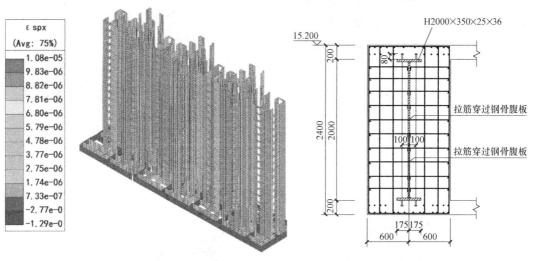

图 8.1-17　钢材应变结果　　　　　　　图 8.1-18　框支梁截面图

<table>
<tr><th colspan="5">框支梁弯矩计算结果（D2-21 轴）　　　　　　　　　　　　　表 8.1-15</th></tr>
<tr><td rowspan="2">梁跨号</td><td rowspan="2">截面位置</td><td colspan="3">弯矩 $M$(kN·m)</td></tr>
<tr><td>有限元软件（箱形）</td><td>SATWE（梁式）</td><td>$\Delta\%$</td></tr>
<tr><td rowspan="3">1</td><td>左端</td><td>$6.08E+03$</td><td>$1.05E+04$</td><td>$-42.12\%$</td></tr>
<tr><td>跨中</td><td>$1.31E+04$</td><td>$1.68E+04$</td><td>$-22.22\%$</td></tr>
<tr><td>右端</td><td>$1.63E+04$</td><td>$2.82E+04$</td><td>$-42.29\%$</td></tr>
<tr><td rowspan="3">2</td><td>左端</td><td>$1.79E+04$</td><td>$3.10E+04$</td><td>$-42.46\%$</td></tr>
<tr><td>跨中</td><td>$1.24E+04$</td><td>$1.56E+04$</td><td>$-20.91\%$</td></tr>
<tr><td>右端</td><td>$1.84E+04$</td><td>$2.70E+04$</td><td>$-31.66\%$</td></tr>
<tr><td rowspan="3">3</td><td>左端</td><td>$1.95E+04$</td><td>$3.21E+04$</td><td>$-39.22\%$</td></tr>
<tr><td>跨中</td><td>$1.22E+04$</td><td>$1.58E+04$</td><td>$-22.98\%$</td></tr>
<tr><td>右端</td><td>$1.47E+04$</td><td>$3.24E+04$</td><td>$-54.63\%$</td></tr>
</table>

<table>
<tr><th colspan="5">框支梁剪力计算结果（D2-21 轴）　　　　　　　　　　　　　表 8.1-16</th></tr>
<tr><td rowspan="2">梁跨号</td><td rowspan="2">截面位置</td><td colspan="3">剪力 $Q$(kN)</td></tr>
<tr><td>有限元软件（箱形）</td><td>SATWE（梁式）</td><td>$\Delta\%$</td></tr>
<tr><td rowspan="3">1</td><td>左端</td><td>$3.17E+03$</td><td>$4.59E+03$</td><td>$-30.93\%$</td></tr>
<tr><td>跨中</td><td>$2.08E+03$</td><td>$2.95E+03$</td><td>$-29.62\%$</td></tr>
<tr><td>右端</td><td>$7.73E+03$</td><td>$1.06E+04$</td><td>$-26.86\%$</td></tr>
</table>

| 梁跨号 | 截面位置 | 剪力 $Q$(kN) | | |
|---|---|---|---|---|
| | | 有限元软件(箱形) | SATWE(梁式) | $\Delta\%$ |
| 2 | 左端 | 7.34$E$+03 | 1.01$E$+04 | −27.30% |
| | 跨中 | 2.10$E$+03 | 2.80$E$+03 | −24.79% |
| | 右端 | 8.52$E$+03 | 9.95$E$+03 | −14.37% |
| 3 | 左端 | 9.13$E$+03 | 8.86$E$+03 | 3.05% |
| | 跨中 | 8.64$E$+02 | 1.18$E$+03 | −26.75% |
| | 右端 | 1.19$E$+04 | 1.17$E$+04 | 2.52% |

表 8.1-17 是典型框支边跨梁在控制工况为 1.0 恒＋1.0 活作用下的扭矩计算结果，图 8.1-20 为选取的典型框支边跨梁所在位置示意图。

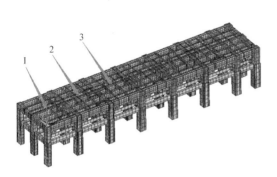

图 8.1-19　框支梁跨位置示意图（一）　　　图 8.1-20　框支梁跨位置示意图（二）

**框支梁扭矩计算结果**　　　　　　　　　　　表 8.1-17

| 梁跨号 | 截面位置 | 扭矩 $T$(kN·m) | | |
|---|---|---|---|---|
| | | 有限元软件(箱形) | SATWE(梁式) | $\Delta\%$ |
| 4 | A | 5.27$E$+02 | 9.15$E$+02 | −42.38% |
| | B | 4.80$E$+02 | 8.11$E$+02 | −40.82% |
| 5 | A | 2.26$E$+02 | 3.26$E$+02 | −30.68% |
| | B | 6.90$E$+02 | 9.06$E$+02 | −23.85% |

计算结果表明，由于箱形模型中考虑了上下盖板参与整体作用，框支梁弯矩计算结果普遍比梁式模型小；梁支座剪力计算结果大部分比梁式模型小，但减小的幅度没有弯矩明显；梁支座扭矩计算结果明显小于梁式计算模型。两者计算结果都表明，转换层上下盖板整体参与作用明显，与本书第 3 章的结论基本吻合。

（2）箱形转换上下盖板分析

计算结果表明，在控制工况 1.2 恒＋0.6 活＋0.28 风（$Y$ 向）＋1.3 地震（$Y$ 向）作用下，箱体上盖板整体受压为主，下盖板整体受拉，上下盖板整体形成一对力偶，明显提高了转换层的整体抗扭刚度。上下盖板应力图见图 8.1-21～图 8.1-24。

转换层下盖板平均最大拉应力为 2.8MPa（跨中）；上盖板大部分受压，最大压应力为 2.4MPa，梁柱边缘板面出现拉应力，最大拉应力为 1.5MPa。配筋时，下盖板板面配

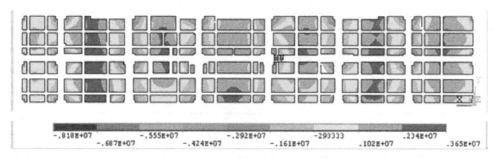

图 8.1-21　转换层下盖板应力 $\sigma_x$ 图

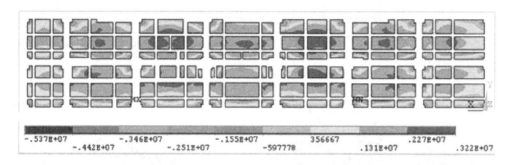

图 8.1-22　转换层下盖板应力 $\sigma_y$ 图

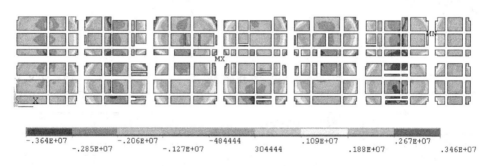

图 8.1-23　转换层上盖板应力 $\sigma_x$ 图

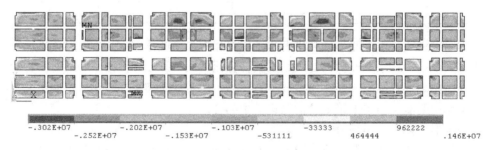

图 8.1-24　转换层上盖板应力 $\sigma_y$ 图

置双向⫪14@100，板底配置双向⫪16@100；上盖板板面配置双向⫪16@200，板底配置双向⫪14@100，框支梁支座承载力不足处另加⫪14@200 短筋，均采用 HRB400 级钢筋。图 8.1-25 为施工过程中箱形转换区的现场照片。

图 8.1-25 施工中的箱形转换区

2）超长温度效应分析

采用 ABAQUS 分析软件对超长上盖箱形转换结构进行温度效应分析，计算中考虑了桩基有限刚度和混凝土收缩徐变对超长上盖结构温度应力的影响。

（1）基础有限刚度模拟

采用通用有限元软件，对桩基承台在荷载作用下的变形进行计算分析。土体采用实体单元 SOLID65 模拟，桩采用 BEAM44 梁单元模拟。土体底部固结，土的弹性模量取为压缩模量的 4 倍，压缩模量按地质勘测报告取值。土的作用取距桩中心 20m 的范围。桩基有限元局部承台桩模型详见图 4.2-2，桩基的水平刚度和转动刚度详见表 4.2-1。

（2）温度应力计算

根据苏州地区气象资料，结合项目施工计划进度，施工后浇带合拢温度取 15～20℃。温度应力分析时，按"温度""恒＋活＋温度""预应力＋恒＋活＋温度" 3 种情况分升温及降温共 6 种荷载工况考虑，具体如下：①升温 20℃；②降温 35℃；③恒荷载＋活荷载＋升温 20℃；④恒荷载＋活荷载＋降温 35℃；⑤预应力＋恒荷载＋活荷载＋升温 20℃；⑥预应力＋恒荷载＋活荷载＋降温 35℃，计算模型见图 8.1-26，楼板计算结果详见表 8.1-18，梁柱计算结果详见表 8.1-19。

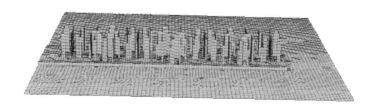

图 8.1-26 D2-3 区温度应力计算模型

楼板计算结果汇总 表8.1-18

| 工况 | 1层 | | | | | | 2层(转换层) | | | | | |
|---|---|---|---|---|---|---|---|---|---|---|---|---|
| | 混凝土受压损伤 | 混凝土受拉损伤 | 最大压应力(MPa) | 最大拉应力(MPa) | 钢筋最大应力(MPa) | 最大裂缝宽度(mm) | 混凝土受压损伤 | 混凝土受拉损伤 | 最大压应力(MPa) | 最大拉应力(MPa) | 钢筋最大应力(MPa) | 最大裂缝宽度(mm) |
| 升温20℃ | 无 | 无 | −1.87 | 1.35 | 0.672 | — | 无 | 无 | −0.49 | −0.94 | −1.39 | — |
| 降温35℃ | 轻度 | 轻度 | −1.23 | 2.41 | 98.03 | 0.03 | 无 | 无 | −1.83 | 1.00 | 23.52 | 0.005 |
| 恒+活+升温20℃ | 轻度 | 轻度 | −6.95 | 2.32 | 45.51 | 0.01 | 轻度 | 轻度 | −8.36 | 2.68 | 109.4 | 0.02 |
| 恒+活+降温35℃ | 轻度 | 轻度 | −4.91 | 2.37 | 156.6 | 0.033 | 轻度 | 轻度 | −8.56 | 2.43 | 84.42 | 0.02 |
| 预应力+恒+活+升温20℃ | 轻度 | 轻度 | −7.98 | 1.02 | 21.01 | — | 轻度 | 轻度 | −8.53 | 2.60 | 92.46 | 0.02 |
| 预应力+恒+活+降温35℃ | 轻度 | 轻度 | −7.32 | 2.31 | 90.72 | 0.025 | 轻度 | 轻度 | −8.95 | 2.95 | 74.18 | 0.02 |

梁柱计算结果汇总 表8.1-19

| 工况 | 1层 | | | | | | 2层(转换层) | | | | | |
|---|---|---|---|---|---|---|---|---|---|---|---|---|
| | 框支柱 | | | 梁 | | | 框支柱 | | | 框支梁 | | |
| | 受压刚度退化 | 受拉刚度退化 | 最大钢筋应力(MPa) | 受压刚度退化 | 受拉刚度退化 | 最大钢筋应力(MPa) | 受压刚度退化 | 受拉刚度退化 | 最大钢筋应力(MPa) | 受压刚度退化 | 受拉刚度退化 | 最大钢筋应力(MPa) |
| 升温20℃ | 无 | 局部 | 89.64 | 无 | 局部 | 54.03 | 无 | 局部 | 67.50 | 无 | 无 | −7.80 |
| 降温35℃ | 无 | 明显 | 253.7 | 无 | 明显 | 273.2 | 无 | 明显 | 150.2 | 无 | 无 | 25.10 |
| 恒+活+升温20℃ | 无 | 局部 | 68.46 | 轻度 | 局部 | 219.1 | 无 | 局部 | 59.47 | 无 | 局部 | 67.62 |
| 恒+活+降温35℃ | 无 | 明显 | 211.4 | 轻度 | 明显 | 295.6 | 轻度 | 明显 | 152.3 | 无 | 局部 | 85.74 |
| 预应力+恒+活+升温20℃ | 无 | 局部 | 56.66 | 轻度 | 局部 | 180.1 | 轻度 | 局部 | 48.47 | 无 | 局部 | 48.79 |
| 预应力+恒+活+降温35℃ | 无 | 明显 | 242.7 | 轻度 | 明显 | 243.8 | 无 | 明显 | 186.0 | 无 | 局部 | 67.39 |

考虑超长混凝土结构在施工后浇带合拢后，混凝土后期收缩还将在楼板中产生一定的拉应力，其次骤降温差、混凝土内外温差等不利因素发生部位不明确，再者上部结构二次开发的滞后也会造成结构一定程度的不均匀沉降，导致楼板中产生部分拉应力，对1层楼板配置 Φs15.2@400 预应力钢筋和2层楼板配置 Φs15.2@500 预应力钢筋后，1层楼板最大计算裂缝宽度控制在 0.025mm，2层楼板最大计算裂缝宽度控制在 0.02mm。

**7. 基础设计**

（1）桩基布置

根据车辆段工艺要求及减小车辆振动对上盖开发影响的要求，上盖基础应尽量避让车辆段道床，故上盖高层均不设地下室，采用桩+承台的基础形式。高层下部基础埋深不小于 $H/18$ 要求，布置台阶状承台。

D2-3 区住宅塔楼下采用钻孔灌注桩，桩径 900mm，桩长 76m，以⑩₁ 号黏土为持力层，竖向承载力特征值为7500kN；其余区域采用钻孔灌注桩，桩径800mm，桩长46m，以⑨$_1$号粉砂质土层为持力层，竖向承载力特征值为4100kN，为进一步减少差异沉降，有效控制绝对沉降量，提高基桩承载力，住宅塔楼下的桩采用后注浆工艺，图8.1-27、图8.1-28为D2-3区桩基剖面图、桩位图。

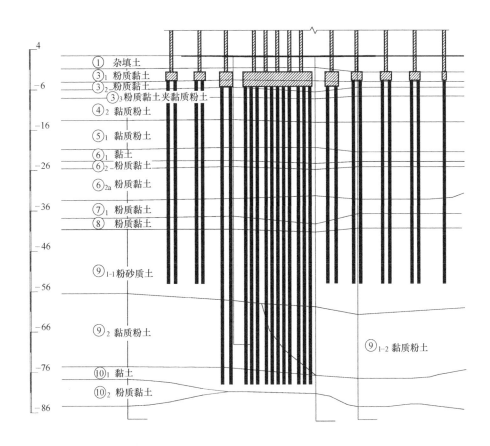

图8.1-27 D2-3区桩基剖面图

（2）自平衡检测对比

本项目桩基静载加载量较大，相对于传统堆载法，自平衡法具有省时、省力、安全可靠、经济性好的优越性。本项目采用了传统堆载法和自平衡法相结合的抗压承载力静载试验，并对试验数据进行了对比分析见图8.1-29，两种试验结果吻合良好。

（3）沉降计算分析

通过长短桩结合使用，控制高层部位与多层部位差异沉降。经计算，住宅塔楼部分的最大平均沉降为61mm，平台部分的最大平均沉降为6～15mm，塔楼与相邻平台之间的沉降差为17mm，小于0.002倍相邻柱距，满足规范地基变形的要求；住宅塔楼下的桩采用后注浆技术进一步加大其承载力，控制沉降；同时适当加强住宅与平台相邻跨上部结构的框架配筋，以抵抗部分差异沉降产生的附加应力，D2-3区的基础沉降验算见图8.1-30。

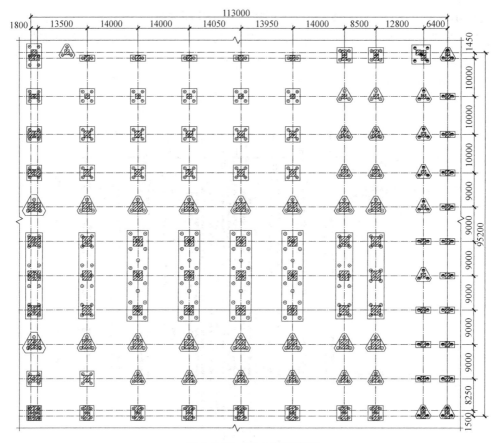

图 8.1-28　D2-3 区桩位图

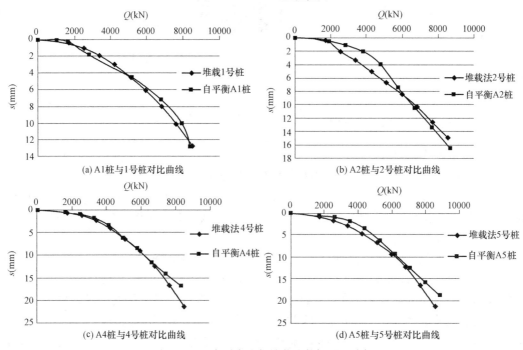

图 8.1-29　自平衡法与堆载法数据对比分析

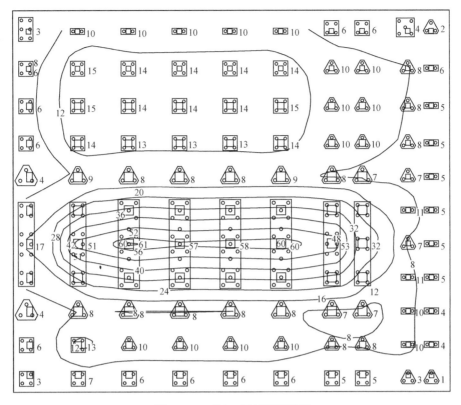

图 8.1-30 D2-3 区基础沉降图

（4）差异沉降随时间变化的影响

根据基桩静载荷试验结果，取基桩竖向承载力特征值与静载荷试验中加载到该值时对应的沉降量之比作为桩的抗压刚度。可得直径 900mm 桩的单桩抗压刚度为 $6 \times 10^5$ kN/m，直径 800mm 桩的单桩抗压刚度为 $3.4 \times 10^5$ kN/m，将此基础竖向刚度输入到上部结构计算模型中进行整体计算。

对比分析不计入混凝土徐变、计入混凝土徐变且连续施工、计入混凝土徐变且盖上高层滞后 2 年施工、计入混凝土徐变且盖上高层滞后 5 年施工这 4 种情况的结构变形见图 8.1-31，从而确定盖上开发滞后对主体结构的影响。

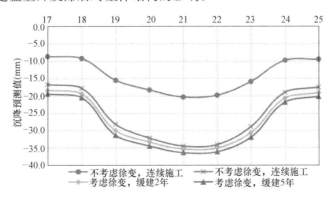

图 8.1-31 D2-3 区随时间变化的差异沉降图

图中横坐标为塔楼的 5 根柱轴（轴 19～23）及左右两边邻近两跨的柱轴，纵坐标为平台层处柱顶竖向变形。该计算结果中计入了基桩抗压刚度、柱轴向压缩等因素的影响。

计算结果表明：

① 考虑到连续施工时，随着上部结构荷载逐层增加，此时混凝土构件的龄期相对较短，连续施工考虑徐变时的竖向变形明显大于连续施工不考虑徐变时的情况。

② 塔楼缓建引起塔楼与平台之间的差异沉降随着缓建时间的增长而加大，但增幅逐渐减小。以沉降计算点 21 为例，缓建 2 年沉降预测值由 34.5mm 增至 35.4mm，缓建 5 年沉降预测值增至 36.5mm，柱间沉降差的增长非常有限。

③ 为保证将来塔楼建造时大底盘上盖平台结构正常工作，将基础沉降差的控制指标扩展到先建的各楼层，即考虑基桩刚度、混凝土徐变、塔楼缓建等因素的上盖平台各层相邻柱沉降差按不超过 0.002 倍相邻柱中心距控制。同时对塔楼四周的上盖平台框架梁按考虑 0.002 倍相邻柱距间差异沉降引起的内力进行设计，此时混凝土的变形模量取为 0.85 倍的弹性模量。

### 8.1.2 苏州轨道交通 5 号线胥口车辆段上盖开发

#### 1. 工程概况

苏州轨道交通 5 号线胥口车辆段上盖由孙武路、茅蓬路、燕河路、繁丰路所围合，地块东西较长，南北较窄，整体呈"凹"字形。地块东区位于 5 号线西端茅蓬路站和上供路站之间，上盖建筑效果图见图 8.1-32。项目南北向长约 293m，东西向长约 1064m。车辆段上盖开发区域，分盖上盖下两部分。盖下主要有停车列检库、联合车库、变电所、洗车库、污水处理间、动调试验间、跟随所、架空区域等，库房建筑面积约 6.7 万 $m^2$；盖上进行物业开发，设两层上盖平台，第 1 层平台为小区停车库，第 2 层平台为小区户外平台。

图 8.1-32 上盖建筑效果图

#### 2. 分析单元

依据项目地块的不同特征，上盖平台可分为 A、B、C 三区。A 区盖下为停车列检库、联合车库，上部建筑排布相对规整，北侧为 2 栋 16 层住宅剪力墙直接落地，南侧 8 栋 13 层住宅采用带箱形转换全框支剪力墙结构形式；B 区为轨道线路密集的车辆段咽喉区，上部物业开发为 1 栋 3 层社区配套用房和中心景观区；C 区底部为试车线和出入段线区域，上部布置 6 栋住宅，错开轨行区剪力墙直接落地。

项目基本信息详见表 8.1-20。

项目基本信息 表 8.1-20

| 建设地点 | | 苏州市 |
|---|---|---|
| 建设单位 | | 苏州轨道交通集团有限公司 |
| 设计单位 | | 启迪设计集团股份有限公司<br>中铁第四勘察设计院集团有限公司 |
| 设计时间 | | 2018 年 |
| 建筑面积 | | 约 35 万 m²（不包括上盖开发面积） |
| 建筑高度/层数 | A 区 | 53.600m/15 层 |
| | B 区 | 14.000m/2 层 |
| | C 区 | 83.425m/25 层 |

注：其余未注明的项目信息均同苏州轨道交通 2 号线太平车辆段上盖开发项目。

根据该项目建筑平面形状，盖上和盖下建筑的使用功能，结合平面转折、层数变化等设置防震-伸缩缝，将平台结构分成 24 个抗震单元，见图 8.1-33，缝宽 150mm。箱形转换应用实例选取 A1 区。

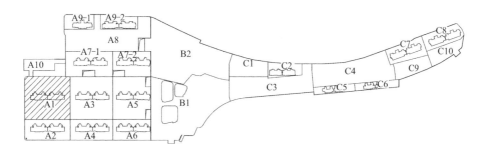

图 8.1-33 抗震单元的划分

1）建筑布置

本项目建筑布置见图 8.1-34～图 8.1-37。

2）结构方案

（1）项目特点

本项目盖下为联合车库、停车列检库，盖上为住宅，盖上住宅朝向与轨道线方向相垂直。盖下轨道采用双线柱网，垂直于轨道方向柱网约为 12.6m，盖下两层结构层高分别为 10.20m、5.30m，盖上首层结构层高为 3.85m，标准层层高均为 2.90m。其结构体系同苏州轨道交通 2 号线太平车辆段。盖上设有 1 条抗震缝，将上部住宅分成 2 个塔楼，缝宽 200mm。

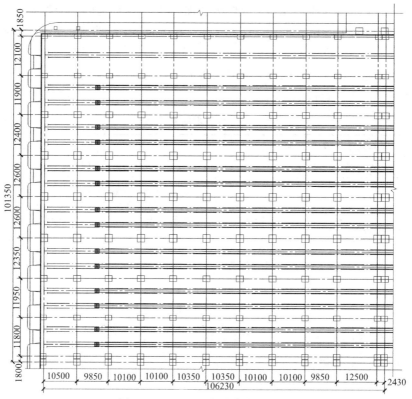

图 8.1-34　A1 区底层建筑平面图

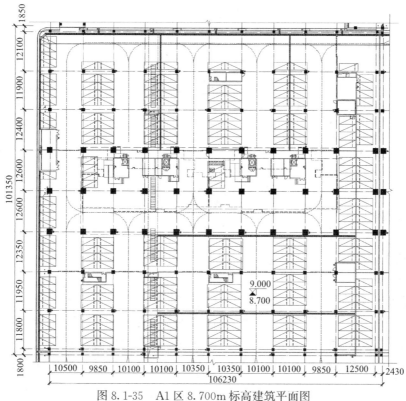

图 8.1-35　A1 区 8.700m 标高建筑平面图

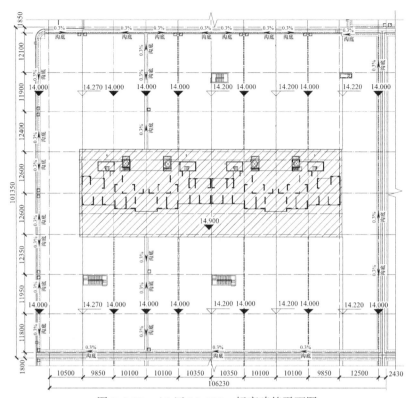

图 8.1-36 A1 区 14.000m 标高建筑平面图

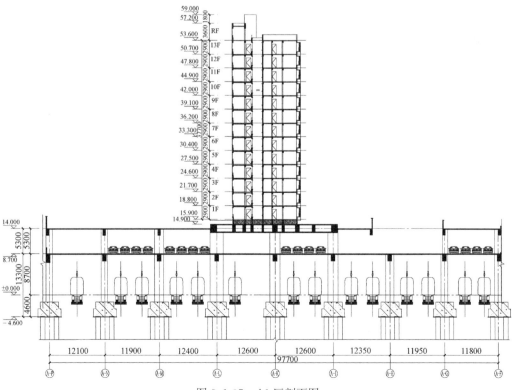

图 8.1-37 A1 区剖面图

本项目盖上住宅朝向为南北向，由于南北向房屋宽度较小，因此需布置较多的剪力墙来满足抗侧刚度要求，而轨道线走向为东西向，框支柱沿轨道线走向（东西向）的布置一般不受轨道限界的影响，因此相比于盖上住宅朝向与轨道线方向相平行布置方案，盖上住宅朝向与轨道线方向相垂直布置方案可根据盖上剪力墙的布置适当调整框支柱位置，尽可能使上部不落地剪力墙通过一级转换构件（框支梁）进行转换。

（2）结构布置

本项目结构布置见图 8.1-38～图 8.1-41。

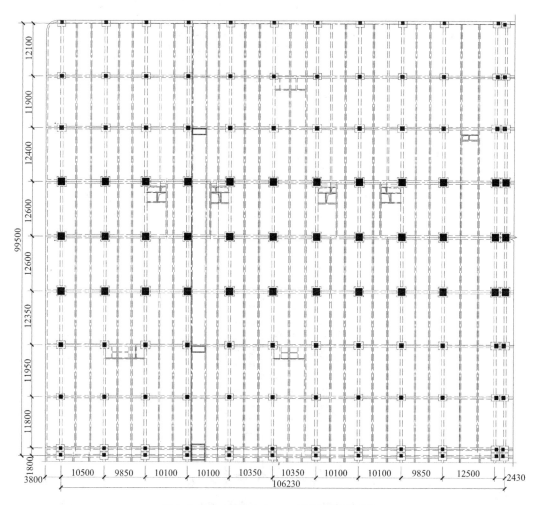

图 8.1-38　A1 区 8.700m 标高结构平面图

**3. 基本参数**

（1）结构设计参数

结构设计参数同苏州轨道交通 2 号线太平车辆段上盖开发项目。

（2）保护层厚度

本项目耐久性设计工作年限为 100 年，根据《混规》，并结合建筑耐火时间的要求，上盖平台保护层厚度见表 8.1-21。

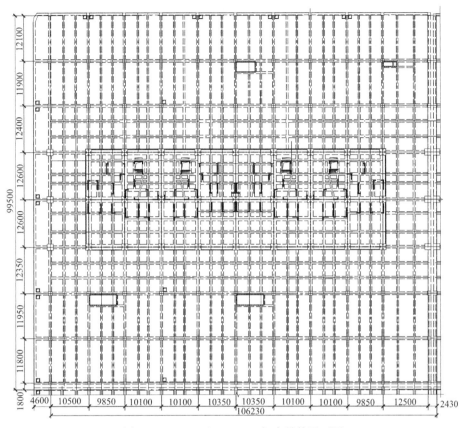

图 8.1-39 A1区 14.000m 标高结构平面图

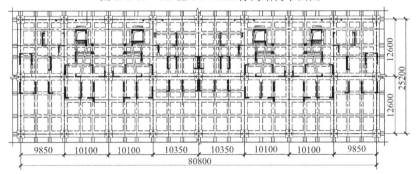

图 8.1-40 箱形转换上盖板结构布置图

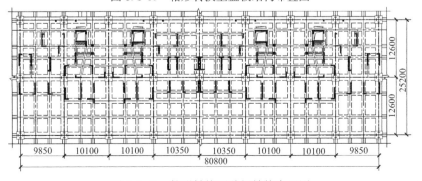

图 8.1-41 箱形转换下盖板结构布置图

混凝土构件保护层厚度

表 8.1-21

| 构件 | 柱(mm) | 梁侧、梁底(mm) | 板底(mm) |
|---|---|---|---|
| 1 层盖板 | 30 | 40 | 30 |
| 2 层盖板 | 30(框支柱、车辆段顶盖部分) | 40(框支梁、防火墙下) | 车辆段顶盖:30<br>其余:21 |

（3）构件尺寸

框架柱、框支柱、框架梁、框支梁、剪力墙材料均为钢筋混凝土，具体截面尺寸与材质见表 8.1-22。

主要构件尺寸

表 8.1-22

| 层号 | 柱(mm) | | 梁(mm) | | 楼板(mm) | | 剪力墙(mm) | |
|---|---|---|---|---|---|---|---|---|
| | 截面 | 强度 | 截面 | 强度 | 板厚 | 强度 | 截面 | 强度 |
| 1 层 | 2300×2300<br>(内置型钢:<br>1100×600×<br>40×60) | C50/C40 | 800×1600<br>600×1600 | C50 | 200 | C40 | — | — |
| 2 层 | 1700×1700<br>(内置型钢:<br>1100×500×<br>34×40)<br>800×800 | C50<br>(箱体范围)/<br>C40(其他<br>范围) | 1400×1800<br>(内置型钢:<br>H1400×400×<br>30×40)<br>800×1400 | C50<br>(箱体范围)/<br>C40(其他<br>范围) | 200(上盖板)+<br>200(下盖板)<br>(箱体范围)、<br>250(其他范围) | C50<br>(箱体范围)/<br>C40(其<br>他范围) | — | — |
| 3、4 层 | — | C50 | 200×500 | C40 | 120 | C40 | 200 | C50 |
| 5～8 层 | — | C40 | 200×500 | C35 | 120 | C35 | 200 | C40 |
| 9～11 层 | — | C35 | 200×500 | C30 | 120 | C30 | 200 | C35 |
| 12 层～屋面 | — | C30 | 200×500 | C30 | 120 | C30 | 200 | C30 |

**4. 结构超限情况及主要分析结果**

胥口车辆段转换区上盖超限情况、抗震性能目标、抗震措施及计算分析思路同苏州轨道交通 2 号线太平车辆段上盖开发项目。

**5. 结构专项分析**

A1 区典型尺寸 106m×101m，超出《混规》第 8.1.1 条要求，属于超长结构。为量化温度收缩作用影响，以 A1 区为例进行了温度效应及混凝土收缩作用下的应力分析。

（1）温度计算

根据《荷规》，苏州最高基本气温为 36℃，最低基本气温为－5℃，结合项目施工计划进度，取施工后浇带合拢温度为 15～20℃，设定后浇带封闭时间为主体结构浇筑完毕后 60d，即计算降温作用为［(20＋5)＋残余收缩等效降温］，经计算混凝土的收缩等效降温约为 15℃。

混凝土徐变过程为应力松弛的过程，结构承受变化的温差、周期性的温差以及随时间增加的收缩作用下的内力分析，都应当考虑徐变作用。实际工程中，混凝土徐变松弛系数一般可取 0.3。温度对结构的作用应计及混凝土构件截面裂缝的影响，混凝土的弹性刚度折减系数取 0.85，因此对计算温度需要考虑的折减系数为 0.3×0.85＝0.255。

（2）确定计算温度工况

因升温工况混凝土处于受压状态，一般压应力不会超出混凝土抗压强度标准值，因此仅计算结构的降温工况。

降温工况温差输入结果见表 8.1-23。

降温工况温差计算　　　　　　　　　　表 8.1-23

| 计算温度工况 | 结构情况 | 温差 | 残余收缩等效温差 | 温差收缩综合效应 | 折减后计算温度 |
| --- | --- | --- | --- | --- | --- |
| 降温 | 施工后浇带封闭 | −25℃ | −15℃ | −40℃ | −10.2℃ |

（3）计算结果

图 8.1-42、图 8.1-43 为本项目 8.700m 标高及 14.000m 标高楼板温度应力分布图。

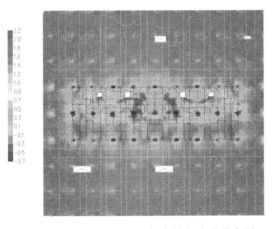

图 8.1-42　A1 区 8.700m 标高楼板应力分布图
（降温，最大值）（MPa）

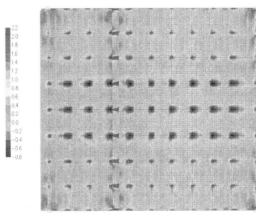

图 8.1-43　A1 区 14.000m 标高楼板应力分布图
（降温，最大值）（MPa）

经检查有限元计算结果，剔除局部应力集中点，楼板中计算温度拉应力最大值均小于混凝土抗拉强度标准值。考虑到板块尺度较大，从构造上在板中增配预应力钢筋以抵抗温度应力。

### 6. 基础设计

基础设计思路同苏州轨道交通 2 号线太平车辆段上盖开发项目。

## 8.2　层间隔震应用案例——无锡地铁 4 号线具区路场段综合开发（隔震转换区）

### 1. 工程概况

无锡地铁 4 号线具区路场段综合开发设计项目位于无锡市清晏路以南、具区路以北、贡湖大道以东、南湖大道以西，上盖建筑效果图及分区图见图 8.2-1。项目南北向长约 1080m，东西向长约 430m。车辆段盖下主要有停车列检库、联合车库、变电所、洗车库、污水处理间、动调试验间、跟随所等；盖上进行物业开发，设两层上盖平台，主要功能为汽车库、住宅及社区配套服务用房。

图 8.2-1　建筑效果图及分区图

**2. 分析单元**

依据项目地块的不同特征，上盖平台可分为 A、B、C 三区。A 区为白地开发区，不在本次设计范围；B 区西侧上部物业开发为盖上 5 栋 11 层住宅，剪力墙均不落地，采用梁式转换，东侧上部物业开发为盖上 5 栋 26 层住宅，剪力墙大部分落地，局部不落地剪力墙采用梁式转换；C 区上部物业开发为盖上 10 栋 9 层住宅，剪力墙均不落地，采用层间隔震转换。项目基本信息详见表 8.2-1。

项目基本信息　　　　　　　　　　　　　　　表 8.2-1

| 建设地点 | | 无锡市 |
| --- | --- | --- |
| 建设单位 | | 无锡地铁集团有限公司 |
| 设计单位 | | 中铁第四勘察设计院集团有限公司<br>启迪设计集团股份有限公司<br>艾奕康设计与咨询(深圳)有限公司<br>中铁四局集团有限公司 |
| 设计时间 | | 2020 年 |
| 建筑面积 | | 24.74 万 m² |
| 建筑高度/层数 | B 区 | 92.550m/28 层(包含上盖平台) |
| | C 区 | 42.600m/11 层(包含上盖平台) |
| 设计工作年限 | | 50 年 |
| 耐久性设计工作年限 | | 盖下平台 100 年,盖上住宅 50 年 |
| 安全等级 | | 二级 |
| 地基基础设计等级 | | 甲级 |
| 桩基设计等级 | | 甲级 |
| 抗震设防烈度 | | 7 度 |
| 设计地震分组 | | 第一组 |
| 场地类别 | | Ⅲ类场地 |
| 水平地震影响系数最大值 | | 小震 0.08,中震 0.23,大震 0.50 |
| 竖向地震影响系数最大值 | | 水平地震影响系数最大值 65% |
| 特征周期 | | 小震、中震 0.51s,大震 0.56s |
| 阻尼比 | | 小震 0.05,中震 0.06,大震 0.07 |
| 地震加速度时程曲线最大值 | | 小震 35cm/s²,中震 100cm/s²,大震 220cm/s² |
| 基础 | | 桩基础 |

　　根据该项目建筑平面形状，盖上和盖下建筑的使用功能，结合平面转折、层数变化等设置防震-伸缩缝，将平台结构分成 19 个抗震单元，见图 8.2-2，缝宽 200mm。层间隔震转换应用案例选取 C1 区，该区为双塔，塔楼编号分别为塔 1、塔 2。

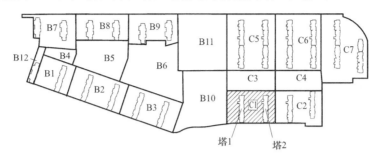

图 8.2-2　抗震单元的划分

1）建筑布置

本项目建筑布置见图 8.2-3～图 8.2-6。

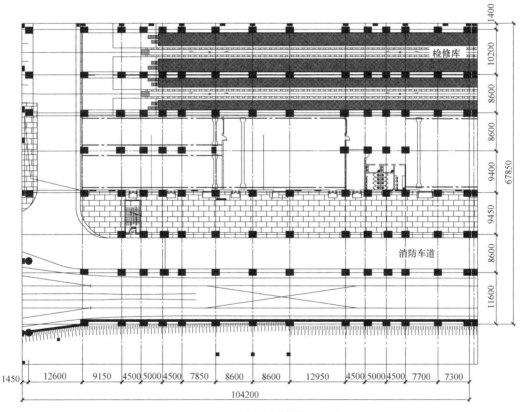

图 8.2-3　C1 区底层建筑平面图

2）结构方案

（1）项目特点

盖下为车辆段联合车库，盖上为住宅，住宅朝向与轨道线相平行。

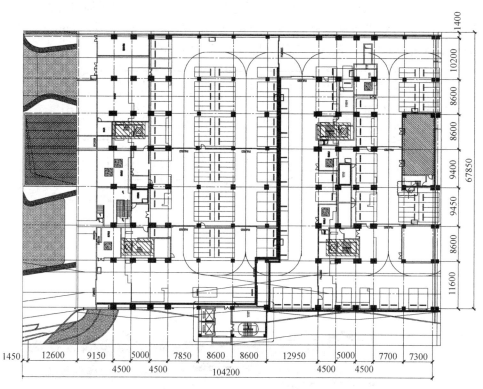

图 8.2-4　C1 区 8.000m 标高建筑平面图

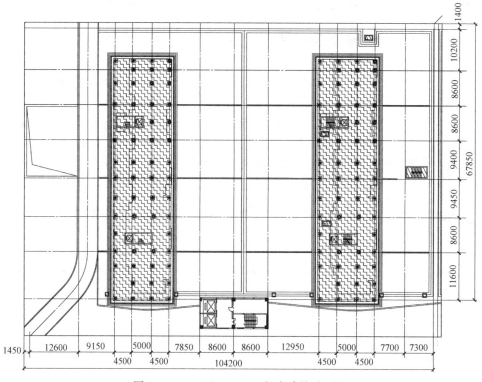

图 8.2-5　C1 区 12.900m 标高建筑平面图

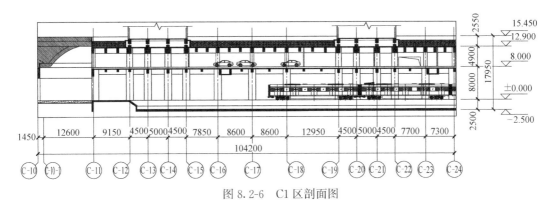

图 8.2-6  C1 区剖面图

垂直轨道方向柱网为 8.6m、10.20m、11.6m；盖下两层结构层高分别为 9.20m、5.20m，盖上住宅首层为 2.95m，隔震层高度 2m。

为了满足车辆基地工艺要求盖下采用框架结构，上部住宅为剪力墙结构，剪力墙均不落地，竖向构件全部需要转换。本项目体量较大，且需分期开发，C1 区为本项目开发时间较晚的一个区域，为了给后期上部开发户型留有一定的变化余地，采用底部全框支框架＋隔震层＋剪力墙结构体系。

（2）结构布置

本项目结构布置见图 8.2-7～图 8.2-9。

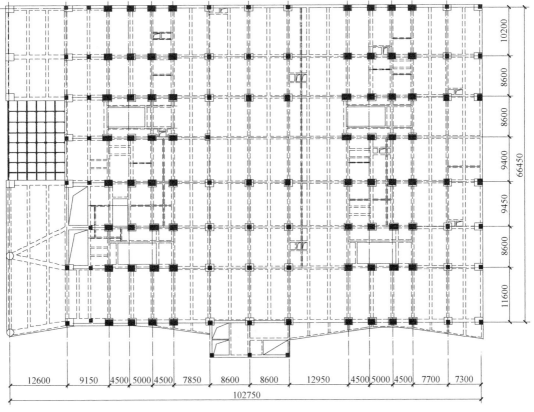

图 8.2-7  C1 区 7.700m 标高结构平面图

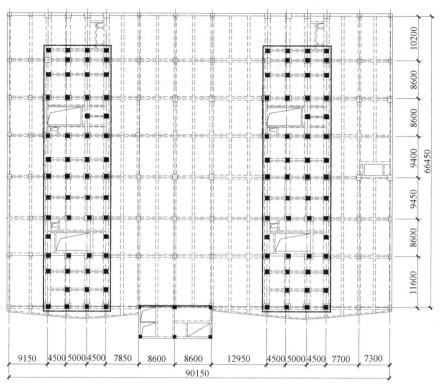

图 8.2-8　C1 区 12.900m 标高结构平面图

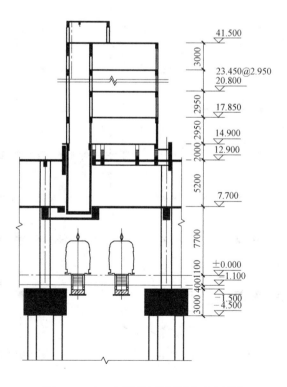

图 8.2-9　C1 区转换区结构剖面示意图

### 3. 基本参数

（1）结构设计参数

本项目结构设计参数见表8.2-2。

结构设计参数　　　　　　　　　　　　　　　　　表8.2-2

| 建筑抗震设防类别 | 标准设防类 |
|---|---|
| 结构体系 | 底部全框支框架＋隔震层＋剪力墙结构 |
| 抗震等级 | 框支框架一级（剪力墙全转换区盖下框支框架抗震等级按提高一级采用）；隔震层、剪力墙底部加强部位（盖上两层墙体）为二级；剪力墙一般部位为三级 |
| 风荷载 | 0.50kN/m²（需控制风荷载下隔震层的位移，隔震层风荷载位移控制按100年重现期取值） |

（2）保护层厚度

本项目耐久性设计工作年限为100年，根据《混规》和《混凝土结构耐久性设计标准》GB/T 50476—2019，并结合建筑耐火时间的要求，上盖平台保护层厚度见表8.2-3。

混凝土构件保护层厚度　　　　　　　　　　　　　表8.2-3

| 构件 | 柱（mm） | 梁侧、梁底（mm） | 板底（mm） |
|---|---|---|---|
| 1层盖板 | 35 | 42 | 30 |
| 2层盖板 | 35（框支柱、车辆段顶盖部分） | 42（框支梁、防火墙下） | 30 |

（3）构件尺寸

框架柱、框支柱、框架梁、框支梁、剪力墙材料均为钢筋混凝土，具体截面尺寸与材质见表8.2-4。

主要构件尺寸　　　　　　　　　　　　　　　　　表8.2-4

| 层号 | 柱（mm） | | 梁（mm） | | 剪力墙（mm） | | 楼板（mm） | |
|---|---|---|---|---|---|---|---|---|
| | 截面 | 强度 | 截面 | 强度 | 截面 | 强度 | 厚度 | 强度 |
| 1层 | 1800×1500 | C50 | 600×1200<br>600×1000 | C50 | — | — | 200 | C40 |
| 2层 | 1500×1200<br>900×900 | C50 | 600×1200<br>1200×1600 | C50/C40 | — | — | 250 | 转换区域<br>C50、<br>其他部位<br>C40 |
| 隔震层 | 1000×1000 | C50 | 800×1200 | C50 | — | — | 300 | C50 |
| 3～12层 | — | C45～C30 | 200×500 | C30 | 200 | C45 | 140 | C30 |

（4）隔震层布置

本项目在建筑外围布置LRB600、LRB700铅芯橡胶支座控制结构扭转，在内部布置LNR700、LNR800普通橡胶支座控制结构整体变形，以达到预期的隔震、抗风、抗震的性能目标，塔楼的隔震支座布置详见图8.2-10，共布置隔震支座54个（包括31个铅芯橡胶支座和23个普通橡胶支座），隔震支座力学性能参数详见表8.2-5。

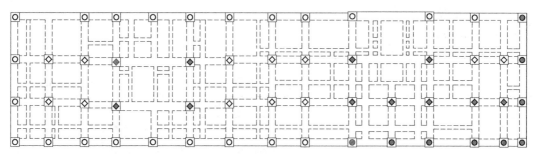

○LRB600（22个）　●LRB700（9个）　◇LNR700（12个）　◆LNR800（11个）

图8.2-10　C1区塔楼隔震支座平面图

隔震支座力学性能参数　　　　　　表8.2-5

| 支座参数 | | LRB600 | LRB700 | LNR700 | LNR800 |
|---|---|---|---|---|---|
| 外径(mm) | | 600 | 700 | 700 | 800 |
| 铅芯直径(mm) | | 120 | 140 | 35 | 40 |
| 橡胶总厚度(mm) | | 120 | 140 | 140 | 159.4 |
| 内部钢板厚度(mm) | | 3 | 3.5 | 3.5 | 3.5 |
| S1 | | 30 | 35 | 35 | 36.4 |
| S2 | | 5 | 5 | 5 | 5.02 |
| 封板厚度(mm) | | 20 | 25 | 25 | 25 |
| 连接板外径(mm) | | 680 | 780 | 650 | 650 |
| 连接板度厚(mm) | | 25 | 30 | 30 | 30 |
| 产品高度(mm) | | 279 | 344.5 | 344.5 | 367.4 |
| 竖向性能 | 竖直刚度(kN/mm) | 2185 | 2963 | 2776 | 3304 |
| | 基准面压(N/mm²) | 15 | 15 | 15 | 15 |
| 水平性能 | 一次刚度(kN/mm) | 12.082 | 14.096 | 1.060 | 1.216 |
| | 二次刚度(kN/mm) | 0.929 | 1.084 | — | — |
| | 屈服荷载(kN) | 90 | 123 | — | — |
| | 12%剪切变形等效刚度(kN/mm) | 7.270 | 9.769 | 1.060 | 1.216 |
| | 100%剪切变形等效刚度(kN/mm) | 1.681 | 1.961 | 1.060 | 1.216 |
| | 等效阻尼比 | 26.5% | 26.5% | 6% | 6% |

注：经迭代计算确定，小震采用12%剪切变形的等效刚度，中震、大震采用100%剪切变形的等效刚度。

**4. 结构超限情况**

1）结构超限判定

结构高度超限判定　　　　　　表8.2-6

| 内容 | 判断依据 | 超限判断 |
|---|---|---|
| 高度 | 7度(0.1g)部分框支-抗震墙结构最大适用高度100m | 结构高度42.60m高度不超限 |

结构类型超限判定　　　　　　表8.2-7

| 结构种类 | 结构体系 | 超限判断 |
|---|---|---|
| 钢筋混凝土结构 | 框架，框架-抗震墙，全部落地剪力墙，部分框支剪力墙，框架-核心筒，筒中筒，板柱-抗震墙 | 剪力墙均不落地结构类型超限 |

**三项及以上不规则高层建筑判定**　　　　表 8.2-8

| 序号 | 不规则类型 | 含义 | 判定 |
|---|---|---|---|
| 1a | 扭转不规则 | 考虑偶然偏心的扭转位移比大于 1.2 | 是 |
| 1b | 偏心布置 | 偏心率大于 0.15 或相邻层质心相差大于相应边长 15% | 否 |
| 2a | 凹凸不规则 | 平面凹凸尺寸大于相应边长 30%等 | 否 |
| 2b | 组合平面 | 细腰形或角部重叠形 | 否 |
| 3 | 楼板不连续 | 有效宽度小于 50%,开洞面积大于 30%,错层大于梁高 | 否 |
| 4a | 刚度突变 | 相邻层刚度变化大于 70%或连续三层变化大于 80% | 否 |
| 4b | 尺寸突变 | 竖向构件收进位置高于结构高度 20%,且收进大于 25%,或外挑大于 10%和 4m,多塔 | 是 |
| 5 | 构件不连续 | 上下墙、柱、支撑不连续,含加强层、连体类 | 是 |
| 6 | 承载力突变 | 相邻层受剪承载力变化大于 80% | 否 |
| 7 | 其他不规则 | 如局部穿层柱、斜柱、夹层、单跨框架、个别构件错层或转换,已计入 1～6 项者除外 | 否 |

**特殊类型高层建筑**　　　　表 8.2-9

| 简称 | 简要含义 | 超限判断 |
|---|---|---|
| 特殊类型高层建筑 | 《抗规》《高规》和《高层民用建筑钢结构技术规程》JGJ 99—2015 暂未列入的其他高层建筑结构,采用新技术、新材料的高层建筑结构,特殊形式的大型公共建筑,超长悬挑结构,特大跨度的连体结构等 | 层间隔震 |

从表 8.2-6～表 8.2-9 可知,本项目结构类型超限,不规则类型判定中存在扭转不规则、尺寸突变、竖向构件不连续三项不规则,判定为特别不规则的超限高层建筑。

2)抗震性能目标

结合超限情况,针对结构不同部位的重要程度,采用不同的抗震性能目标见表 8.2-10。

**抗震性能目标**　　　　表 8.2-10

| 抗震烈度水准 | | 小震 | 中震 | 大震 |
|---|---|---|---|---|
| 整体抗震性能目标 | 性能目标的定性描述 | 不损坏 | 损坏可修复 | 不倒塌 |
| | 隔震层以上整体变形控制目标 | 1/1000 | — | 1/240 |
| | 隔震层以下整体变形控制目标 | 1/1000 | — | 1/240 |
| 关键构件抗震性能目标 | 隔震层以上剪力墙底部加强部位 | 弹性 | 弹性 | 满足截面控制条件 |
| | 隔震层转换支墩及转换梁 | 弹性 | 弹性 | 弹性 |
| | 支撑隔震层的下部转换梁、框支柱 | 弹性 | 弹性(框支柱包含相关范围) | 抗剪弹性抗弯不屈服 |

3)主要抗震措施

(1)隔震层上部结构

采用时程分析法计算水平向减震系数,确定减震系数时按中震计算,根据水平向减震系数确定上部建筑隔震后结构水平地震作用和结构抗震措施所对应的烈度。建立非隔震模型,考虑水平向减震系数进行隔震层上部结构设计。

（2）隔震层

采用时程分析法计算支座在罕遇地震作用下的最大拉应力、长期面压、短期极大面压及最大位移，对隔震层支墩、支柱及相连构件进行罕遇地震作用下的承载力验算。

进行隔震层的偏心率和抗风计算。

（3）隔震层下部结构

隔震层以下结构的构件需满足隔震后设防地震的承载力要求，并进行罕遇地震抗剪承载力验算。上部塔楼地震作用可能显著减小，但下部大底盘的地震作用规律不明显，可能出现地震力大于非隔震时的情况。为提高结构安全储备，除整体模型计算外，采用竖向切分模型进行包络设计。

**5. 主要分析结果**

1）弹性反应谱分析

在多遇地震作用下，采用 YJK 和 ETABS 两种软件对整体模型及单塔模型分别进行计算和包络设计，计算模型如图 8.2-11 所示。经计算，多塔与单塔计算结果除底盖结构的位移比有差距外，其余计算结果基本一致，多塔及单塔整体模型计算结果表明，结构各项指标如周期比、有效质量系数、层间位移角、剪重比、刚度比、受剪承载力比、位移比等均满足规范要求，具体计算结果见表 8.2-11。

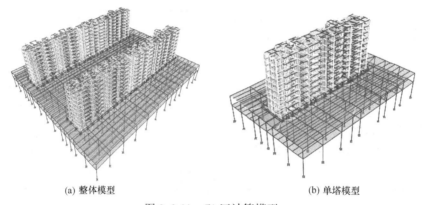

(a) 整体模型　　　　　　　　　　　　　　(b) 单塔模型

图 8.2-11　C1 区计算模型

多遇地震整体指标计算结果　　　　　　　　　　　表 8.2-11

| 计算软件 | | 整体 | | 塔 1 | | 塔 2 | |
|---|---|---|---|---|---|---|---|
| | | YJK | ETABS | YJK | ETABS | YJK | ETABS |
| 总质量(t) | | 87327 | 83143 | 43786 | 45102 | 43964 | 41945 |
| 周期(s) | $T_1$ | 1.51 | 1.46 | 1.51 | 1.45 | 1.51 | 1.46 |
| | $T_2$ | 1.47 | 1.44 | 1.46 | 1.42 | 1.46 | 1.43 |
| | $T_3$ | 1.26 | 1.21 | 1.27 | 1.19 | 1.27 | 1.23 |
| $T_3/T_1$ | | 0.84 | 0.830 | 0.84 | 0.82 | 0.84 | 0.84 |
| 地震基底剪力(kN) | $X$ 向 | 42566 | 36912 | 21664 | 20542 | 20592 | 17518 |
| | $Y$ 向 | 41505 | 36504 | 20707 | 20099 | 20902 | 17957 |
| 地震下倾覆弯矩(kN·m) | $X$ 向 | 598027 | 548430 | 303190 | 289109 | 290068 | 255829 |
| | $Y$ 向 | 530060 | 493988 | 266325 | 255144 | 268015 | 240281 |

续表

| 计算软件 | | 整体 | | 塔1 | | 塔2 | |
|---|---|---|---|---|---|---|---|
| | | YJK | ETABS | YJK | ETABS | YJK | ETABS |
| 剪重比 | X 向 | 4.87% | 5.30% | 5.46% | 5.51% | 5.10% | 4.94% |
| | Y 向 | 4.75% | 5.25% | 5.44% | 5.35% | 5.45% | 5.29% |
| 刚重比 | X 向 | 9.05 | — | 7.64 | — | 7.13 | — |
| | Y 向 | 10.00 | — | 8.87 | — | 8.89 | — |
| 侧向刚度比 | X 向 | 1.33 | — | 2.46 | — | 2.46 | — |
| | Y 向 | 1.14 | — | 2.06 | — | 2.06 | — |
| 有效质量系数 | X 向 | 96.18% | 96.86% | 96.11% | 96.22% | 95.99% | 96.72% |
| | Y 向 | 96.98% | 97.48% | 96.88% | 96.99% | 96.87% | 97.41% |
| 上部结构最大层间位移角 | X 向 | 1/1111 | 1/1004 | 1/1109 | 1/1367 | 1/1079 | 1/1421 |
| | Y 向 | 1/1431 | 1/1317 | 1/1436 | 1/1523 | 1/1433 | 1/1564 |
| 隔震层下部结构最大位移比 | X 向 | 1.15 | 1.167 | 1.23 | 1.233 | 1.27 | 1.287 |
| | Y 向 | 1.13 | 1.146 | 1.07 | 1.084 | 1.07 | 1.075 |
| 上部结构最大位移比 | X 向 | 1.23 | 1.395 | 1.40 | 1.388 | 1.40 | 1.387 |
| | Y 向 | 1.08 | 1.035 | 1.09 | 1.067 | 1.09 | 1.068 |

2）隔震层上部结构分析

水平向减震系数计算

利用非线性有限元软件对非隔震结构和隔震结构进行了整体非线性时程分析，计算非隔震结构和隔震结构在设防地震作用下的层间剪力、倾覆力矩，图 8.2-12、图 8.2-13 为隔震层以上结构的层间剪力、倾覆力矩计算结果，图 8.2-14 为隔震层以上结构按层间剪力计算的水平向减震系数，图 8.2-15 为隔震层以上结构按倾覆力矩计算的水平向减震系数。

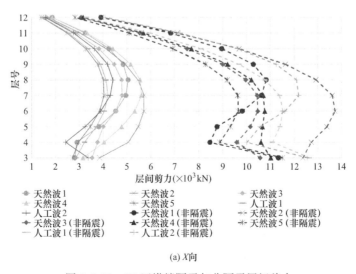

(a) X 向

图 8.2-12 C1 区塔楼隔震与非隔震层间剪力

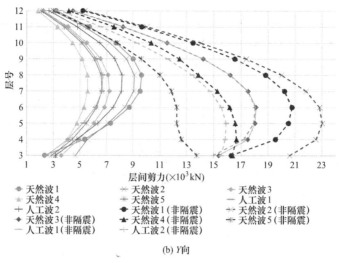

(b) Y向

图 8.2-12　C1 区塔楼隔震与非隔震层间剪力（续）

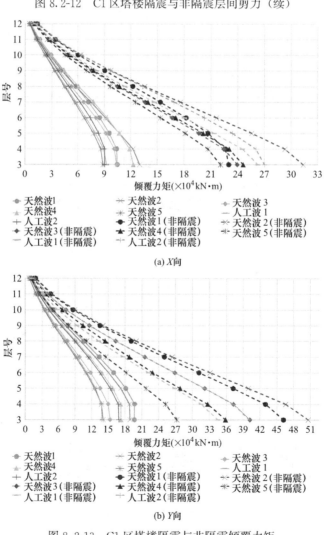

(a) X向

(b) Y向

图 8.2-13　C1 区塔楼隔震与非隔震倾覆力矩

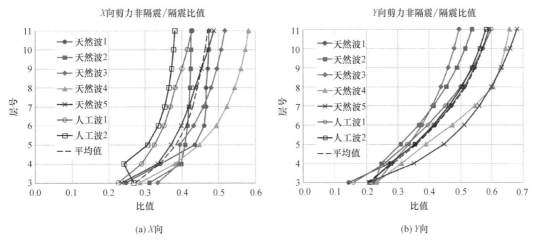

图 8.2-14 C1 区塔楼水平向减震系数（按层间剪力计算）

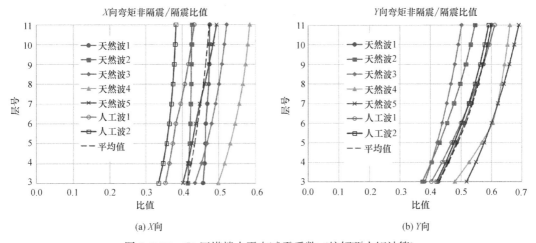

图 8.2-15 C1 区塔楼水平向减震系数（按倾覆力矩计算）

计算结果表明按 7 组时程波平均值计算，层间剪力比值最大值 $X$ 向为 0.472，$Y$ 向为 0.592；倾覆弯矩比值最大值 $X$ 向为 0.475，$Y$ 向为 0.601。取二者的较大值，隔震层以上各层水平向减震系数最大包络值为 0.601，因水平向减震系数大于 0.4，根据《抗规》第 12.2.7 条，隔震后上部结构抗震措施所对应的烈度不降低。

3）隔震层分析

（1）隔震层支座应力计算

① 最大拉应力计算

罕遇地震作用下，隔震支座在 0.9 恒荷载±1.0 水平地震±0.5 竖向地震作用工况下，支座应力见图 8.2-16，支座最大拉应力为−0.391MPa，均处于受压状态。

② 长期面压计算

在重力荷载代表值 1.0 恒荷载＋0.5 活荷载作用下，支座应力见图 8.2-16，最大压应力为 10.317MPa，小于 15MPa，满足规范要求。

③ 短期极大面压计算

在短期极大面压 1.0 恒荷载＋0.5 活荷载±1.0 水平±0.65 竖向地震作用下，支座应力见图 8.2-16，最大压应力为 15.379MPa，小于 30MPa。

（2）隔震层支座位移计算

在罕遇地震下，隔震支座的 $X$ 向和 $Y$ 向位移图见图 8.2-17，隔震层最大位移为 121mm，按《抗规》第 12.2.6 条要求隔震支座位移不应大于 0.55 倍支座有效直径和 3.0 倍橡胶总厚度的较小值。对于本项目隔震支座最小限值为 330mm，位移满足规范要求。

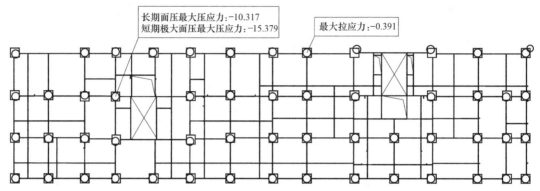

图 8.2-16 C1 区塔楼隔震支座最大应力（MPa）

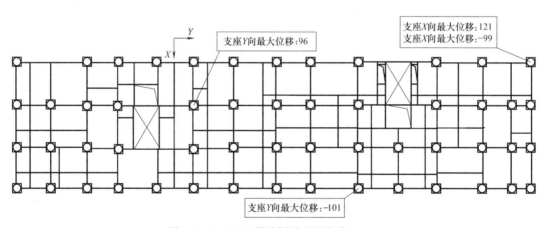

图 8.2-17 C1 区塔楼隔震支座位移（mm）

（3）偏心率计算

隔震层的刚度中心宜与上部结构的整体质量中心保持一致，偏心率控制在 3％ 以下。本项目对隔震层偏心率进行了计算，结果见表 8.2-12，计算结果表明 $X$、$Y$ 两个方向的偏心率均小于 3％，说明隔震层布置规则，重心和刚心重合度较高，隔震支座具有足够的稳定性和安全性。

塔楼偏心率计算                                         表 8.2-12

| 隔震层偏心率计算 | 计算结果 |
|---|---|
| 扭转刚度（kN·m） | 32431120 |
| 回转半径（m） | 20.043 |

续表

| 隔震层偏心率计算 | | 计算结果 |
|---|---|---|
| 重心位置(m) | X 向 | 7.844 |
| | Y 向 | 30.749 |
| 刚心位置(m) | X 向 | 7.591 |
| | Y 向 | 30.388 |
| 偏心距(m) | X 向 | 0.253 |
| | Y 向 | 0.360 |
| 偏心率 | X 向 | 0.018 |
| | Y 向 | 0.013 |

（4）抗风验算

根据《抗规》第12.1.3条，风荷载和其他非地震作用的水平荷载标准值产生的总水平力不宜超过结构总重力的10%；且隔震层需具有足够的屈服前承载力和刚度以满足风荷载作用下的要求。隔震层的抗风能力由铅芯橡胶支座与普通橡胶支座共同组成。经计算，隔震层在风荷载作用下，处于不屈服工作状态，满足设计要求，见表8.2-13、图8.2-18。

**隔震层抗风计算**                                                 表 8.2-13

| 隔震层以上重力(kN) | 风荷载标准值(kN) | 比值 |
|---|---|---|
| 101759.8 | 2217 | 0.022 |

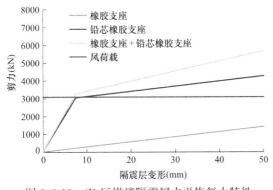

图 8.2-18 C1 区塔楼隔震层水平恢复力特性

隔震层屈服前刚度 $K_1 = 22 \times 12.082 + 9 \times 14.096 + 12 \times 1.06 + 11 \times 1.216 = 418.76$ kN/mm

隔震层屈服后刚度 $K_2 = 22 \times 0.929 + 9 \times 1.084 + 12 \times 1.06 + 11 \times 1.216 = 56.29$ kN/mm

（5）隔震支座、支墩设计

隔震层支墩、支柱及相连构件，采用隔震结构罕遇地震下隔震支座底部的竖向力、水平力和力矩进行承载力验算，图 8.2-19、图 8.2-20 为本项目隔震支座、柱墩的设计示意图。

4）隔震层下部结构分析

隔震层以下结构的构件需满足隔震后设防地震的承载力要求，并进行罕遇地震作用下的抗剪承载力验算。为提高结构安全储备，除整体模型计算外，采用以下两种形式的切分模型进行包络设计。

（1）按《高规》多塔楼结构计算要求，建立分塔楼模型，塔楼周边外扩不少于两跨，用于计算水平向减震系数、与整体模型的结构指标对比、隔震支座的内力及位移。

（2）仅保留塔楼投影范围内框架的模型，框架承担上部塔楼的全部作用力，计算要求同整体计算模型与整体模型包络设计。

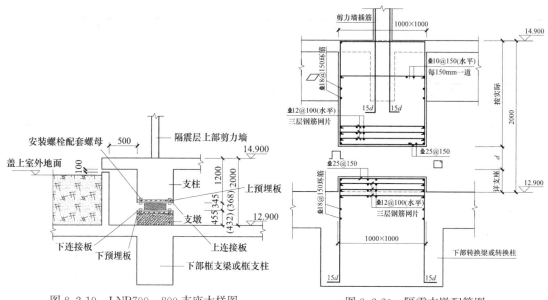

图 8.2-19　LNR700、800 支座大样图　　　　图 8.2-20　隔震支墩配筋图

5）弹塑性动力分析

采用 SAUSAGE 软件对结构进行罕遇地震作用下的弹塑性动力分析。选取罕遇地震下的两组双向天然波（TH038TG055、TH049TG055）和一组人工波（RH3TG055），（图 8.2-21～图 8.2-23）。

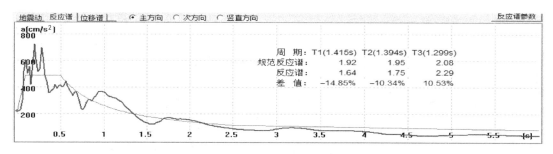

图 8.2-21　RH3T（人工）反应谱与规范反应谱曲线对比

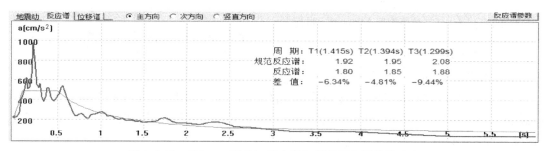

图 8.2-22　TH038（天然）反应谱与规范反应谱曲线对比

（1）基底剪力

地震波作用下，大震弹塑性结构基底剪力与小震 CQC 弹性结构基底剪力对比见表 8.2-14。

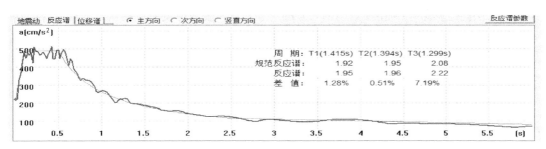

图 8.2-23 TH049（天然）反应谱与规范反应谱曲线对比

**大震弹塑性结构基底剪力与小震 CQC 对比**　　　　　表 8.2-14

| 主方向 | 地震波 | 底层剪力($10^5$)kN | | |
| --- | --- | --- | --- | --- |
| | | 大震弹塑性 | 小震 CQC | 比值 |
| X | RH3T | 2.07 | | 4.81 |
| | TH038 | 2.07 | 0.43 | 4.81 |
| | TH049 | 1.95 | | 4.53 |
| Y | RH3T | 2.05 | | 4.88 |
| | TH038 | 2.12 | 0.42 | 5.05 |
| | TH049 | 1.83 | | 4.36 |

（2）弹塑性层间位移角

三组地震波作用下，结构的最大层间位移角曲线详见图 8.2-24。

计算结果表明，结构在罕遇地震作用下，隔震层以下：以 X 方向为主向输入地震波，

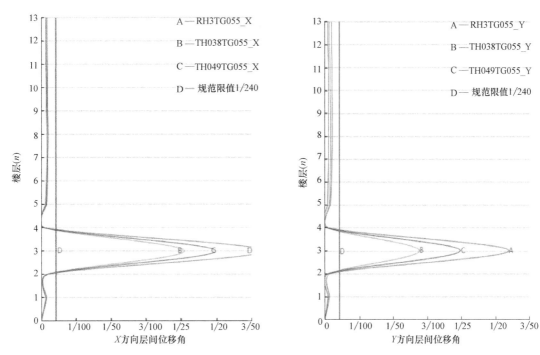

图 8.2-24 弹塑性层间位移角

结构最大层间位移角包络值为 $1/513$，以 $Y$ 方向为主向输入地震波，结构最大层间位移角包络值为 $1/368$，两个方向最大层间位移角均小于 $1/240$；隔震层以上：以 $X$ 方向为主向输入地震波，结构最大层间位移角包络值为 $1/496$，以 $Y$ 方向为主向输入地震波，结构最大层间位移角包络值为 $1/554$，两个方向最大层间位移角均小于 $1/240$。

（3）能量时程

能量时程曲线见图 8.2-25（以人工波 RH3T 为例），由图可以看出，位移阻尼器耗能约占总耗能的 $36\%$（$X$ 方向）和 $32\%$（$Y$ 方向），输入给隔震结构的地震能量很大部分由隔震支座消耗，从而大大减小了输入到上部结构中的地震能量，发挥了良好的隔震耗能效果。

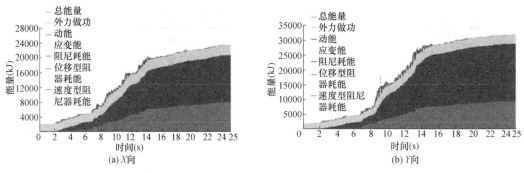

图 8.2-25　能量时程曲线

（4）隔震支座滞回性能

隔震支座采用非线性单元模拟，其滞回曲线可以表征其主要的力学性能和耗能能力，在数值分析中，可以通过非线性单元的滞回曲线判断其工作状态。图 8.2-26 给出了典型铅芯橡胶支座在罕遇地震作用下的滞回曲线图。可以看出铅芯隔震支座滞回曲线饱满，均具有较好的耗能能力，充分发挥了预期的性能。

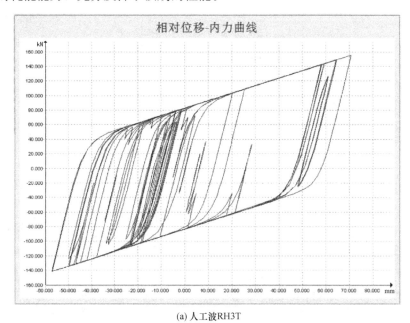

(a) 人工波RH3T

图 8.2-26　隔震支座滞回曲线

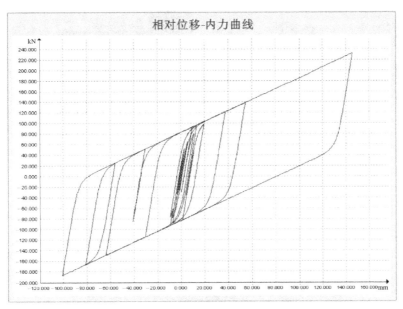

(b) 天然波TH038

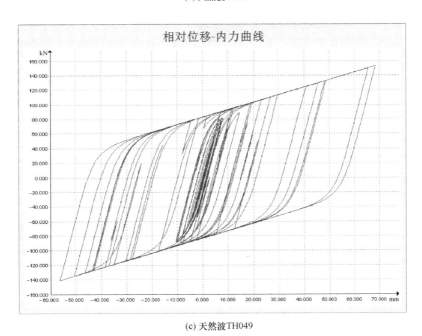

(c) 天然波TH049

图 8.2-26 隔震支座滞回曲线（续）

（5）结构损伤情况

结构转换梁、框支柱、剪力墙底部加强区均未出现明显损伤，局部连梁出现了中度损伤，起到了耗能效果，见图 8.2-27 和图 8.2-28。

**6. 结构专项分析**

（1）确定计算温度工况

图 8.2-27 钢筋塑性应变

图 8.2-28 $T=20\text{s}$ 结构损伤情况

因升温工况混凝土处于受压状态，一般压应力不会超出混凝土抗压强度标准值，因此仅计算结构的降温工况。降温工况温差输入结果见表 8.2-15（计算过程同苏州轨道交通 5 号线胥口车辆段上盖开发项目）。

降温工况输入

表 8.2-15

| 计算温度工况 | 结构情况 | 温差 | 残余收缩等效温差 | 温差收缩综合效应 | 折减后计算温度 |
|---|---|---|---|---|---|
| 降温 | 施工后浇带封闭 | −25℃ | −15℃ | −40℃ | −10.2℃ |

（2）计算结果

图 8.2-29、图 8.2-30 为本项目 7.700m 标高及 12.900m 标高楼板温度应力分布图。

计算中考虑了基础有限刚度，计算方法同本书第 8.1.1 节。计算结果表明，剔除局部应力集中点，楼板中计算温度拉应力最大值均小于混凝土抗拉强度标准值。

**7. 基础设计**

（1）桩基布置

根据车辆段工艺要求及减小车辆振动对上盖开发影响要求，上盖基础应尽量避让车辆段道床，上盖高层均不设地下室，采用桩＋承台的基础形式。高层下部基础埋深不小于 $H/18$ 要求，布置台阶状承台，塔楼及平台采用长、短两种桩型。C1 区住宅塔楼下布置钻孔灌注桩，桩径 1000mm，桩长 75m，采用桩端后注浆，以⑩₃ 号粉质黏土为持力层，

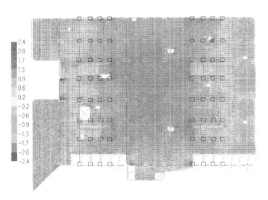

图 8.2-29　7.700m 标高楼板应力云图（MPa）

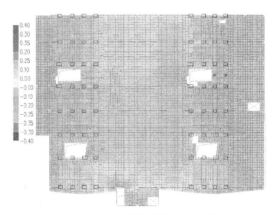

图 8.2-30　12.900m 标高楼板应力云图（MPa）

竖向承载力特征值为 7000kN，水平承载力特征值为 360kN。

除住宅塔楼外其余采用钻孔灌注桩，桩径 800mm，桩长 42m，以⑧₁～⑧₂ 号粉质黏土层为持力层，竖向承载力特征值为 3000kN。图 8.2-31、图 8.2-32 为本项目 C1 区桩基剖面图、桩位图。

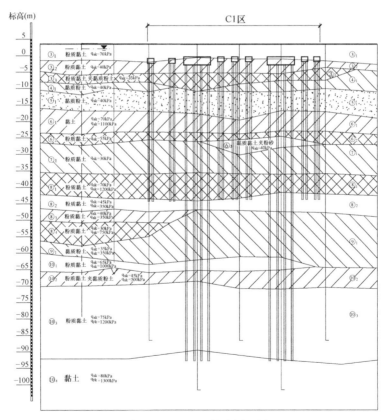

图 8.2-31　C1 区桩基剖面图

（2）桩基水平承载力分析

根据《桩规》计算单桩水平承载力特征值 $R_{ha}$＝343kN。单桩水平承载力检测采用单

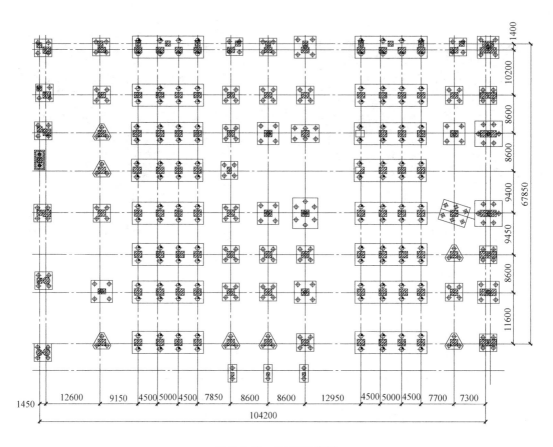

图 8.2-32　C1 区桩位图

向多循环加载法，试验结果单桩水平承载力特征值为 362kN，两者数据基本吻合，最终设计取单桩水平承载力特征值为 360kN，图 8.2-33 为地震工况下水平承载力验算结果，其中地震工况下水平承载力特征值乘以 1.25 后为 450kN。

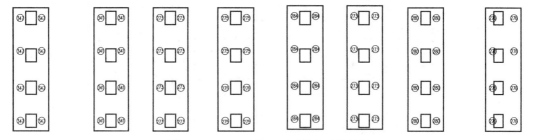

图 8.2-33　C1 区桩水平承载力验算结果

（3）沉降计算分析

通过长短桩结合使用，控制高层部位与多层部位差异沉降。经计算，住宅塔楼部分的最大平均沉降为 44mm，平台部分的最大平均沉降约为 22mm，塔楼与相邻平台间的沉降差为 15mm，小于 0.002 倍相邻柱距，满足规范地基变形的要求；住宅塔楼下的桩采用后注浆技术进一步加大其承载力，控制沉降，同时适当加强住宅与平台相邻跨上部结构的框架配筋，以抵抗部分差异沉降产生的附加应力。图 8.2-34 为本项目 C1 区的基础沉降图。

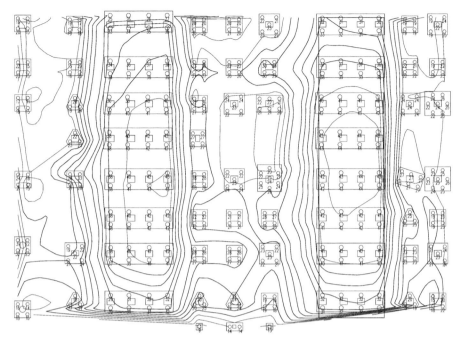

图 8.2-34　C1 区基础沉降图

（4）差异沉降随时间变化的影响

差异沉降随时间变化的计算思路、结论与其他案例一致。

## 8.3　梁式转换应用案例

### 8.3.1　南通城市轨道交通 2 号线幸福车辆段上盖开发

#### 1. 工程概况

南通城市轨道交通 2 号线一期工程幸福车辆段上盖位于南通市崇川区，沪陕高速、通刘公路、城北大道和幸福竖河所围合地块内，建筑效果图及分区图见图 8.3-1。项目南北

图 8.3-1　建筑效果图及分区图

向长约 274m，东西向长约 1230m。本项目分盖上盖下两部分。盖下主要有停车列检库、联合车库、变电所、洗车库、污水处理间、动调试验间、跟随所、架空区域等。盖上进行物业开发，设两层上盖平台，主要功能为汽车库、住宅及社区配套服务用房。

**2. 分析单元**

依据项目地块的不同特征，上盖平台分为 A、B、C 三个区，结构形式各有不同。A区盖上 18 栋 17 层住宅，剪力墙均不落地，采用梁式转换，盖下为车辆段的联合车库、停车列检库及镟轮库。B 区盖上为 3 栋盖上 26 层剪力墙落地住宅，局部 1～3 层物业用房；C 区盖上为 5 栋 26 层剪力墙落地住宅。项目基本信息详见表 8.3-1。

项目基本信息　　　　　　　　　　　　　表 8.3-1

| 建设地点 | | 南通市 |
|---|---|---|
| 建设单位 | | 南通城市轨道交通有限公司 |
| 设计单位 | | 中铁第四勘察设计院集团有限公司<br>启迪设计集团股份有限公司联合体 |
| 设计时间 | | 2021 年 |
| 建筑面积 | | 约 31 万 m²（不包括上盖开发面积） |
| 建筑高度/层数 | A 区 | 68.300m/19 层（包含上盖平台） |
| | B 区 | 99.100m/28 层（包含上盖平台） |
| | C 区 | 99.100m/28 层（包含上盖平台） |
| 设计工作年限 | | 50 年 |
| 耐久性设计工作年限 | | 盖下平台 100 年，盖上住宅 50 年 |
| 安全等级 | | 二级 |
| 地基基础设计等级 | | 甲级 |
| 桩基设计等级 | | 甲级 |
| 抗震设防烈度 | | 7 度 |
| 设计地震分组 | | 第二组 |
| 场地类别 | | Ⅲ 类场地 |
| 水平地震影响系数最大值 | | 小震 0.08，中震 0.23，大震 0.50 |
| 竖向地震影响系数最大值 | | 水平地震影响系数最大值 65% |
| 特征周期 | | 小震、中震 0.55s，大震 0.60s |
| 阻尼比 | | 小震 0.05，中震 0.06，大震 0.07 |
| 地震加速度时程曲线最大值 | | 小震 35cm/s²，中震 100cm/s²，大震 220cm/s² |
| 基础 | | 桩基础 |

根据该项目建筑平面形状，盖上和盖下建筑的使用功能，结合平面转折、层数变化等设置防震-伸缩缝，将平台结构分成 30 个抗震单元，见图 8.3-2，缝宽 200mm。梁式转换应用案例选取 A12 区，该区为双塔，塔楼编号分别为塔 1、塔 2。

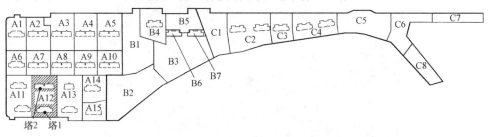

图 8.3-2　抗震单元的划分

1）建筑布置

本项目建筑布置见图 8.3-3～图 8.3-6。

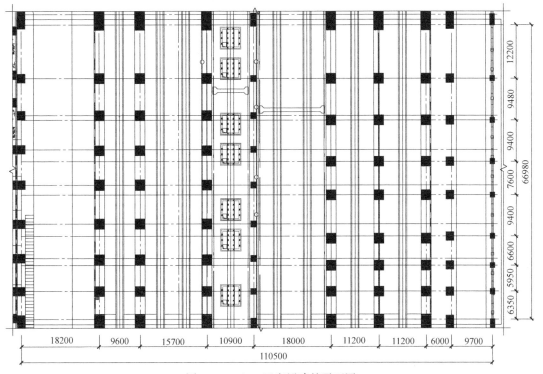

图 8.3-3 A12 区底层建筑平面图

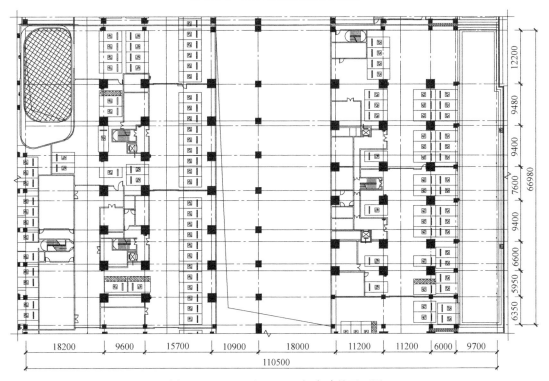

图 8.3-4 A12 区 9.000m 标高建筑平面图

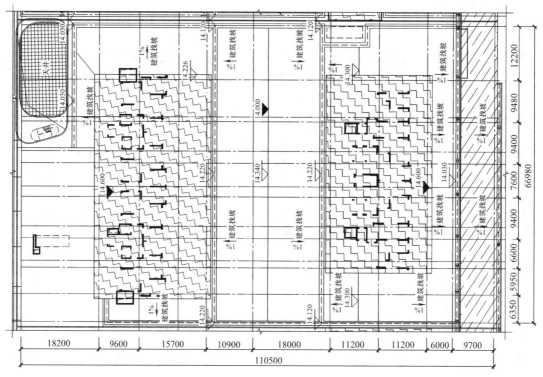

图 8.3-5　A12 区 14.000m 标高建筑平面图

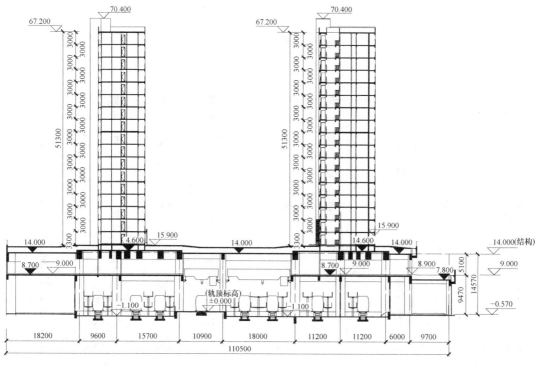

图 8.3-6　A12 区剖面图

2）结构方案

（1）项目特点

本项目盖上住宅朝向与轨道线方向相垂直，盖下轨道采用双线柱网，柱中心间距 9.6～18m。盖下首层结构层高为 10.20m、2 层 5.30m，首层板厚 200mm，2 层板厚 250mm，局部 300mm。盖上住宅，标准层层高 3.00m，板厚 120mm/130mm。车辆段为了满足工艺要求采用框架结构，上部住宅为剪力墙结构，剪力墙均不落地，需要全部转换。综合考虑最终采用底部全框支框架＋梁式转换＋剪力墙结构体系。

（2）结构布置

本项目结构布置见图 8.3-7、图 8.3-8。

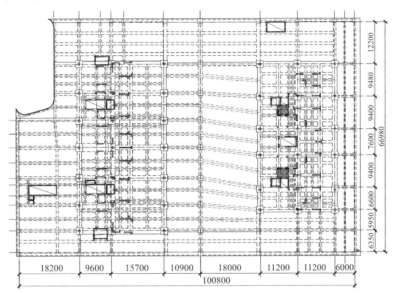

图 8.3-7　A12 区 8.700m 标高结构平面图

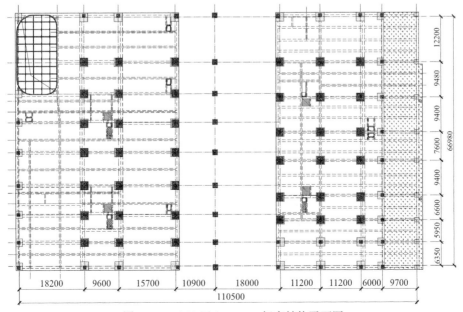

图 8.3-8　A12 区 14.000m 标高结构平面图

### 3. 基本参数

（1）结构设计参数

本项目结构参数见表8.3-2。

结构设计参数 表8.3-2

| 建筑抗震设防类别 | 标准设防类 |
|---|---|
| 结构体系 | 底部全框支框架＋梁式转换＋剪力墙结构 |
| 抗震等级 | 框支框架一级（剪力墙全转换区盖下框支框架抗震等级按提高一级采用）；剪力墙底部加强部位（盖上两层墙体）为二级；剪力墙一般部位为三级 |
| 风荷载 | 0.45kN/m²（承载力设计时按基本风压1.1倍采用） |

（2）保护层厚度

本项目耐久性设计工作年限为100年，根据《混规》和《混凝土结构耐久性设计标准》GB/T 50476—2019，并结合建筑耐火时间的要求，上盖平台保护层厚度见表8.3-3。

混凝土构件保护层厚度 表8.3-3

| 构件 | 柱（mm） | 梁侧、梁底（mm） | 板底（mm） |
|---|---|---|---|
| 1层盖板 | 35 | 42 | 30 |
| 2层盖板 | 35（框支柱、车辆段顶盖部分） | 42（框支梁、防火墙下）<br>35（非框支梁） | 30 |

（3）构件尺寸

框架柱、框支柱、框架梁、框支梁、剪力墙材料均为钢筋混凝土，具体截面尺寸与材质见表8.3-4。

主要构件尺寸 表8.3-4

| 层号 | 柱（mm） | | 梁（mm） | | 剪力墙（mm） | | 板（mm） | |
|---|---|---|---|---|---|---|---|---|
| | 截面 | 强度 | 截面 | 强度 | 截面 | 强度 | 截面 | 强度 |
| 1层 | 框支柱 2300×2300；<br>框架柱 2000×1800，<br>1500×1500 | C50/C40 | 600×1500<br>600×1600 | C40 | — | — | 200 | C40 |
| 2层 | 框支柱 2000×2000<br>（构造型钢：800×<br>400×35×45）；<br>框架柱 900×900，<br>1000×1000 | C50/C40 | 框支梁 1400×2200（型钢<br>H1700×400×30×40）、<br>750×2000；框架梁 700×<br>1600，600×1600 | 转换<br>区域：C50、<br>其他：C40 | — | — | 250/300 | C50/<br>C40 |
| 3层（盖上一层）～5层 | — | C50 | 200×500<br>200×600 | C30 | 200/250 | C50 | 130 | C30 |
| 6～8层 | — | C40 | 200×500<br>200×600 | C30 | 200 | C40 | 130 | C30 |
| 9～11层 | — | C35 | 200×500<br>200×600 | C30 | 200 | C35 | 130 | C30 |
| 12层～屋面 | — | C30 | 200×500<br>200×600 | C30 | 200 | C30 | 130 | C30 |

### 4. 结构超限情况

1) 结构超限判定

结构高度超限判定　　　　　　　表8.3-5

| 内容 | 判断依据 | 超限判断 |
|---|---|---|
| 高度 | 7度(0.1g)部分框支-抗震墙结构最大适用高度100m | 结构高度68.3m 高度不超限 |

结构类型超限判定　　　　　　　表8.3-6

| 结构种类 | 结构体系 | 超限判断 |
|---|---|---|
| 钢筋混凝土结构 | 框架,框架-抗震墙,全部落地剪力墙,部分框支剪力墙,框架-核心筒,筒中筒,板柱-抗震墙 | 剪力墙均不落地结构类型超限 |

三项及以上不规则高层建筑判定　　　　　　　表8.3-7

| 序号 | 不规则类型 | 含义 | 判定 |
|---|---|---|---|
| 1a | 扭转不规则 | 考虑偶然偏心的扭转位移比大于1.2 | 是 |
| 1b | 偏心布置 | 偏心率大于0.15或相邻层质心相差大于相应边长15% | 否 |
| 2a | 凹凸不规则 | 平面凹凸尺寸大于相应边长30%等 | 否 |
| 2b | 组合平面 | 细腰形或角部重叠形 | 否 |
| 3 | 楼板不连续 | 有效宽度小于50%,开洞面积大于30%,错层大于梁高 | 是 |
| 4a | 刚度突变 | 相邻层刚度变化大于70%或连续三层变化大于80% | 否 |
| 4b | 尺寸突变 | 竖向构件收进位置高于结构高度20%,且收进大于25%,或外挑大于10%和4m,多塔 | 是 |
| 5 | 构件不连续 | 上下墙、柱、支撑不连续,含加强层、连体类 | 是 |
| 6 | 承载力突变 | 相邻层受剪承载力变化大于80% | 否 |
| 7 | 其他不规则 | 如局部穿层柱、斜柱、夹层、单跨框架、个别构件错层或转换,已计入1~6项者除外 | 否 |

从表8.3-5～表8.3-7可知，本项目结构类型超限，不规则类型判定中存在扭转不规则、楼板不连续、尺寸突变、竖向构件不连续四项不规则，判定为特别不规则的超限高层建筑。

2) 抗震性能目标

结合超限情况，针对结构不同部位的重要程度，采用的抗震性能目标见表8.3-8。

结构抗震性能目标　　　　　　　表8.3-8

| 抗震烈度水准 | | 小震 | 中震 | 大震 |
|---|---|---|---|---|
| 整体目标 | 抗震性能目标的定性描述 | 不损坏 | 损坏可修复 | 不倒塌 |
| | 整体变形控制目标 | 1/1000 | — | 1/120 |
| 关键构件 | 盖上剪力墙一般部位 | 弹性 | 不屈服 | 满足截面控制条件 |
| | 盖上剪力墙底部加强部位 | 弹性 | 抗剪弹性/抗弯不屈服 | 满足截面控制条件 |
| | 框支梁 | 弹性 | 弹性 | 不屈服 |
| | 框支柱(包含塔楼相关范围内框架柱) | 弹性 | 弹性 | 不屈服 |

3）主要抗震措施

（1）针对结构不规则情况，按整体模型、分塔模型分别计算，并包络设计。分塔模型按附带两跨平台结构或取至平台洞口边计算（设防地震、罕遇地震计算模型原则相同）。采用 YJK、Midas Building 两个不同力学模型的三维空间分析软件进行整体内力位移计算，并对计算主要结果进行对比分析。

（2）采用弹性时程分析法进行多遇地震作用下的补充计算。

（3）对结构进行罕遇地震作用下弹塑性动力分析，进行弹塑性变形验算，防止大震下结构产生严重破坏。

（4）转换结构实体元专项分析，以确保结构的安全。

（5）对超长结构进行温度作用下楼板应力分析。

（6）对大开洞区域楼板进行设防地震下应力分析。

（7）对偏心支承上部剪力墙的水平转换构件，计算模型应考虑偏心荷载的影响，在转换构件侧面设置"牛腿"作为墙肢底部支承，并对转换构件采取相应的抗扭加强措施。

（8）剪力墙底部加强部位的高度从基础顶面算起至盖上两层。

（9）除各类转换构件外，位于塔楼相关范围内的其他盖下结构竖向构件的纵向钢筋最小配筋率比规范规定限值提高 0.1%。

**5. 主要分析结果**

1）弹性反应谱分析

在多遇地震作用下，用 YJK 和 Midas Building 两种软件对结构整体及分塔进行计算，计算结果基本一致。计算结果表明，结构各项指标如周期比、有效质量系数、层间位移角、剪重比、刚度比、受剪承载力比、位移比等均满足规范要求，具体计算结果见表 8.3-9。

多遇地震整体指标计算结果　　　　　　表 8.3-9

| 序号 | 科目 | | 总模 | | 塔 1 | | 塔 2 | |
| --- | --- | --- | --- | --- | --- | --- | --- | --- |
| | | | YJK | Midas | YJK | Midas | YJK | Midas |
| 1 | 结构总质量(t) | | 98196.828 | 95986.456 | 47751.855 | 47356.961 | 51405.602 | 50436.209 |
| 2 | 周期 $T_1/T_2$(s) | | 1.5983/1.4648 | 1.5895/1.4560 | 1.6009/1.4896 | 1.5850/1.4700 | 1.5220/1.4910 | 1.5314/1.5175 |
| 3 | 周期 $T_3$(s) | | 1.2115 | 1.3231 | 1.2196 | 1.2224 | 1.2689 | 1.2864 |
| 4 | $T_3/T_1$ | | 0.76 | 0.83 | 0.76 | 0.77 | 0.83 | 0.84 |
| 5 | 地震基底剪力(kN) | X 向 | 41259.96 | 38430.60 | 20151.27 | 19511.89 | 21642.71 | 20423.86 |
| | | Y 向 | 48847.99 | 47711.63 | 22079.78 | 22134.95 | 25715.47 | 24896.10 |
| 6 | 剪重比 | X 向 | 4.202% | 4.08% | 4.220% | 4.20% | 4.210% | 4.13% |
| | | Y 向 | 4.974% | 5.07% | 4.624% | 4.77% | 5.002% | 5.03% |
| 7 | 刚重比 | X 向 | 13.538 | 13.30 | 13.907 | 15.54 | 13.436 | 13.59 |
| | | Y 向 | 14.401 | 14.81 | 13.771 | 14.76 | 14.479 | 15.23 |
| 8 | 侧向刚度比 | X 向 | 6.859 | 6.684 | 7.218 | 7.165 | 7.568 | 7.454 |
| | | Y 向 | 4.069 | 3.984 | 4.331 | 6.254 | 4.104 | 4.032 |

续表

| 序号 | 科目 | | 总模 | | 塔1 | | 塔2 | |
|---|---|---|---|---|---|---|---|---|
| | | | YJK | Midas | YJK | Midas | YJK | Midas |
| 9 | 有效质量系数 | X向 | 96.78% | 96.28% | 97.65% | 96.34% | 97.84% | 97.31% |
| | | Y向 | 97.01% | 96.20% | 99.52% | 96.09% | 97.66% | 96.99% |
| 10 | 底盖最大层间位移角 | X向 | 1/4580 | 1/4191 | 1/3663 | 1/3420 | 1/4808 | 1/5210 |
| | | Y向 | 1/3785 | 1/3247 | 1/2833 | 1/2482 | 1/3032 | 1/2883 |
| 11 | 上部结构最大层间位移角 | X向 | 1/1200 | 1/1288 | 1/1192 | 1/1337 | 1/1364 | 1/1316 |
| | | Y向 | 1/1190 | 1/1289 | 1/1166 | 1/1251 | 1/1239 | 1/1271 |
| 12 | 底盖最大位移比 | X向 | 1.33 | 1.26 | 1.25 | 1.28 | 1.15 | 1.06 |
| | | Y向 | 1.14 | 1.13 | 1.33 | 1.30 | 1.27 | 1.28 |
| 13 | 上部结构最大位移比 | X向 | 1.07 | 1.10 | 1.07 | 1.14 | 1.06 | 1.05 |
| | | Y向 | 1.24 | 1.26 | 1.24 | 1.25 | 1.24 | 1.26 |

2）弹性时程分析

多遇地震下的弹性时程分析采用 YJK 软件计算，地震波选取 2 组人工模拟加速度时程曲线和 5 组实际强震记录加速度时程曲线进行弹性时程补充分析，规范反应谱与地震波谱的对比图见图 8.3-9，时程分析与 CQC 基底剪力对比见表 8.3-10，楼层剪力平均值与 CQC 对比见图 8.3-10。

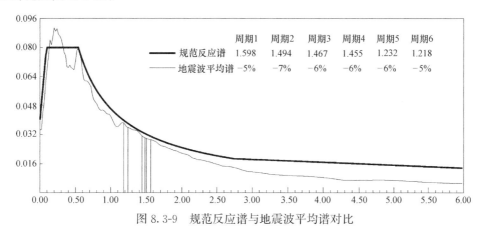

图 8.3-9　规范反应谱与地震波平均谱对比

弹性时程分析基底剪力对比　　　　表 8.3-10

| 波名称 | 时程法基底剪力(kN) | | CQC法基底剪力(kN) | | 比值 | |
|---|---|---|---|---|---|---|
| | X向 | Y向 | X向 | Y向 | X向 | Y向 |
| Chi-Chi,Taiwan-02_NO_2188,$T_g$(0.50) | 35905 | 46240 | | | 0.86 | 0.94 |
| Chi-Chi,Taiwan-03_NO_2474,$T_g$(0.53) | 30369 | 37510 | | | 0.73 | 0.76 |
| Chi-Chi,Taiwan-05_NO_2952,$T_g$(0.56) | 38776 | 40220 | | | 0.93 | 0.82 |
| ArtWave-RH4TG055,$T_g$(0.55) | 44297 | 44839 | 41296 | 48878 | 1.07 | 0.91 |
| Chi-Chi,Taiwan-02_NO_2196,$T_g$(0.55) | 49679 | 41846 | | | 1.20 | 0.85 |
| ArtWave-RH2TG055,$T_g$(0.55) | 40748 | 42750 | | | 0.98 | 0.87 |
| Big Bear-01_NO_932,$T_g$(0.59) | 47377 | 46372 | | | 1.15 | 0.94 |
| 平均剪力 | 41022 | 42825 | | | 0.99 | 0.87 |

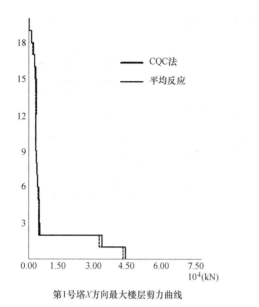

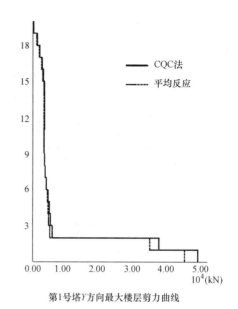

第1号塔$X$方向最大楼层剪力曲线　　　　　　第1号塔$Y$方向最大楼层剪力曲线

图 8.3-10　楼层剪力平均值与 CQC 对比

　　计算结果表明，每条时程曲线计算所得的结构底部剪力满足振型分解反应谱法求得的底部剪力的 65%～135% 的范围，7 条时程曲线计算所得的结构底部剪力平均值满足振型分解反应谱法求得的底部剪力的 80%～120% 的范围，满足规范对弹性时程分析的要求。各层的楼层剪力，CQC 法结果均大于 7 条地震波的平均值。

　　3）弹塑性动力分析

　　采用 SAUSAGE 软件对结构进行罕遇地震作用下的弹塑性动力分析。选取罕遇地震水准下的一组人工波（RH3T）和两组双向天然波（TH018、TH085）（图 8.3-11～图 8.3-13），选取塔楼（A12 区塔 2）进行计算分析。

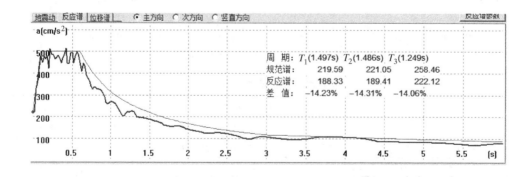

图 8.3-11　RH3T（人工）反应谱与规范反应谱曲线对比

　　（1）基底剪力

　　地震波作用下，大震弹塑性结构基底剪力与小震 CQC 弹性结构基底剪力对比见表 8.3-11。

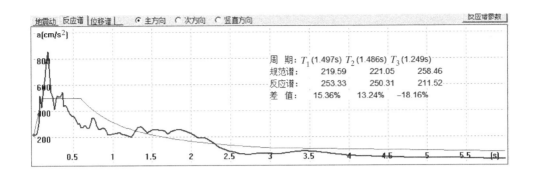

图 8.3-12　TH018（天然）反应谱与规范反应谱曲线对比

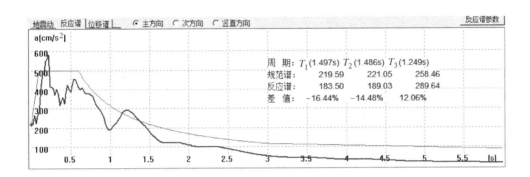

图 8.3-13　TH085（天然）反应谱与规范反应谱曲线对比

大震弹塑性结构基底剪力与小震 CQC 对比　　　　　　　　　表 8.3-11

| 主方向 | 地震波 | 底层剪力($10^5$)kN | | |
| --- | --- | --- | --- | --- |
| | | 大震弹塑性 | 小震 CQC | 比值 |
| X | RH3T | 1.105 | | 5.12 |
| | TH018 | 0.939 | 0.216 | 4.35 |
| | TH085 | 1.164 | | 5.39 |
| Y | RH3T | 1.211 | | 4.71 |
| | TH018 | 1.077 | 0.257 | 4.19 |
| | TH085 | 1.148 | | 4.47 |

（2）弹塑性层间位移角

三组地震波作用下，结构的最大层间位移角曲线见图 8.3-14。

计算结果表明，结构在罕遇地震作用下，以 X 方向为主向输入地震波，结构最大层间位移角包络值为 1/215，以 Y 方向为主向输入地震波，结构最大层间位移角包络值为 1/222，两个方向最大层间位移角均小于 1/120 的规范限值。

（3）结构损伤情况

下面以人工波 RH3T 为例，对结构损伤情况进行说明：

由图 8.3-15、图 8.3-16 可以看出，结构主要剪力墙未出现明显损伤，损伤比较严重

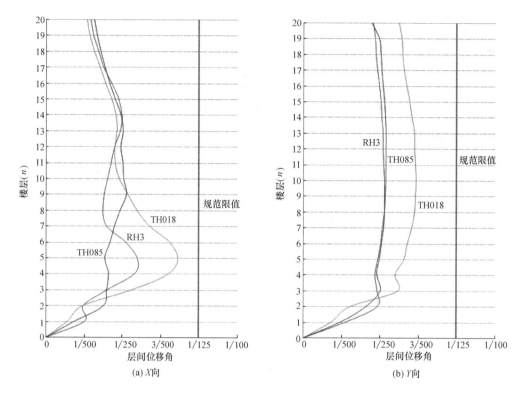

(a) X向                (b) Y向

图 8.3-14 弹塑性层间位移角

的部位主要在连梁，起到了耗能效果；混凝土连梁首先出现损伤，达到一定程度，局部剪力墙混凝土出现轻微损伤。对出现较大钢筋塑性应变的部位，采取加大配筋量等加强措施。结构体系在罕遇地震下的弹塑性反应能满足既定的抗震性能目标。

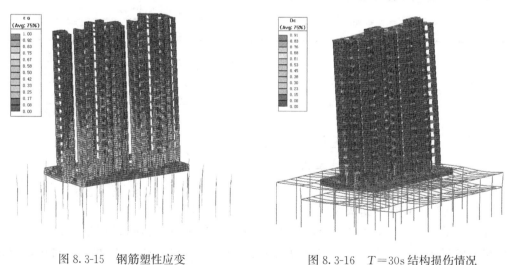

图 8.3-15 钢筋塑性应变          图 8.3-16 $T=30$s 结构损伤情况

**6. 结构专项分析**

1) 梁式转换结构分析

框支梁柱属结构体系中的关键构件，必须保证其具有足够的安全性，对其各工况下受力进行实体元有限元分析，并与按杆元（梁、柱）、壳元（墙）分析得出的结果进行对比，包络设计。

（1）梁式转换框支梁分析

选取塔2一榀框支框架，图8.3-17为该框支梁截面，对比图示支座及跨中（位置如图8.3-18所示）在目标组合［1.3（1.0恒＋0.5活)＋1.4 Y向地震］的内力见表8.3-12。

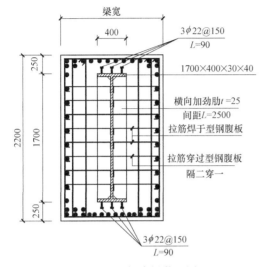

图 8.3-17　框支梁截面图

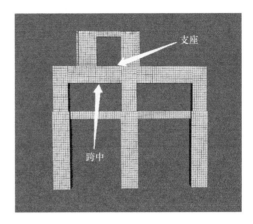

图 8.3-18　内力对比点

有限元模型与杆壳元模型内力对比 表 8.3-12

| 位置 | 内力 | 有限元 | 杆元 | 有限元/杆元 |
|---|---|---|---|---|
| 支座 | 弯矩(kN・m) | 5339.4 | 5273.3 | 1.010 |
| | 剪力(kN) | 4392.6 | 12479.4 | 0.352 |
| 跨中 | 弯矩(kN・m) | 5594.7 | 6501.7 | 0.860 |
| | 剪力(kN) | 4034.9 | 5581.2 | 0.730 |

计算结果表明，有限元计算结果与杆单元计算结果相近，有限元的剪力计算值均小于杆单元的计算结果，有限元弯矩局部略微大于杆单元。纵筋配筋可在杆元计算结果上放大1.1倍，以充分保证关键构件的安全性、可靠性。

（2）梁式转换层楼板抗剪分析

框支剪力墙结构中，框支转换层楼板是重要的传力构件，不落地剪力墙的水平剪力需要通过转换层楼板传递到落地框支柱，为保证楼板能可靠传递面内相当大的剪力（弯矩），设计需满足转换层楼板截面尺寸要求、抗剪截面验算、楼板平面内受弯承载力验算以及构造配筋要求。

根据《高规》第10.2.24条，抗震设计的矩形平面建筑框支转换层楼板，其截面剪力设计值应符合《高规》式（10.2.24-1）的要求。

取A12区底层所示墙肢为例进行计算。分别取目标组合 $V_{xmax}$、$V_{ymax}$，见图8.3-19、图8.3-20。

计算参数及结果见表8.3-13。

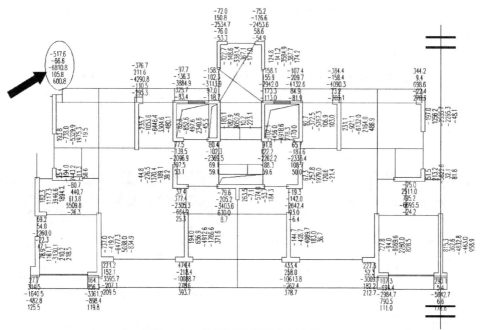

图 8.3-19　上部塔楼底层剪力墙 $V_{xmax}$

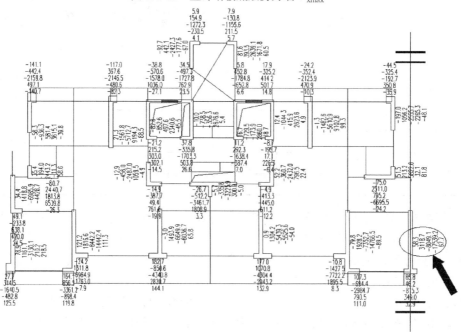

图 8.3-20　上部塔楼底层剪力墙 $V_{ymax}$

**框支转换层楼板抗剪设计值**　　　　　　　　　　　　表 8.3-13

| 方向 | 板厚 $t_f$ | 混凝土抗压设计值 $f_c$ | 墙肢长度 $b_f$ | $V_f \leqslant \dfrac{1}{\gamma_{RE}}(0.1\beta_c f_c b_f t_f)$ | $V_f$ | 结果 |
|---|---|---|---|---|---|---|
| $V_x$ | 250mm | 23.1MPa | 600mm | 407.7kN | 388.2kN | 满足 |
| $V_y$ | 250mm | 23.1MPa | 3500mm | 2377.9kN | 2339.0kN | 满足 |

注：根据《高规》第 10.2.24 条，7 度时已考虑增大系数 1.5。剪力向两侧落地竖向构件传递，因此 $V_f$ 取程序计算最大剪力值 1.5 倍的一半，即 $0.75V_{xmax}$、$0.75V_{ymax}$。

经计算，上部塔楼剪力墙底层墙肢在 $X$、$Y$ 两个方向上均满足《高规》式（10.2.24-1）所规定的楼板抗剪截面要求，同时结合楼板平面内受弯及《高规》式（10.2.24-2），复核楼板配筋。

2）超长温度效应分析

（1）确定计算温度工况

因升温工况混凝土处于受压状态，一般压应力不会超出混凝土抗压强度标准值，因此仅计算结构的降温工况（计算过程同苏州轨道交通 5 号线胥口车辆段上盖开发项目），结构降温工况温差输入见表 8.3-14。

降温工况输入　　　　　　　　　　表 8.3-14

| 计算温度工况 | 结构情况 | 温差 | 残余收缩等效温差 | 温差收缩综合效应 | 折减后计算温度 |
|---|---|---|---|---|---|
| 降温 | 施工后浇带封闭 | −25℃ | −15℃ | −40℃ | −10.2℃ |

（2）计算结果

图 8.3-21、图 8.3-22 为本项目 14.000m 标高楼板温度应力云图。

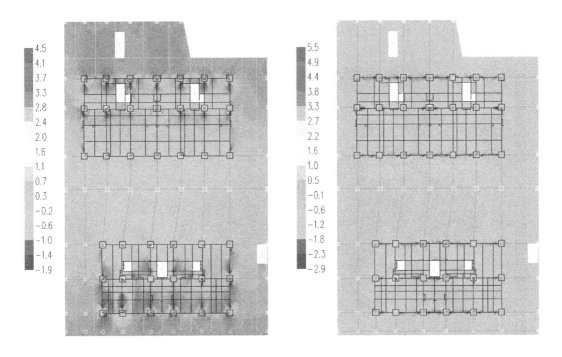

图 8.3-21　14.000m 标高 $X$ 向温度应力云图　　　图 8.3-22　14.000m 标高 $Y$ 向温度应力云图

经检查有限元计算数据，剔除局部应力集中点，楼板中计算温度拉应力范围在 2～3MPa。采用板中增配普通钢筋的方法抵抗温度应力。

3）设防地震楼板应力分析

A12 区下部为联合车库，在⑰～㊵交Ⓔ～Ⓗ范围，8.700m 标高无楼板，结构通高，14.000m 标高结构楼板连续。对该区域进行中震下楼板应力分析，楼板应力云图详见图 8.3-23、图 8.3-24。

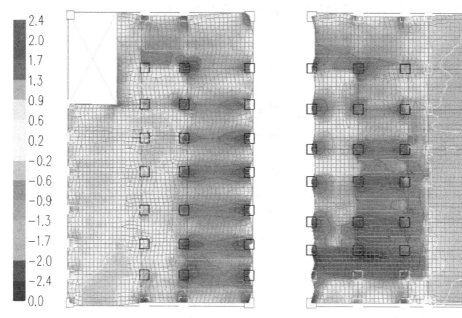

图 8.3-23　8.700m 标高楼板中震应力 $S_{max}$ 云图

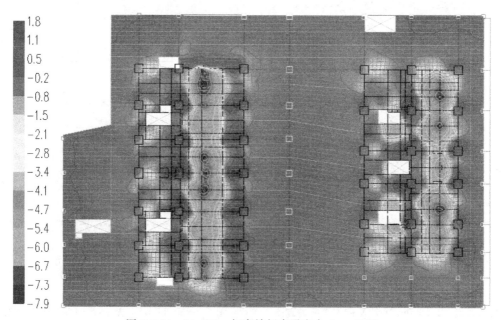

图 8.3-24　14.000m 标高楼板中震应力 $S_{max}$ 云图

　　计算结果表明，剔除局部应力集中点，楼板中震下拉应力范围在 0～2.4MPa，略小于楼板抗拉强度设计值，中震下楼板应力满足要求。同时，为加强两部分协同受力，14.000m 标高中间连接范围（⑰～㊵交Ⓔ～Ⓗ范围）楼板加厚至 300mm，钢筋 $\phi14@150$ 双向拉通。

**7. 基础设计**

（1）桩基布置

根据车辆段工艺要求及上盖开发减小车辆振动影响要求，上盖基础应尽量避让车辆段道床，故上盖高层均不设地下室，采用桩＋承台的基础形式。高层下部基础埋深不小于$H/18$的要求，布置成台阶状承台。

为减少差异沉降，从控制绝对沉降量角度出发，住宅塔楼下采用钻孔灌注桩，采用桩端后注浆，桩径1000mm，桩长75m，以⑦号细砂夹中粗砂层或⑧号细砂层为持力层，预估竖向承载力特征值为7500kN；住宅范围外的平台区域采用钻孔灌注桩，桩径800mm，桩长60m，以④₂粉质黏土夹粉土～⑥号粉砂层为持力层，预估竖向承载力特征值为3500kN。

图8.3-25、图8.3-26为A12区桩基剖面图、桩位图。

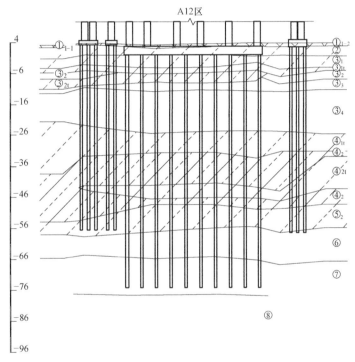

图8.3-25　A12区桩基剖面图

（2）桩基水平承载力分析

单桩水平承载力试验采用慢速维持荷载法，试验结果单桩水平承载力特征值：$R_{ha}=288kN$，地震作用组合下的单桩水平承载力$R_{ha}=288×1.25=360kN$。图8.3-27为塔1地震工况下的水平承载力验算结果。

（3）沉降计算分析

通过长短桩结合使用，调节塔楼与纯平台部位差异沉降，塔楼部分的桩采用后注浆进一步加大其承载力，控制沉降。经计算，住宅塔楼部分的最大平均沉降为19mm，平台部分的最大平均沉降约为10mm，塔楼与相邻平台的最大差异沉降为0.0018倍小于0.002倍相邻柱距，满足规范沉降差的要求，详见图8.3-28。同时适当加强塔楼与平台相邻跨上部结构的框架配筋，以抵抗部分差异沉降产生的附加应力。

（4）差异沉降随时间变化的影响

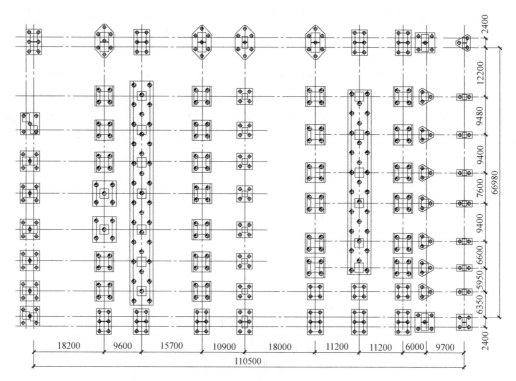

图 8.3-26 A12 区桩位图

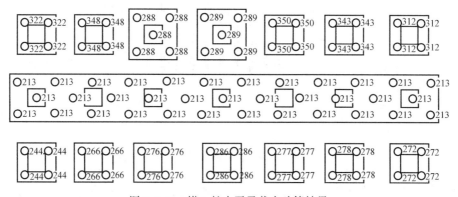

图 8.3-27 塔 1 桩水平承载力验算结果

差异沉降随时间变化的计算思路、结论与其他案例一致。

## 8.3.2 无锡地铁 4 号线具区路场段综合开发（梁式转换区）

### 1. 工程概况

项目基本信息详见本章第 8.2.1 节。

### 2. 分析单元

局部转换设计案例选取 B8 区，该区为双塔，塔楼编号分别为塔 1、塔 2，见图 8.3-29。

1）建筑布置

本项目建筑布置图见图 8.3-30～图 8.3-32。

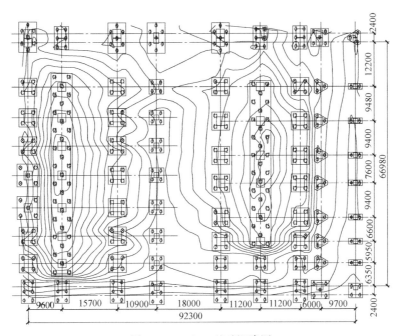

图 8.3-28 A12 基础沉降图

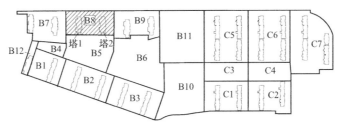

图 8.3-29 抗震单元的划分

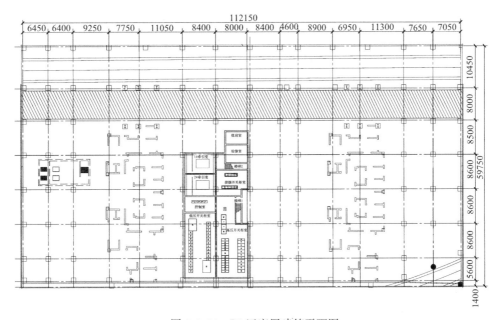

图 8.3-30 B8 区底层建筑平面图

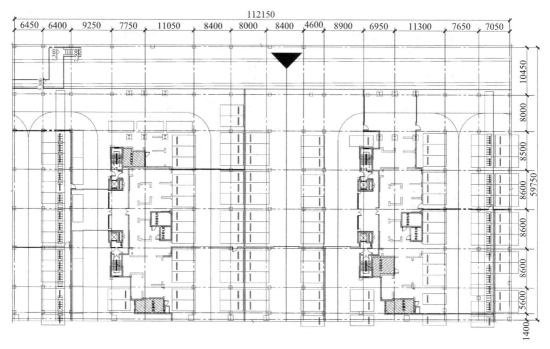

图 8.3-31 B8 区 8.000m 标高建筑平面图

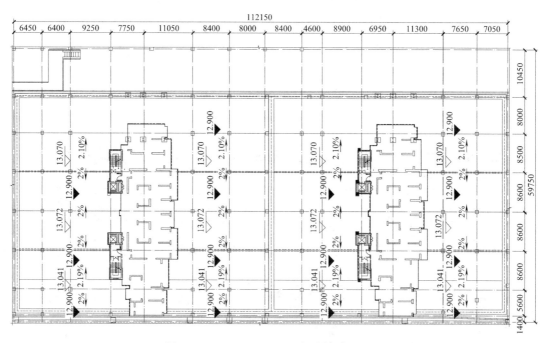

图 8.3-32 B8 区 12.900m 标高建筑平面图

2）结构方案

（1）项目特点

该范围盖下局部为车辆段功能性用房，盖上为住宅，盖下柱网为 8.6m、7.5m，较为规则。住宅端部所在柱跨有试车线垂直穿过，其余无轨道线穿过。

纯盖板范围两层层高分别为 7.70m、5.20m；住宅范围，盖板以下设地下室，层高 4.075m，出地面至二层盖板范围层高依次为 4.175m、4.15m、5.20m，盖上住宅底层层高为 4.60m，标准层层高 3.00m。

为了满足工艺要求，盖板区采用框架结构，上部住宅为剪力墙结构，试车线穿过区域剪力墙无法落地，其余剪力墙可落地，综合考虑 B8 区采用部分框支剪力墙结构体系。

（2）结构布置

本项目结构布置见图 8.3-33～图 8.3-37。

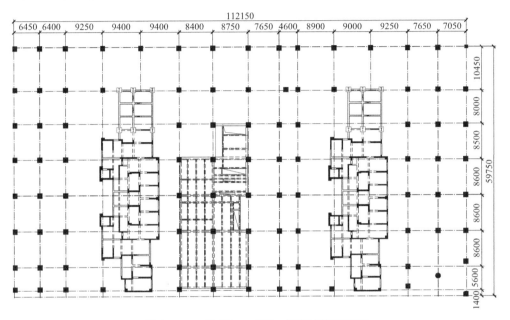

图 8.3-33　B8 区−0.625m 标高结构平面图

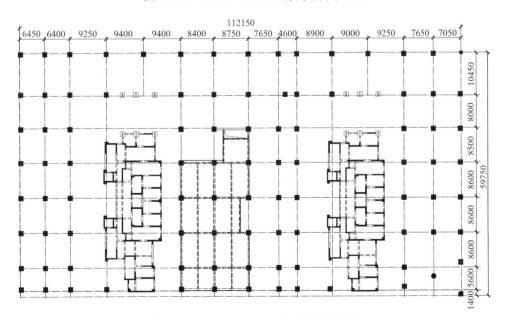

图 8.3-34　B8 区 3.600m 标高结构平面图

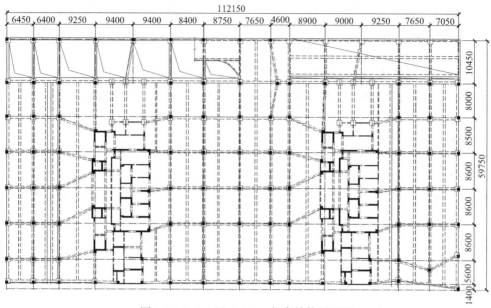

图 8.3-35　B8 区 7.700m 标高结构平面图

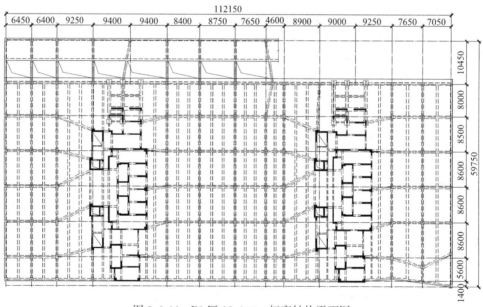

图 8.3-36　B8 区 12.900m 标高结构平面图

**3. 基本参数**

（1）结构设计参数

本项目结构设计参数见表 8.3-15。

（2）保护层厚度

保护层厚度同本章第 8.2.1 节。

（3）构件尺寸

框架柱、框支柱、框架梁、框支梁、剪力墙材料均为钢筋混凝土，具体截面尺寸与材质见表 8.3-16。

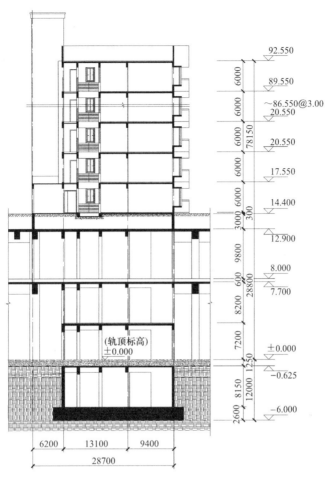

图 8.3-37 B8 区结构布置剖面图

结构设计参数 表 8.3-15

| 建筑抗震设防类别 | 标准设防类 |
| --- | --- |
| 结构体系 | 部分框支剪力墙结构 |
| 抗震等级 | 框支框架一级;剪力墙底部加强部位(盖上3层墙体)为一级;剪力墙一般部位为二级 |
| 风荷载 | 0.45kN/m²(承载力设计 0.50kN/m²) |

主要构件尺寸 表 8.3-16

| 层号 | 柱(mm) | | 梁(mm) | | 剪力墙(mm) | | 楼板(mm) | |
| --- | --- | --- | --- | --- | --- | --- | --- | --- |
| | 截面 | 强度 | 截面 | 强度 | 截面厚度 | 强度 | 厚度 | 强度 |
| 一0.625m 标高<br>(仅主楼范围有) | 框支柱<br>1200×1200 | C50 | 300×600<br>200×400 | C40 | 300 | C50 | 250 | C40 |
| 3.540m 标高<br>(仅主楼范围有) | 框支柱<br>1200×1200 | C50 | 300×600<br>200×400 | C40 | 300 | C50 | 150 | C40 |
| 7.700m 标高 | 框支柱<br>1200×1200<br>平台柱<br>800×800 | C50 | 600×1200,<br>400×1000;<br>300×600,<br>200×400 | C40 | 300 | C50 | 200 | C40 |

| 层号 | 柱(mm) | | 梁(mm) | | 剪力墙(mm) | | 楼板(mm) | |
|---|---|---|---|---|---|---|---|---|
| | 截面 | 强度 | 截面 | 强度 | 截面厚度 | 强度 | 厚度 | 强度 |
| 12.900m标高 | 框支柱<br>1200×1200<br>平台柱<br>800×800 | C50 | 1200×2400<br>(内置型钢<br>H2000×350×<br>25×36),<br>300×1300,<br>600×1000;<br>300×600,<br>200×400 | C40 | 300 | C50 | 350 | C40 |
| 盖上2层 | | | 300×500,<br>200×400 | C35 | 300 | C50 | 140 | C35 |
| 标准层 | | | 200×500,<br>200×400 | C35~<br>C30 | 200 | C50~C30 | 140 | C30 |

### 4. 结构超限情况

1) 结构超限判定

结构高度超限判定　　　　表8.3-17

| 内容 | 判断依据 | 超限判断 |
|---|---|---|
| 高度 | 7度(0.1g)部分框支剪力墙结构最大适用高度100m | 结构高度92.55m　高度不超限 |

结构类型超限判定　　　　表8.3-18

| 结构种类 | 结构体系 | 超限判断 |
|---|---|---|
| 钢筋混凝土结构 | 框架,框架-抗震墙,全部落地剪力墙,部分框支剪力墙,框架-核心筒,筒中筒,板柱-抗震墙 | 部分框支剪力墙结构类型不超限 |

三项及以上不规则高层建筑判定　　　　表8.3-19

| 序号 | 不规则类型 | 含义 | 判定 |
|---|---|---|---|
| 1a | 扭转不规则 | 考虑偶然偏心的扭转位移比大于1.2 | 是 |
| 1b | 偏心布置 | 偏心率大于0.15或相邻层质心相差大于相应边长15% | 否 |
| 2a | 凹凸不规则 | 平面凹凸尺寸大于相应边长30%等 | 是 |
| 2b | 组合平面 | 细腰形或角部重叠形 | 否 |
| 3 | 楼板不连续 | 有效宽度小于50%,开洞面积大于30%,错层大于梁高 | 否 |
| 4a | 刚度突变 | 相邻层刚度变化大于70%或连续三层变化大于80% | 否 |
| 4b | 尺寸突变 | 竖向构件收进位置高于结构高度20%,且收进大于25%,或外挑大于10%和4m,多塔 | 是 |
| 5 | 构件不连续 | 上下墙,柱,支撑不连续,含加强层,连体类 | 是 |
| 6 | 承载力突变 | 相邻层受剪承载力变化大于80% | 否 |
| 7 | 其他不规则 | 如局部穿层柱,斜柱,夹层,单跨框架,个别构件错层或转换,已计入1~6项者除外 | 夹层 |

从表8.3-17~表8.3-19可知,不规则类型判断中存在扭转不规则、凹凸不规则、尺寸突变、竖向构件不连续及局部夹层等5项不规则,因此判定为特别不规则的超限高层建筑。

2）抗震性能目标

结合超限情况，针对结构不同部位的重要程度，采用的抗震性能目标见表8.3-20。

抗震性能目标 表8.3-20

| 抗震烈度水准 | | 小震 | 中震 | 大震 |
|---|---|---|---|---|
| 整体目标 | 抗震性能目标的定性描述 | 不损坏 | 损坏可修复 | 不倒塌 |
| | 整体变形控制目标 | 1/1000 | — | 1/120 |
| 关键构件 | 底部加强部位竖向构件 | 弹性 | 抗剪弹性、抗弯不屈服 | 满足截面控制条件 |
| | 框支梁 | 弹性 | 弹性 | 不屈服 |
| | 框支柱 | 弹性 | 弹性 | 不屈服 |

3）主要抗震措施

（1）针对结构不规则情况，采用 YJK，Midas Building 两个不同力学模型的三维空间分析软件进行整体内力位移计算，并对计算主要结果进行对比分析。

（2）采用弹性时程分析法进行多遇地震作用下补充计算。

（3）采用静力推覆法进行罕遇地震作用下的结构弹塑性变形验算，以保证结构大震不倒的抗震性能目标。

（4）对转换层楼板进行抗剪截面验算，转换梁进行应力分析，以确保结构的安全。

（5）按整体和切分模型分别计算，包络设计。

对上述计算中分塔模型，按塔楼外扩不小于两跨为宜，结合本区平面布置特点，$Y$ 向以 B-22 轴（图 8.3-32）为分界线，分为两个单塔模型。

**5. 主要分析结果**

1）弹性反应谱分析

在多遇地震作用下，用 YJK 和 Midas 两种软件对整体模型及单塔模型分别进行计算和包络设计，经计算，计算结果基本一致。多塔及单塔整体模型计算结果表明，结构各项指标如周期比、有效质量系数、层间位移角、剪重比、刚度比、受剪承载力比、位移比等均满足规范要求，具体计算结果见表8.3-21。

多遇地震整体指标计算结果 表8.3-21

| 项目 | | 总模 | | 塔1 | | 塔2 | |
|---|---|---|---|---|---|---|---|
| 计算软件 | | YJK | Midas | YJK | Midas | YJK | Midas |
| 结构总质量(t) | | 85862 | 86766 | 42800 | 43258 | 43453 | 43916 |
| 周期 $T_1/T_2$(s) | | 2.4433/2.2512 | 2.4043/2.2289 | 2.4482/2.2497 | 2.4075/2.2265 | 2.4478/2.2492 | 2.4081/2.2262 |
| 周期 $T_3$(s) | | 1.7284 | 1.7722 | 1.7592 | 1.8048 | 1.7586 | 1.8036 |
| $T_3/T_1$ | | 0.707 | 0.737 | 0.719 | 0.750 | 0.718 | 0.749 |
| 地震基底剪力(kN) | $X$ | 24030 | 23891 | 12021 | 11902 | 12343 | 12209 |
| | $Y$ | 25059 | 25376 | 12119 | 12038 | 12433 | 12290 |
| 地震下倾覆弯矩(kN·m) | $X$ | 896616 | 867347 | 443560 | 431078 | 452774 | 437209 |
| | $Y$ | 935020 | 876970 | 441455 | 422131 | 449406 | 428442 |

| 项目 | | 总模 | | 塔 1 | | 塔 2 | |
|---|---|---|---|---|---|---|---|
| 计算软件 | | YJK | Midas | YJK | Midas | YJK | Midas |
| 剪重比 | X | 2.79% | 2.81% | 2.80% | 2.81% | 2.84% | 2.84% |
| | Y | 2.91% | 2.98% | 2.69% | 2.77% | 2.73% | 2.81% |
| 刚重比 | X | 4.20 | 6.64 | 4.23 | 4.47 | 4.19 | 4.43 |
| | Y | 2.61 | 5.01 | 2.73 | 2.91 | 2.69 | 2.87 |
| 侧向刚度比 | X | 1.086 | 1.146 | 1.109 | 1.156 | 1.107 | 1.152 |
| | Y | 1.224 | 1.248 | 1.231 | 1.257 | 1.230 | 1.257 |
| 受剪承载力比 | X | 0.85 | 1.01 | 0.81 | 1.01 | 0.81 | 1.01 |
| | Y | 0.97 | 1.01 | 0.90 | 1.01 | 0.90 | 0.99 |
| 最大轴压比 | 平台柱 | 0.75 | 0.75 | 0.75 | 0.75 | 0.75 | 0.75 |
| | 框支柱 | 0.32 | 0.32 | 0.32 | 0.32 | 0.32 | 0.32 |
| | 剪力墙 | 0.43 | 0.43 | 0.43 | 0.43 | 0.42 | 0.43 |
| 地震作用墙倾覆弯矩百分比 | X | 0.67 | 0.80 | 0.67 | 0.79 | 0.67 | 0.79 |
| | Y | 0.82 | 0.83 | 0.81 | 0.83 | 0.81 | 0.83 |
| 有效质量系数 | X | 97.04% | 96.51% | 96.96% | 97.01% | 96.99% | 97.07% |
| | Y | 95.56% | 95.41% | 95.30% | 95.38% | 95.39% | 95.49% |
| 底盖最大层间位移角 | X | 1/2910 | 1/3523 | 1/2836 | 1/3567 | 1/2749 | 1/3471 |
| | Y | 1/4042 | 1/6335 | 1/3803 | 1/5301 | 1/3790 | 1/5246 |
| 上部结构最大层间位移角 | X | 1/1247 | 1/1428 | 1/1275 | 1/1447 | 1/1271 | 1/1441 |
| | Y | 1/1062 | 1/1114 | 1/1053 | 1/1107 | 1/1054 | 1/1106 |
| 底盖最大位移比 | X | 1.18 | 1.19 | 1.12 | 1.14 | 1.13 | 1.14 |
| | Y | 1.11 | 1.13 | 1.24 | 1.27 | 1.24 | 1.14 |
| 上部结构最大位移比 | X | 1.11 | 1.19 | 1.07 | 1.14 | 1.10 | 1.28 |
| | Y | 1.22 | 1.25 | 1.24 | 1.27 | 1.24 | 1.28 |
| 转换层下部与上部结构的刚度比 | 层剪力与层位移之比 X | — | | 1.438 | 1.382 | 1.438 | 1.382 |
| | Y | — | | 1.309 | 1.395 | 1.309 | 1.395 |
| | 《高规》附录E等效侧向刚度比 X | — | | 1.32 | 1.37 | 1.32 | 1.37 |
| | Y | — | | 1.04 | 1.32 | 1.04 | 1.32 |

2）弹性时程分析

多遇地震下的弹性时程分析采用 YJK 软件进行，选取 2 组人工模拟加速度时程曲线和 5 组实际强震记录加速度时程曲线进行弹性时程分析，规范反应谱与地震波平均谱的对比图见图 8.3-38，时程分析与 CQC 基底剪力对比见表 8.3-22、表 8.3-23，楼层剪力平均值与 CQC 对比见图 8.3-39。

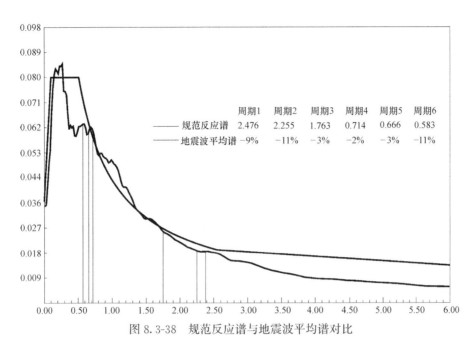

| | 周期1 | 周期2 | 周期3 | 周期4 | 周期5 | 周期6 |
| --- | --- | --- | --- | --- | --- | --- |
| 规范反应谱 | 2.476 | 2.255 | 1.763 | 0.714 | 0.666 | 0.583 |
| 地震波平均谱 | −9% | −11% | −3% | −2% | −3% | −11% |

图 8.3-38　规范反应谱与地震波平均谱对比

弹性时程分析基底剪力对比　　　　　　　　　　　　　　表 8.3-22

| 塔 1 | | | | | | |
| --- | --- | --- | --- | --- | --- | --- |
| 波名称 | 时程法基底剪力(kN) | | CQC 法基底剪力(kN) | | 比值 | |
| | $X$ 向 | $Y$ 向 | $X$ 向 | $Y$ 向 | $X$ 向 | $Y$ 向 |
| ArtWave-RH1TG055，$T_g$(0.55) | 11247 | 10401 | | | 0.93 | 0.85 |
| ArtWave-RH4TG055，$T_g$(0.55) | 9670 | 12431 | | | 0.80 | 1.02 |
| Chi-Chi，Taiwan-05_NO_2952，$T_g$(0.56) | 11700 | 14229 | | | 0.97 | 1.17 |
| Chi-Chi，Taiwan-04_NO_2699，$T_g$(0.55) | 10493 | 11928 | 12021 | 12119 | 0.87 | 0.98 |
| Loma Prieta_NO_751，$T_g$(0.52) | 10751 | 11750 | | | 0.89 | 0.96 |
| Imperial Valley-06_NO_169，$T_g$(0.58) | 9205 | 10193 | | | 0.76 | 0.84 |
| Superstition Hills-02_NO_726，$T_g$(0.51) | 10594 | 10430 | | | 0.88 | 0.86 |
| 平均剪力 | 10523 | 11623 | | | 0.87 | 0.95 |

弹性时程分析基底剪力对比　　　　　　　　　　　　　　表 8.3-23

| 塔 2 | | | | | | |
| --- | --- | --- | --- | --- | --- | --- |
| 波名称 | 时程法基底剪力(kN) | | CQC 法基底剪力(kN) | | 比值 | |
| | $X$ 向 | $Y$ 向 | $X$ 向 | $Y$ 向 | $X$ 向 | $Y$ 向 |
| ArtWave-RH1TG055，$T_g$(0.55) | 11303 | 10805 | | | 0.91 | 0.86 |
| ArtWave-RH4TG055，$T_g$(0.55) | 10024 | 12594 | | | 0.81 | 1.01 |
| Chi-Chi，Taiwan-05_NO_2952，$T_g$(0.56) | 12256 | 14561 | | | 0.99 | 1.17 |
| Chi-Chi，Taiwan-04_NO_2699，$T_g$(0.55) | 10567 | 12323 | 12343 | 12433 | 0.85 | 0.99 |
| Loma Prieta_NO_751，$T_g$(0.52) | 10808 | 12233 | | | 0.87 | 0.98 |
| Imperial Valley-06_NO_169，$T_g$(0.58) | 9575 | 10574 | | | 0.77 | 0.85 |
| Superstition Hills-02_NO_726，$T_g$(0.51) | 10592 | 10604 | | | 0.85 | 0.85 |
| 平均剪力 | 10732 | 11956 | | | 0.86 | 0.96 |

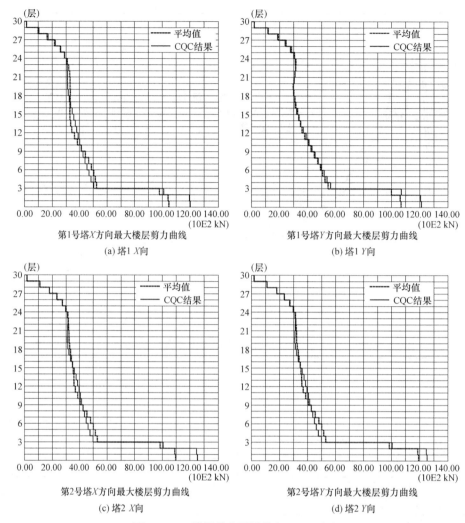

(a) 塔1 X向

(b) 塔1 Y向

(c) 塔2 X向

(d) 塔2 Y向

图 8.3-39　楼层剪力平均值与 CQC 对比

计算结果表明：每条时程曲线计算所得结构底部剪力大于 CQC 计算结果的 65%且小于 135%，7 条时程曲线计算所得结构底部剪力的平均值大于 CQC 计算结果的 80%，且小于 120%，满足规范要求。

根据弹性时程分析结果，反应谱法的楼层剪力均大于时程分析 7 条地震波的平均值，按反应谱法设计能够满足弹性时程法要求。

3）弹塑性静力分析

（1）弹塑性层间位移角

采用静力推覆法进行罕遇地震作用下的结构弹塑性变形验算并确定在罕遇地震作用下的结构反应特性及塑性铰出铰情况。在施加竖向静力荷载作为初始加载后，以弹性 CQC 地震力作为侧推荷载，见图 8.3-40，分析结果表明：塔 1 性能点最大层间位移角为 1/273，塔 2 性能点最大层间位移角为 1/272，最大层间弹塑性位移角均小于 1/120，满足规范要求。

（2）结构损伤情况

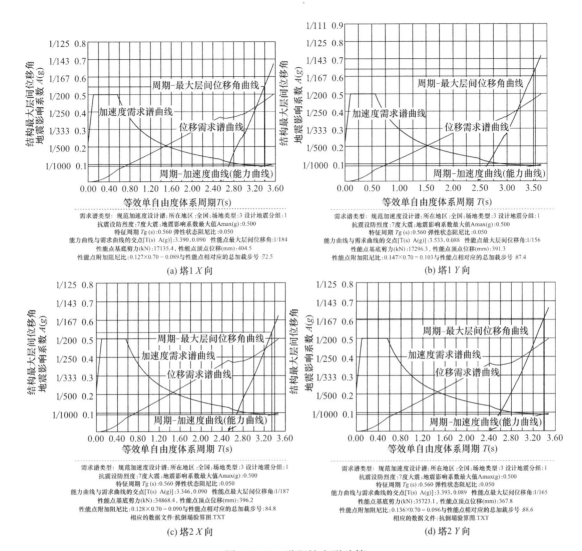

图 8.3-40 弹塑性变形验算

通过计算分析，塔 1 中 $X$ 和 $Y$ 向性能点分别为第 27 和 33 加载步，其出现塑性铰时均为第 11 加载步，塔 2 中 $X$ 和 $Y$ 向性能点分别为第 28 和 34 加载步，其出现塑性铰时均为第 12 加载步。

由性能点对应的罕遇地震下塑性铰分布可知，塑性铰发展顺序为先梁后剪力墙、柱，在性能点时剪力墙连梁及部分墙肢已出现部分塑性铰；但除连梁外，其余构件均处于基本弹性状态。

以塔 1 为例，塑性铰分布见图 8.3-41～图 8.3-44。

**6. 结构专项分析**

1）梁式转换结构分析

（1）梁式转换框支梁分析

本项目框支梁梁高 2400mm，楼板 250mm 厚，为了保证框支梁的延性，框支梁内设置了型钢，其截面示意见图 8.3-46。配筋设计时，取梁单元和实体单元计算结果的包络值。

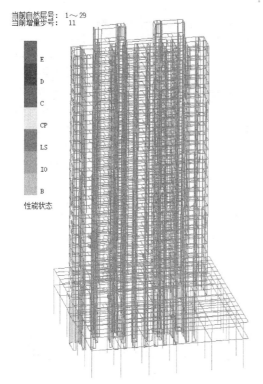

图 8.3-41　X 方向第 11 步时出塑性铰

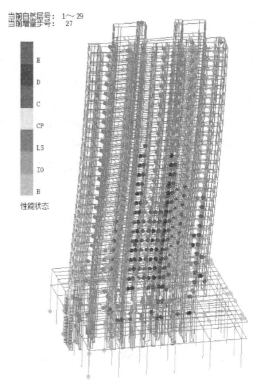

图 8.3-42　X 方向性能点全楼塑性铰分布

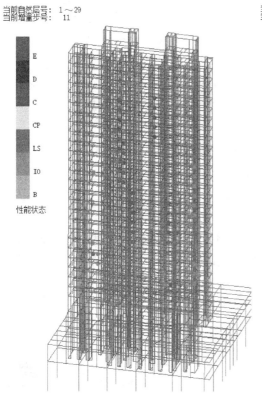

图 8.3-43　Y 方向第 11 步时出塑性铰

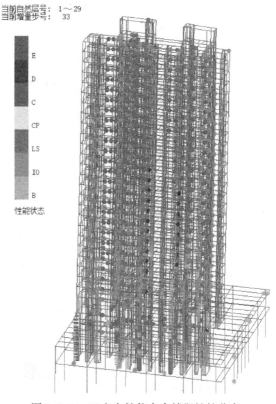

图 8.3-44　Y 方向性能点全楼塑性铰分布

选取塔 1 中具有代表性的 B-26 轴处框支梁（图 8.3-45），按实体单元进行有限元应力分析。

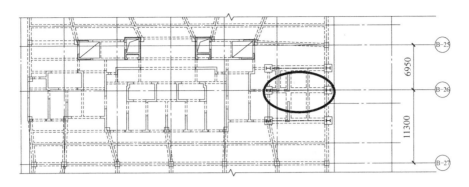

图 8.3-45 框支梁选取位置

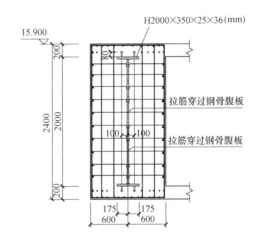

图 8.3-46 框支梁截面图

分别提取实体单元恒荷载和水平地震工况下的内力与梁单元内力对比，对内力较大的数据汇总成表格并分析结果，见表 8.3-24。

**X 向框支梁内力计算结果**　　　　　　　　　　　　　　表 8.3-24

| 荷载工况 | X 向框支梁内力 | | 实体单元 | 梁单元 | 实体单元/梁单元 |
|---|---|---|---|---|---|
| 恒荷载 | 塔 1 B-26 轴 | $M(\text{kN}\cdot\text{m})$ | 5516.4 | 5924.7 | 0.93 |
| | | $V(\text{kN})$ | 4050.1 | 3842.1 | 1.05 |
| X 向地震力 | 塔 1 B-26 轴 | $M(\text{kN}\cdot\text{m})$ | 4839.1 | 5494.5 | 0.88 |
| | | $V(\text{kN})$ | −2364.3 | 2146.5 | 1.10 |

从上表中可以看出，实体单元计算结果与梁单元计算结果相近，实体单元的弯矩计算值均小于梁单元的计算结果，实体单元的剪力计算值大于梁单元的计算结果，最大比值约在 1.1 倍。设计中将框支梁剪力在梁单元计算结果上放大 1.2 倍。

（2）梁式转换层楼板抗剪分析

取塔 1 如图 8.3-47 所示的墙肢为例进行计算；转换层楼板厚度 250mm，混凝土强度 C40，墙肢长度 3150mm，则截面承载力为 $V_f = (0.1 \times 1.0 \times 19.1 \times 3150 \times 250)/0.85 = 1769.5$kN。

取小震下该墙肢内力，目标组合 $V_{max} = 968$kN；$V_f = 1.5 \times V_{max} = 1452$kN，经验算截面满足规范要求。同时结合楼板平面内受弯及《高规》式（10.2.24-2），复核楼板配筋。

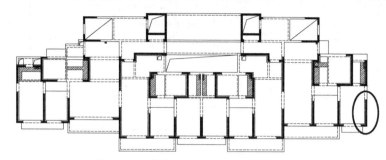

图 8.3-47　转换层上一层剪力墙选取位置

2）超长温度效应分析

（1）确定计算温度工况

因升温工况混凝土处于受压状态，一般压应力不会超出混凝土抗压强度标准值，因此仅计算结构的降温工况。降温工况温差输入结果见表 8.3-25（计算过程同苏州轨道交通 5 号线胥口车辆段上盖开发项目）。

降温温差计算　　　　　　　　　　　　　　　　表 8.3-25

| 计算温度工况 | 结构情况 | 温差 | 残余收缩等效温差 | 温差收缩综合效应 | 折减后计算温度 |
| --- | --- | --- | --- | --- | --- |
| 降温 | 施工后浇带封闭 | −25℃ | −15℃ | −40℃ | −10.2℃ |

（2）计算结果

图 8.3-48、图 8.3-49 为本项目 7.700m 标高及 12.900m 标高楼板温度应力云图。

计算中考虑了基础有限刚度，计算方法同本章第 8.1.1 节。计算结果表明，剔除局部应力集中点，楼板中计算温度拉应力最大值均小于混凝土抗拉强度标准值。

**7. 基础设计**

（1）桩基布置

根据车辆段工艺要求及上盖开发减小车辆振动影响要求，上盖基础应尽量避让车辆段道床，对于 B8 区，除试车线范围外，大部分剪力墙可落地，故高层主楼投影范围设地下室，高层主楼范围基础采用桩+底板的基础形式，主楼范围外平台采用桩+承台的基础形式，高层主楼范围基础埋深满足不小于 $H/18$ 的要求。

为减少差异沉降，采用长短两种桩型。

B8 区住宅塔楼下采用钻孔灌注桩，桩径 700mm，桩长约 60m，以 ⑩₁ 号粉质黏土层为持力层，竖向承载力特征值为 3600kN；住宅塔楼外的平台区域采用预应力混凝土管桩，桩径 700mm，桩长约 45m，以 ⑧₃ 号粉质黏土层为持力层，竖向承载力特征值为 3300kN。

图 8.3-50、图 8.3-51 为 B8 区桩基剖面图、桩位图。

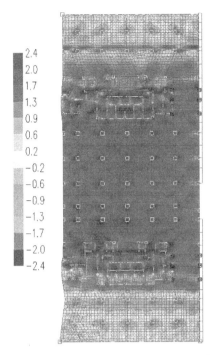

图 8.3-48 B8区7.700m标高楼板应力分布图
（降温，最大值）（MPa）

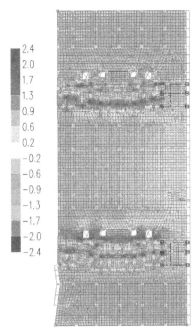

图 8.3-49 B8区12.900m标高楼板应力分布图
（降温，最大值）（MPa）

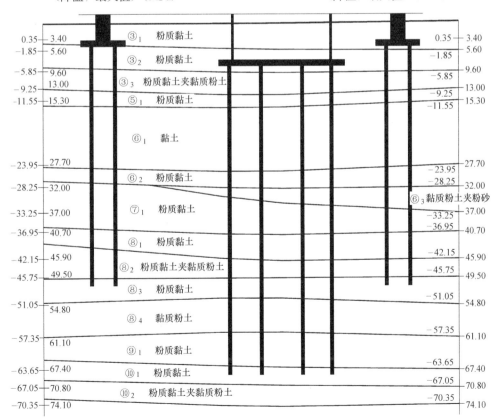

图 8.3-50 B8区桩基剖面图

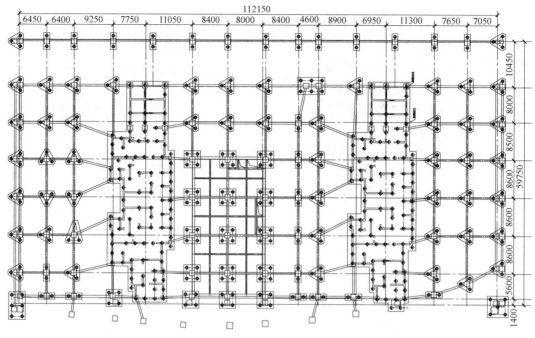

图 8.3-51　B8 区桩位图

（2）沉降计算分析

通过长短桩结合使用，控制高层部位与多层部位差异沉降。图 8.3-52 为本项目桩基沉降图。经计算，高层塔楼部分的最大平均沉降为 36mm，平台部分的最大平均沉降约为 14mm，满足规范沉降差的要求；同时适当加强高层塔楼与平台相邻跨上部结构的框架配筋，以抵抗部分差异沉降产生的附加应力。

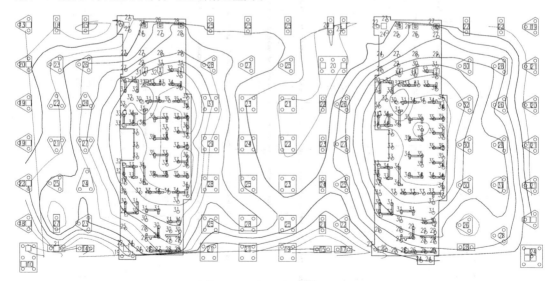

图 8.3-52　B8 区基础沉降图

（3）差异沉降随时间变化的影响

差异沉降随时间变化的计算思路、结论与其他案例一致。

# 参 考 文 献

[1]  丁川，吴纲立，等. 美国 TOD 理念发展背景及历程解析 [J]. 城市规划，2015（5）：89-96.
[2]  海德俊. 从世贸中心枢纽的演变看纽约都市圈的区域发展与交通战略 [J]. 交通与运输（学术版），2016（2）：30-35.
[3]  杨振之. 全域旅游的内涵及其发展阶段 [J]. 旅游学刊，2016（12）：1-3.
[4]  宋昀，汤朝晖. 从经典式到现代式——对中国城市 TOD 规划的启发 [J]. 城市规划，2016（3）：71-75，102.
[5]  杨成颖. 日本轨道交通枢纽车站核心影响区再开发研究 [D]. 泉州：华侨大学，2018.
[6]  刘玉峰. 日本 TOD 综合开发模式站点带动城市发展 [J]. 中国房地产金融，2020（9）：4.
[7]  李阳. 红旗西路公交枢纽站综合开发的经济性研究 [D]. 西安：长安大学，2014.
[8]  汤佐群. 杭州地铁七堡车辆段综合开发实践案例研究 [C]. 2018轨道交通·杭州湾高峰会议论文集. 2018：143-147.
[9]  朱志鹏. 上海金桥车辆段上盖物业开发的规划设计 [J]. 建筑工程技术与设计，2015（11）：17-18.
[10]  宫玉泉. 自然资源开发利用管理的策略选择——关于推进 TOD 模式的政策思考 [J]. 中国土地，2019（7）：18-21.
[11]  任春洋. 美国公共交通导向发展模式（TOD）的理论发展脉络分析 [J]. 国际城市规划，2010（4）：92-99.
[12]  李珽，史懿亭，等. TOD 概念的发展及其中国化 [J]. 国际城市规划，2015（3）：72-77.
[13]  王京元，郑贤，等. 轨道交通 TOD 开发密度分区构建及容积率确定——以深圳市轨道交通 3 号线为例 [J]. 城市规划，2011（4）：30-35.
[14]  张磊. 轨道交通站点 TOD 综合开发创新模式分析 [J]. 工程建设与设计，2021（24）：44-46.
[15]  胡若邻，白立军，等. 基于轨道交通 EPC 模式下的 TOD 综合开发设计管理 [J]. 现代隧道技术，2021（S2）：201-206.
[16]  张栩冉，朱宇恒. TOD 模式下城市综合体与轨道交通间中介空间连接模式研究 [J]. 建筑与文化，2020（11）：164-165.
[17]  杨万波，杨宇星，等. 超高强度开发 CBD 新区的 TOD 模式实践——以前海合作区为例 [J]. 交通工程，2018（5）：8-13.
[18]  喻祥，宋聚生. 地铁车辆段上盖综合体设计探索——以深圳市前海湾车辆段上盖综合体为例 [J]. 新建筑，2013（3）：158-161.
[19]  曹阳. 轨道交通金桥停车场上盖开发项目结构设计与优化 [J]. 安徽建筑，2018（3）：79-81.
[20]  徐娜. 美日 TOD 模式下的土地利用及空间形态对比研究 [D]. 成都：西南交通大学，2020.
[21]  孔令琦. 城市交通导向型发展（TOD）及其成效评价研究 [D]. 西安：长安大学，2013.
[22]  米雪. 我国城市轨道交通 TOD 模式应用研究 [D]. 大连：大连理工大学，2021.
[23]  农晓燕. TOD 模式下城市轨道交通站点周边土地利用综合效益评价 [D]. 南宁：广西大学，2020.
[24]  丁立平，邵峰. 紧凑城市视角下城市地下商业空间布局浅析——以日本东京涩谷站为例 [J]. 建筑与文化，2021（10）：153-155.
[25]  白永强. 城市轨道交通站点区域综合开发利用设计研究 [J]. 建材与装饰，2019（4）：273-274.
[26]  宋子若. 轨道交通 TOD 模式实践研究及实施建议 [J]. 现代城市轨道交通，2022（3）：14-17.
[27]  涂慧君，叶佳怡，等. TOD 模式引导下的东京城市更新研究 [J]. 世界建筑，2021（11）：22-26，127.
[28]  苟明中. 日本 TOD 模式的站城一体综合开发经验与启示 [J]. 城市轨道交通研究，2021（7）：15-18.

[29] 穆迪. TOD 模式在美国的典型案例及经验探讨 [J]. 重庆建筑，2021 (7)：16-18.

[30] 王晶，丁震. 东京涩谷站 TOD 开发模式及其借鉴意义 [J]. 综合运输，2021 (1)：127-132，142.

[31] 刘德志. 轨道交通上盖建筑的振动环境影响及对策分析 [J]. 科技创新导报，2017 (2)：120-121.

[32] 北京市质量技术监督局. 城市轨道交通上盖建筑环境噪声与振动控制规范：DB11 [S]. 北京：中国建筑工业出版社，2015.

[33] 中华人民共和国住房和城乡建设部，中华人民共和国国家质量监督检验检疫总局. 混凝土结构设计规范（2015 年版）：GB 50011—2010 [S]. 北京：中国建筑工业出版社，2015.

[34] 中华人民共和国住房和城乡建设部，中华人民共和国国家质量监督检验检疫总局. 建筑抗震设计规范（2016 年版）：GB 50011—2010 [S]. 北京：中国建筑工业出版社，2016.

[35] 中华人民共和国住房和城乡建设部. 高层建筑混凝土结构技术规程：JGJ 3—2010 [S]. 北京：中国建筑工业出版社，2010.

[36] 上海市住房和城乡建设管理委员会. 城市轨道交通上盖建筑设计标准：DG/TJ 08—2263—2018 [S]. 上海：同济大学出版社，2018.

[37] 中国工程建设标准化协会. 城市轨道交通上盖结构设计标准：T/CECS 1035—2022 [S]. 北京：中国建筑工业出版社，2022.

[38] 徐培福，傅学怡，等. 复杂高层建筑结构设计 [M]. 北京：中国建筑工业出版社，2005.

[39] 傅学怡. 实用高层建筑结构设计 [M]. 2 版. 北京：中国建筑工业出版社，2010.

[40] 傅学怡. 大型复杂建筑结构创新与实践 [M]. 北京：中国建筑工业出版社，2015.

[41] 龚思礼. 建筑抗震设计手册 [M]. 2 版. 北京：中国建筑工业出版社，2002.

[42] 王铁梦. 工程结构裂缝控制 [M]. 北京：中国建筑工业出版社，1997.

[43] 赵宏康，张敏，等. 苏州太平车辆段停车列检库上盖物业开发复杂高层结构设计 [J]. 建筑结构，2013 (20)：89-95.

[44] 张敏，朱怡，等. 桩基刚度对超长混凝土结构温度应力的影响 [J]. 建筑结构，2017 (20)：73-77.

[45] 张敏，徐文希，等. 超长上盖箱型转换结构温度应力分析 [J]. 建筑结构，2017 (20)：78-82.

[46] 伍永胜，农兴中. 地铁车辆段上盖高层建筑结构体系研究与应用 [J]. 建筑结构，2020 (10)：90-95.

[47] 朱春明. 地铁上盖建筑楼层侧向刚度比控制方法研究 [J]. 建筑结构，2018 (15)：30-36.

[48] 苏州市建筑设计研究院，南京工业大学. 高层建筑带箱形转换层结构的研究与应用 [R]. (2005-07-15). 2008.

[49] 王铁梦. 工程结构裂缝控制 [M]. 2 版. 北京：中国建筑工业出版社，2017.

[50] 夏勇，裴若娟. 高层剪力墙结构温度应力初探 [J]. 建筑结构，2000 (2)：8-11.

[51] 冯健，吕志涛，等. 超长混凝土结构的研究和应用 [J]. 建筑结构学报，2001 (6)：14-19.

[52] 韦宏，周汉香. 广州国际会展中心混凝土楼盖温度应力计算与控制 [J]. 建筑结构，2002 (12)：30-34.

[53] 樊小卿. 温度作用与结构设计 [J]. 建筑结构学报，1994 (2)：43-50.

[54] 张敏等. 超长上盖箱型转换结构温度应力分析 [J]. 建筑结构，2013 (20)：78-82.

[55] 傅学怡，吴兵. 混凝土结构温差收缩效应分析计算 [J]. 土木工程学报，2007 (10)：50-59.

[56] 张敏、朱怡，等. 桩基刚度对超长混凝土结构温度应力的影响 [J]. 建筑结构，2013 (20)：73-77.

[57] 林永安，李强汶. 某车辆段超长盖板结构温度应力分析与设计 [J]. 广州土木与建筑，2020 (10)：5-9.

[58] 杨毅超，张德锋，等. 超长混凝土结构裂缝控制关键技术在工程中的应用研究 [J]. 建筑结构，2018 (18)：59-63.

［59］ 中国建筑西南设计研究院有限公司. 超长钢筋混凝土结构设计技术要点［G］. 中国建筑西南设计研究院有限公司，2014.

［60］ 冯叶文，吴兵，等. 深圳北站超长结构温差收缩效应分析［J］. 山西建筑，2014（21）：39-42.

［61］ 杨毅超，张德锋，等. 超长混凝土结构裂缝控制关键技术在工程中的应用研究［J］. 建筑结构，2018（18）：59-63.

［62］ 刘俊，刘彦生，等. 上海国家会展中心大跨钢结构屋 盖温度应力分析与对策［J］. 建筑结构，2020（12）：40-45.

［63］ 高颖，傅学怡，等. 杭州奥体博览城网球中心结构设计研究综述［J］. 建筑结构学报，2017（1）：1-11.

［64］ 上海市建设和交通委员会. 预应力混凝土结构设计规程：DGJ 08—2007［S］. 上海：上海市建筑建材业市场管理总站，2007.

［65］ 中华人民共和国住房和城乡建设部. 建筑桩基技术规范：JGJ 94—2008［S］. 北京：中国建筑工业出版社，2008.

［66］ 龚晓南. 桩基工程手册［M］. 2版. 北京：中国建筑工业出版社，2016.

［67］ 王涛. 变刚度调平设计中桩基承载性能研究［J］. 岩土工程学报，2015（4）：641-649.

［68］ 逯建栋. 桩基础差异沉降变形控制方法研究［J］. 广东土木与建筑，2009（10）：13-15.

［69］ 周正茂. 桩筏基础设计方法的改进及其经济价值［J］. 岩土工程学报，1998（6）：70-72.

［70］ 刘金砺，迟铃泉. 桩土变形计算模型和变刚度调平设计［J］. 岩土工程学报，2000（2）.

［71］ 赵宏康，张敏等. 苏州太平车辆段停车列检库上盖物业开发复杂高层结构设计［J］. 建筑结构，2013，43（20）：89-95.

［72］ 何永春，王冠庆. 深圳地铁塘朗车辆段上盖物业开发轨道减振降噪措施研究［J］. 地下工程与隧道，2010（4）：24-28.

［73］ 王平，杨荣山. 轨道工程［M］. 北京：机械工业出版社，2021.

［74］ 中华人民共和国住房和城乡建设部，国家市场监督管理总局. 建筑隔震设计标准：GB/T 51408—2021［S］. 北京：中国建筑工业出版社，2021.

［75］ 中华人民共和国住房和城乡建设部. 建筑隔震橡胶支座：JG/T 118—2018［S］. 北京：中国标准出版社，2018.

［76］ 中国工程建设标准化协会. 叠层橡胶支座隔震技术规程：CECS 126：2001［S］. 北京：中国标准出版社，2001.

［77］ 丁洁民，吴宏磊. 减隔震建筑结构设计指南与工程应用［M］. 北京：中国建筑工业出版社，2018.

［78］ 吕西林. 复杂高层建筑结构抗震理论与应用［M］. 北京：科学技术出版社，2007.

［79］ 马智刚. 建筑结构隔震设计简明原理与工程应用［M］. 北京：中国建筑工业出版社，2017.

［80］ 薛彦涛，常兆中，等. 隔震建筑设计指南［M］. 北京：中国建筑工业出版社，2016.

［81］ 周福霖，张颖，等. 层间隔震体系的理论研究［J］. 土木工程学报，2009（8）：1-8.

［82］ 施卫星，王群. 层间隔震原理和设计方法［J］. 工程抗震，1997（4）：20-22.

［83］ 孙臻，刘伟庆，等. 苏豪银座层间隔震结构设计与地震响应分析［J］. 建筑结构，2013（18）：58-63.

［84］ 朱怡，朱黎明，等. 某地铁车辆段上盖结构隔震设计［J］. 建筑结构，2022（7）：136-140，85.

［85］ 谈丽华，杨律磊，等. 徐州杏山子车辆段上盖项目隔震设计［J］. 建筑结构，2019（1）：88-94.

［86］ 丁永君，赵明阳，等. 地铁上盖开发的层间隔震结构设计［J］. 建筑结构，2015（16）：77-81.

［87］ 尚泽宇，吴垠龙，等. 层间隔震在地铁车辆基地上盖开发中的应用［J］. 建筑结构，2017（8）：98-101.

［88］ 柯小波，汪大洋，等. 地铁上盖超高层结构竖向振动台模型验-不同振动控制方案影响研究［J］. 建筑结构，2022（5）：9-14，35.

[89] 李钧睿，汪大洋，等. 地铁上盖超高层结构竖向振动台模型验-振动传播规律研究［J］. 建筑结构，2022（5）：15-21，35.

[90] 李国强，吴波，等. 结构抗火研究进展与趋势［J］. 建筑钢结构进展，2006（1）：1-10.

[91] 董毓利. 混凝土结构的火安全设计［M］. 北京：科学出版社，2001.

[92] 香港屋宇署. 1996 年耐火结构守则（2015 年修订版）［S］. 香港：香港屋宇署，2015.

[93] 中华人民共和国住房和城乡建设部，中华人民共和国国家质量监督检验检疫总局. 地铁设计规范：GB 50157—2013［S］. 北京：中国建筑工业出版社，2013.

[94] 刘桂江，王栋. 苏州太平车辆段上盖开发消防设计［J］. 铁道工程学报，2012（11）：65-72.

[95] 中华人民共和国住房和城乡建设部. 地铁设计防火标准：GB 51298—2018［S］. 北京：中国计划出版社，2018.

[96] 中华人民共和国住房和城乡建设部，国家市场监督管理总局. 建筑设计防火规范（2018 年版）：GB 50016—2014［S］. 北京：中国计划出版社，2018.

[97] 杨志年. 不同边界约束条件的混凝土双向板抗火性能研究［D］. 哈尔滨：哈尔滨工业大学，2012.

[98] 孟玉，董毓利. 地下混凝土框架结构火灾行为数值模拟［D］. 厦门：华侨大学，2017：22-37.

[99] 王志明，张巍，等. 钢筋混凝土双向固支板的超长时间耐火极限研究［J］. 工业建筑，2016（2）：52-57.

[100] 皇甫超华，尹万云，等. 有约束混凝土构件耐火性能研究现状［J］. 江苏建筑 2014（2）：35-41.

[101] European Committee for Standardization (CEN). BS EN1991-1-2，Eurocode 1：Actions on structures，part 1-2：General actions-Actions on structures exposed to fire［S］. British：the authority of the Standards Policy and Strategy Committee，2002.

[102] Issen LA，Gustaferro AH，et al. Fire tests of concrete members：an improved method for estimating thermal restraint forces［M］. Philadelphia：American Society for Testing and Materials，1970：153-185.

[103] Gustaferro A，Martin LD. Design for Fire Resistance of Precast Prestressed Concrete［M］. 2nd edn. Illinois：Prestressed Concrete Institute，1988.

[104] Anderberg Y，Forsen NE. Fire Resistance of Concrete Structures. Division of Structural Mechanics and Concrete Construction［M］. Lund：Lund Institute of Technology，1982.

[105] Lin TD，Abrams MS. Simulation of realistic thermal restraint during fire tests of floors and roofs. In Fire Safety of Concrete Structures［M］. Detroit：American Concrete Institute，1983.

[106] Cooke GME. Results of Tests on End restrained Reinforced Concrete Floor Strips Exposed to Standard Fires. Report prepared for the Construction Directorate of the Department of the Environment［M］. Hertfordshire：Fire Research Station，1993.

[107] Lim L，Buchanan A，et al. Computer modeling of restrained reinforced concrete slabs in fire conditions［J］. Journal of Structural Engineering，2004（12）：1964-1971.

[108] Lim L，Buchanan A H，et al. Restraint of fire exposed concrete floor systems［J］. Fire and Materials，2004（28）：95-125.

[109] P. J. Mossa，R. P. Dhakal a，et al. The fire behavior of multi-bay，two-way reinforced concrete slabs［J］. Engineering Structures，2008，（12）：3566-3573.

[110] 中华人民共和国国家质量监督检验检疫总局，中国国家标准化管理委员会. 建筑构件耐火试验方法：GB/T 9978—2008［S］. 北京：中国建筑工业出版社，2009：5-8.

[111] 广东省住房和城乡建设厅. 建筑混凝土结构耐火设计技术规程：DBJ/T 15—81—2011［S］. 广州：中国建筑工业出版社，2011.

[112] 刘秀英. 钢筋混凝土板抗火性能的有限元分析［D］. 天津：天津大学，2006.

[113] J. -M. Franssen. SAFIR：A thermal/structural program for modeling structures under fire［J］.

American Institute of Steel Construction，2005（3）：143-158.

[114] Linus Lim，Andrew Buchanan，et al. Numerical modeling of two-way reinforced concrete slabs in fire [J]. Engineering Structures，2004（8）：1081-1091.

[115] L. Lim，A. Buchanan，et al. Computer modeling of restrained reinforced concrete slabs in fire conditions [J]. Journal of Structural Engineering-ASCE，2004（12）：1964-1971.

[116] 过镇海，时旭东. 钢筋混凝土的高温性能及其计算 [M]. 北京：清华大学出版社，2003.

[117] 李兵. 混凝土板受火性能分析及整体结构中连续板抗火试验研究 [D]. 哈尔滨：哈尔滨工业大学，2015.

[118] 王滨，董毓利. 四边简支钢筋混凝土双向板火灾试验研究 [J]. 建筑结构学报，2009（6）23-33.

[119] 王滨，董毓利. 钢筋混凝土双向板火灾试验研究 [J]. 土木工程学报，2010（4）：53-62.

[120] 朱崇绩，董毓利，等. 足尺平板无梁楼盖抗火性能试验研究 [J]. 建筑结构学报，2013（3）：12-18.

[121] 刘利先，邓明康，等. 保护层厚度、板厚及受荷水平对钢筋混凝土板耐火极限的影响 [J]. 建筑结构，2021（8）：66-70.

[122] 王勇，马帅，等. 有单（双）向面内约束力混凝土板火灾行为机理分析 [J]. 土木工程学报，2019（2）：32-43.

[123] 张大山. 常温及火灾下钢筋混凝土板的受拉薄膜效应计算模型 [D]. 哈尔滨：哈尔滨工业大学，2012.

[124] 李国强，周昊圣，等. 火灾下钢结构建筑楼板的薄膜效应机理及理论模型 [J]. 建筑结构学报，2007（5）：40-47.

[125] 王勇，董毓利，等. 足尺钢框架结构中楼板受火试验研究 [J]. 建筑结构学报，2013（8）：1-11.

[126] 杨志年，董毓利，等. 整体结构中钢筋混凝土双向板火灾试验研究 [J]. 建筑结构学报，2012（9）：96-103.

[127] 张新，罗俊礼，等. 带上盖物业地铁车辆段盖板结构耐火性能研究 [J]. 铁道科学与工程学报，2018（4）：987-994.

[128] 陈礼刚. 钢筋混凝土板受火性能的试验研究 [D]. 西安：西安建筑科技大学，2003.

[129] 吴波，唐贵和. 近年来混凝土结构抗火研究进展 [J]. 建筑结构学报，2010（6）：110-121.

[130] 李卫，过镇海. 高温下混凝土的强度和变形性能试验研究 [J]. 建筑结构学报，1993（1）：8-16.

[131] 方成，黄超，等. 五常地铁车辆段上盖结构设计探讨 [J]. 浙江建筑，2020（4）：29-32.

[132] 岳永强，江帆，等. 栖霞山地铁车辆段上盖结构设计与分析 [C] //2022年工业建筑学术交流会论文集（上册）. 2022：296-301.

[133] 杨志年，董毓利. 钢框架结构中钢筋混凝土双向板火灾试验研究 [J]. 工程力学，2013（4）：337-344.

[134] 王文栋. 混凝土结构构造手册 [M]. 北京：中国建筑工业出版社，2003.

[135] 中华人民共和国国住房和城乡建设部，中华人民共和国国家质量监督检验检疫总局. 建筑结构荷载规范：GB 50009—2012 [S]. 北京：中国建筑工业出版社，2012.